高等学校计算机应用规划教材

Python 基础教程

相薆薆　孙鸿飞　编著

U0313677

清华大学出版社

北　京

内 容 简 介

本书专门针对 Python 新手量身定做，涵盖 Python 3 实际开发中经常用到的重要知识点，内容主要包括 Python 语言的类型和对象、运算符和表达式、编程结构和控制流、函数、序列、多线程编程、正则表达式、面向对象编程、文件和目录操作、网络编程和邮件收发、数据库编程、Django 框架和项目范例。在介绍知识点的过程中，实现了理论和实践相结合。书中还安排了不少实践示例，以帮助读者巩固所学、学以致用。

本书内容丰富、结构合理、思路清晰、语言简练流畅、示例翔实。本书主要面向 Python 初学者，适合作为高等院校 Python 程序设计课程的教材，还可作为 Python Web 应用开发人员的参考资料。

本书配套的电子课件、习题答案和实例源文件可以到 http://www.tupwk.com.cn/downpage 网站下载，也可通过扫描前言中的二维码下载。

图书在版编目(CIP)数据

Python 基础教程 / 相甍甍，孙鸿飞 编著. —北京：清华大学出版社，2019（2023.1重印）
(高等学校计算机应用规划教材)
ISBN 978-7-302-52890-6

Ⅰ. ①P… Ⅱ. ①相… ②孙… Ⅲ. ①软件工具—程序设计—高等学校—教材 Ⅳ. ①TP311.561

中国版本图书馆 CIP 数据核字(2019)第 083584 号

责任编辑：胡辰浩
装帧设计：孔祥峰
责任校对：成凤进
责任印制：沈　露

出版发行：清华大学出版社
　　网　　　址：http://www.tup.com.cn，http://www.wqbook.com
　　地　　　址：北京清华大学学研大厦 A 座　　　　　邮　　编：100084
　　社 总 机：010-83470000　　　　　　　　　　　邮　　购：010-62786544
　　投稿与读者服务：010-62776969，c-service@tup.tsinghua.edu.cn
　　质 量 反 馈：010-62772015，zhiliang@tup.tsinghua.edu.cn
印 装 者：三河市铭诚印务有限公司
经　　销：全国新华书店
开　　本：185mm×260mm　　　印　　张：23.75　　　字　　数：608 千字
版　　次：2019 年 6 月第 1 版　　印　　次：2023 年 1 月第 3 次印刷
印　　数：4501～5100
定　　价：78.00 元

产品编号：079313-02

前　言

Python 是一种解释型的、面向对象的、带有动态语义的高级程序设计语言。在使用 Python 时，开发人员可以保持自己的代码风格，可以使用更清晰易懂的程序来实现想要的功能。对于一个没有任何编程经历的人来说，既简单又强大的 Python 就是完美的选择。

随着云计算、大数据、人工智能等技术的迅速崛起，对 Python 人才的迫切需求和现实中 Python 人才的匮乏让长期沉默的 Python 语言一下子备受大众关注，本书作为教材，可以说是应运而生。另外，Python 2.7 已逐渐成为历史，Python 3 已然成为主流版本，而新版本的 Python 带来了很多新特性。本书基于 Python 3.7.1 编写而成，满足了想学习和了解 Python 最新版本及其特性的读者。

本书专门针对 Python 新手量身定做，是编者学习和使用 Python 过程中的体会和经验总结，涵盖实际开发中的所有重要知识点，内容详尽，代码可读性和可操作性强。

本书主要介绍 Python 语言的类型和对象、运算符和表达式、编程结构和控制流、函数、序列、多线程编程、正则表达式、面向对象编程、文件和目录操作、网络操作和邮件收发、数据库编程等。在讲解每个知识点的时候，先讲解理论，后列举实际示例，各章还安排了习题，以帮助读者将所学应用到实际中，做到学以致用。

本书的另一个特色是，使用通俗易懂的描述和丰富的示例代码，结合日常生活中的小事件，提高本书的可读性，将复杂问题简化，使学习 Python 变得轻松。

本书共分 14 章，各章内容安排如下。

第 1 章主要介绍 Python 的起源、应用场合、前景以及 Python 3 的新特性。

第 2 章主要介绍 Python 的基础知识，为后续章节学习相关内容做铺垫。

第 3 章重点介绍字符和序列(列表、元组、集合等)。

第 4 章重点介绍流程控制语句，主要包括分支结构、循环结构。

第 5 章主要介绍正则表达式。

第 6 章重点介绍函数。函数是组织好的、可重复使用的、用来实现单一或相关功能的代码段。

第 7 章重点介绍面向对象编程技术。Python 从设计之初就是一门面向对象的语言，提供了一些语言特性以支持面向对象编程。

第 8 章重点介绍模块，从 import 语句开始介绍，然后逐步深入。

第 9 章带领大家学习如何处理各种异常和错误，以及创建和自定义异常类。

第 10 章重点介绍如何使用 Python 在硬盘上创建、读取和保存文件；以及目录的创建、删除、遍历等。

第 11 章主要介绍 Python 多线程编程。

第 12 章重点介绍 Python 数据库编程，并实现简单的增删改查操作。

第 13 章重点介绍 Python 网络编程。

第 14 章介绍如何使用 Django 框架创建一个投票管理系统，以及如何打包和发布该系统。

本书分为 14 章，其中吉林财经大学的相甍甍编写了第 1～8 章，东北电力大学的孙鸿飞编写了第 9～14 章。另外，参加本书编写的人员还有耿超、黄果、李琼琼、王德学、刘雄、林帅等。由于作者水平有限，本书难免有不足之处，欢迎广大读者批评指正。我们的信箱是 huchenhao@263.net，电话是 010-62796045。

本书配套的电子课件、实例源文件和习题答案可以到 http://www.tupwk.com.cn/downpage 网站下载，也可通过扫描下面的二维码下载。

作　者

2019 年 3 月

目　录

第1章

初识Python

作为本书的开篇，首先要知道，为什么要学习 Python 语言？

Python 语言伴随人工智能的兴起而得到快速蓬勃的发展。

回顾信息技术的发展，移动互联网取代 PC 互联网领跑在互联网时代的最前沿，Android 和 iOS 一度成为移动互联网应用平台的两大霸主，成为移动开发者首选的两门技术，HTML5 以其跨平台优势在移动互联网应用平台占据重要位置，可以说是后来者居上。由于技术的限制，难以催生出更多的新应用，产品日渐饱和，移动互联网从巅峰时代逐渐趋于平缓发展。那么，下一个时代谁是主场？下一门应用技术谁来掌门？

在第三届互联网大会上，百度 CEO 李彦宏曾表述：靠移动互联网的风口已经没有可能再出现"独角兽"了，因为市场已经进入一个相对平稳的发展阶段，互联网人口渗透率已经超过 50%。未来的机会在人工智能领域。的确，互联网巨头公司在人工智能领域投入明显增大，都力争做人工智能时代的"带头大哥"。

Python 作为一门编程语言，其魅力甚至超过 C#、Java、C、C++，被称为"胶水语言"，更被热爱它的程序员誉为"最优雅的"编程语言。从云端、客户端到物联网终端，Python 应用无处不在，同时成为人工智能首选的编程语言。

本章的学习目标：

- 了解 Python 语言的起源与应用领域；
- 熟悉 Python 语言的版本、Python 的获取、Python 的安装和启动；
- 了解 Python 常用的开发工具；
- 熟悉进行 Python 编程的几种方式；
- 了解 Python 初学者可能遇到的几个常见问题。

1.1 Python 概述

Python 是一门跨平台、开源、免费的解释型高级动态编程语言。除了解释执行，Python 还支持伪编译，通过将源代码转换为字节码来优化程序、提高运行速度以及对源代码进行保密，并且支持使用 py2exe、pyinstaller、cx_Freeze 或其他类似工具将 Python 程序及其所有依赖库打包为扩展名为 exe 的可执行程序，从而可以脱离 Python 解释器环境和相关依赖库而在 Windows 平台上独立运行；Python 支持命令式编程、函数式编程，完全支持面向对象程序设计。也有人喜欢把 Python 语言称为"胶水语言"，因为 Python 可以把多种不同语言编写的程序融合到一起实现无缝拼接，更好地发挥不同语言和工具的优势，满足不同应用领域的需求。

Python 官网同时发行并维护 Python 2.x 和 Python 3.x 两个不同系列的版本。这两个系列版本之间很多用法是不兼容的。在选择 Python 的时候，一定要先考虑清楚自己学习 Python 的目的是什么，打算做哪方面的开发，有哪些扩展库可以使用，这些扩展库最高支持哪个版本的 Python，等等，确定完之后再做出选择，而不至于把时间浪费在 Python 和各种扩展库的反复安装上。

1.1.1 Python 起源

1989 年圣诞节期间，在阿姆斯特丹，Guido van Rossum 为了打发圣诞节的无趣，决心开发一种新的脚本解释程序，作为 ABC 语言的一种继承。之所以选择用 Python 作为名字，是因为 Guido 本人是一个名叫 Monty Python 的喜剧团体的爱好者。

ABC 语言是由 Guido 参加设计的一种教学语言。就 Guido 本人看来，ABC 这种语言非常优美和强大，是专门为非专业程序员设计的。但是 ABC 语言并没有成功，究其原因，Guido 认为是其非开放性造成的。Guido 决心在 Python 中避免这一错误。同时，他还想实现在 ABC 语言中闪现过但未曾实现的东西。

就这样，Python 在 Guido 手中诞生了。可以说，Python 是从 ABC 语言发展而来，主要受到 Modula-3(另一种相当优美且强大的语言，为小型团体而设计)的影响，并且结合了 UNIX shell 和 C 语言的使用习惯。

自从 2004 年以后，Python 的使用率呈线性增长。2011 年 1 月，Python 在 TIOBE 编程语言排行榜上被评为 2010 年度语言。

由于 Python 语言的简洁性、易读性以及可扩展性，在国外用 Python 做科学计算的研究机构日益增多，一些知名大学已经采用 Python 来教授程序设计课程。例如卡内基梅隆大学的编程基础、麻省理工学院的计算机科学及编程导论就使用 Python 语言讲授。众多开源的科学计算软件包都提供了 Python 的调用接口，例如著名的计算机视觉库 OpenCV、三维可视化库 VTK、医学图像处理库 ITK。而 Python 专用的科学计算扩展库就更多了，例如如下三个十分经典的科学计算扩展库：NumPy、SciPy 和 matplotlib，它们分别为 Python 提供快速数组处理、数值运算以及绘图功能。因此，Python 语言及其众多的扩展库所构成的开发环境十分适合工程技术、科研人员处理实验数据、制作图表，甚至开发科学计算应用程序。

1.1.2 Python 版本

Python 有很多版本。用一个 Python 版本编写的程序未必与用另一个 Python 版本编写的程序兼容。不过，如果所有编程人员都使用相同的 Python 版本，那么 Python 允许在你的程序中使用由其他人编写的程序，这可以节省大量时间和工作。

选择 Python 版本时，归结为选择 Python 2.7 版本还是 Python 3.x 版本(其中，x 是不断递增的编号)。

- Python 2.7 版本(长久以来的骨干版本)无疑十分优秀，大量现有的软件都使用 Python 2.7 版本。如果使用 Python 代码库执行特定任务，库代码很可能是 Python 2.7 版本的。
- Python 3.x 版本(后起之秀)也十分优秀，去除了很多令人混淆的语言功能。

目前看来，Python 3.x 的设计理念更加人性化，全面普及和应用已经是大势所趋。本书的源码基于 Python 3.7.1。

1.1.3　Python 应用

1. 常规软件开发

Python 支持函数式编程和面向对象编程，能够承担任何类型软件的开发工作。因此，常规的软件开发、脚本编写、网络编程等都属于标配能力。

2. 科学计算

随着 NumPy、SciPy、matplotlib 等众多扩展库的开发，Python 越来越适合于做科学计算、绘制高质量的 2D 和 3D 图像。和科学计算领域最流行的商业软件 MATLAB 相比，Python 是一门通用的程序设计语言，比 MATLAB 所采用的脚本语言的应用范围更广泛，有更多的扩展库提供支持。虽然 MATLAB 中的许多高级功能和工具箱目前还是无法替代的，不过在日常的科研中仍然有很多的工作是 Python 可以代劳的。

3. 自动化运维

这几乎是 Python 应用的自留地，作为运维工程师首选的编程语言，Python 在自动化运维方面已经深入人心，比如 Saltstack 和 Ansible 都是大名鼎鼎的自动化平台。

4. 云计算

开源云计算解决方案 OpenStack 就是基于 Python 开发的。

5. Web 开发

基于 Python 的 Web 开发框架很多，比如耳熟能详的 Django，还有 Tornado、Flask。其中，Python+Django 架构组合应用范围非常广，开发速度非常快，学习门槛低，能够帮助开发人员快速搭建可用的 Web 服务。

6. 网络爬虫

也称网络蜘蛛，是大数据行业中获取数据的核心工具。没有网络爬虫自动地、不分昼夜地、高智能地在互联网上爬取免费的数据，那些大数据相关的公司恐怕要少四分之三。能够编写网络爬虫的编程语言有不少，但 Python 绝对是其中的主流之一，其 Scrapy 爬虫框架应用非常广泛。

7. 数据分析

在大量数据的基础上，结合科学计算、机器学习等技术，对数据进行清洗、去重、规格化和有针对性的分析是大数据行业的基石。Python 是数据分析的主流语言之一。

8. 人工智能

Python 在人工智能大范畴领域内的机器学习、神经网络、深度学习等方面都是主流的编程语言，得到广泛的支持和应用。

1.2 搭建 Python 开发环境

在主流的 Windows、Linux、Mac 操作系统上都可以搭建 Python 开发环境。

1.2.1 获取 Python

要搭建 Python 开发环境，首先必须下载和安装相应的工具。所需要的工具可免费下载。

(1) 可以到 www.python.org 下载安装包。

(2) 也可以到 www.activestate.com 下载 ActivePython 组件包。ActivePython 是对 Python 核心和常用模块的二进制包装，是 ActiveState 公司发布的 Python 开发环境。ActivePython 使得 Python 的安装更加容易，并且可以应用在各种操作系统上。ActivePython 包含一些常用的 Python 扩展，以及 Windows 环境下的编程接口。如果是 Windows 用户，下载 msi 包安装即可；如果是 UNIX 用户，下载 tar.gz 包直接解压即可。

(3) Python 的 IDE 具体包括 PythonWin、Eclipse+PyDev 插件、Komodo、EditPlus、PyCharm 等。

1.2.2 安装 Python

1. 在 Windows 操作系统上安装 Python

从官网的 Windows 发行版本列表(https://www.python.org/downloads/windows/)中找到需要的安装程序，如图 1-1 所示。需要注意的是，为 32 位的操作系统下载带 x86 字样的安装包，为 64 位的操作系统下载带 x86-64 字样的安装包。本书使用的是 Python 3.7.1。

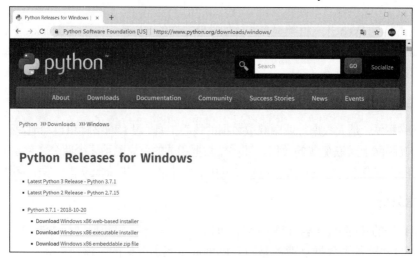

图 1-1　Python 下载页面

单击 Download Windows x86-64 executable installer 下载项开始下载，如图 1-2 所示。

图 1-2　下载 Python 3.7.1

下载 Python 安装程序后，双击运行安装程序，初始界面如图 1-3 所示。选中底部的 Add Python 3.7 to PATH 复选框，然后单击 Install Now 按钮。系统可能要求确认对系统所做的更改，单击 OK 按钮接受这些更改，进入安装界面，如图 1-4 所示。

图 1-3　Python 安装程序的初始界面

图 1-4　Python 安装界面

在安装过程的最后，将看到如图 1-5 所示的界面，单击 Close 按钮关闭即可。

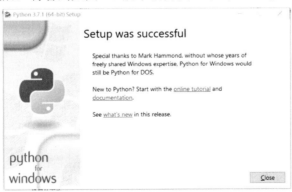

图 1-5　安装成功界面

2. 在 Linux 操作系统上安装 Python

在 Linux 操作系统上安装 Python 要简单得多，这里以 Ubuntu Linux 为例。Python 在 Ubuntu 下有两种常用安装方法：

- 通过 Ubuntu 官方的 apt 工具包安装。
- 通过编译 Python 源代码安装。

例如，采用 apt 安装方式时，输入以下命令：

```
sudo apt-get install python3.7.1
```

apt 将 Python 安装包下载到本地并自动进行安装。Python 被默认安装到 usr/local/lib/python3.7 目录中。安装完毕后，可以直接输入 python 命令来查看 Python 版本号或是否安装成功。

1.2.3　启动 Python

安装成功后，打开 Windows 的命令提示符窗口，输入 python 命令，即可显示当前 Python 的版本号，并进入 Python 交互模式，如图 1-6 所示。

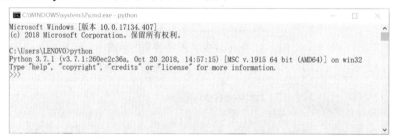

图 1-6　在命令提示符窗口中启动 Python

在 Python 交互模式下可以直接输入 python 命令并执行。例如，输入以下命令：

```
>>> print("hello")
hello
>>> print("hello world")
hello world
>>> x=3
>>> y=4
>>> x+y
7
```

命令提示符窗口如图 1-7 所示。

图 1-7　直接输入 python 命令执行

在命令提示符窗口中使用交互模式执行 python 命令，只适合用于测试功能。当关闭窗口时，所有输入的命令和执行结果均无法重现，因此，对于一些需要重复使用的代码，显得无能为力。

因此，本书使用 IDLE(Integrated Development Learning Environment，集成的开发学习环境)来讲解 Python 的功能，IDLE 又称 Eric Idle(Monty Python 剧组的一位成员)。

Python 安装成功后，同时会安装 IDLE。在 Windows 的【开始】菜单的所有程序中可以找到 IDLE 的启动项，如图 1-8 所示。单击 IDLE(Python 3.7 64-bit)选项，打开 IDLE 窗口，如图 1-9 所示。

图 1-8　IDLE 启动项

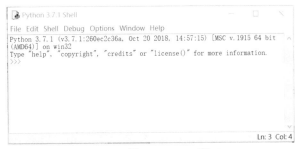

图 1-9　IDLE 窗口

在 IDLE 中，可通过两种方式与 Python 交互：shell(输入的 Python 命令将立即执行)或文本编辑器(允许创建程序代码文档)。当今的几乎所有操作系统都支持 IDLE。

在 Mac 或 Linux 操作系统中，打开终端，输入 idle，按下 Enter 键即可。

shell 内有引擎，IDLE 程序包含 Python 引擎。Python 引擎运行 Python 程序。与命令提示符窗口一样，IDLE Python Shell 也可以执行输入的 Python 命令，将它们输入 Python 引擎，然后显示结果。

1.2.4　多版本 Python 及虚拟环境的安装

实际开发中，有可能需要用到不同的 Python 版本或版本库，难免会涉及不同 Python 版本的安装以及不同扩展库的安装。这里以 Windows 环境为例，介绍多版本 Python 及虚拟环境的安装。

1. 多版本 Python 的安装

前面已经安装了 Python 3.7.1，这里介绍一下 Python 2.7.15 的安装。

(1) 首先从 Python 官网下载 Python 2.7.15 的安装包，然后双击运行，如图 1-10 所示。

图 1-10　安装 Python 2.7.15

（2）选中 Install for all users 单选按钮，然后单击 Next 按钮，打开安装路径设置界面，如图 1-11 所示。

图 1-11　设置安装路径

（3）单击 Next 按钮，打开安装列表，从中可以看出，不能添加路径到系统变量，先单击 Next 按钮进行安装，后面再专门解决，如图 1-12 所示。

图 1-12　设置系统路径

（4）单击 Next 按钮进入安装过程，如图 1-13 所示。安装完毕后，单击 Finish 按钮完成安装。至此，Python 3.7.1 和 Python 2.7.15 均已安装完成。

图 1-13　安装 Python 2.7.15

(5) 此时运行 cmd 命令进入 DOS 命令窗口，输入 python 命令可能显示 Python 3.7.1 版本，也可能显示 Python 2.7.15 版本，这很可能是环境变量中 Path 的前后顺序不一样导致的。下面来设置系统环境变量。

打开【控制面板】|【系统和安全】|【系统】，单击【高级系统设置】，如图 1-14 所示。

图 1-14　单击【高级系统设置】

(6) 打开【系统属性】对话框，单击【环境变量】按钮，如图 1-15 所示。

图 1-15　单击【环境变量】按钮

(7) 打开【环境变量】对话框，如图 1-16 所示，在【系统变量】列表框中选择 Path，然后单击【编辑】按钮。

(8) 单击【新建】按钮，分别添加 C:\Program Files\python27 和 C:\Program Files\python27\Scripts 到环境变量中，如图 1-17 所示。

图 1-16 【环境变量】对话框

图 1-17 添加路径

(9) 找到 Python 的安装目录，修改 python2.7.15 和 python3.7.1 子目录中 python.exe 和 pythonw.exe 的名称为 python2.exe、pythonw2.exe 和 python3.exe、pythonw3.exe。

然后运行 cmd 命令，输入 python2 即可运行 Python 2.7.15 版本，输入 python3 即可运行 Python 3.7.1 版本，如图 1-18 所示。

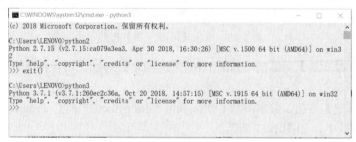

图 1-18 执行 python2 和 python3 命令

（10）Python 安装包需要用到包管理工具 pip，但是当同时安装多版本 Python 的时候，pip 只是其中一个版本，以下将提供一种修改方式，重新安装两个版本的 pip，使得两个 Python 版本的 pip 能够共存。

在 DOS 命令窗口中输入以下命令：

```
python3 -m pip install --upgrade pip --force-reinstall
python2 -m pip install --upgrade pip --force-reinstall
```

显示重新安装成功。需要注意的是，Python 2.7.15 的 pip 工具需要单独安装。

2. Python 虚拟环境的安装

在 Windows 操作系统中安装 Python 虚拟环境的步骤如下。

（1）首先安装 virtualenv 镜像，执行以下命令：

```
pip install virtualenv
```

（2）新建 virtualenv，例如新建一个名为 scrapytest 的虚拟环境：

```
virtualenv   scrapytest
```

（3）使用 cd 命令进入\scrapytest\Scripts 目录，直接输入 activity 命令执行，进入虚拟环境，如图 1-19 所示。进入虚拟环境，就可以运行 Python 进行测试了。

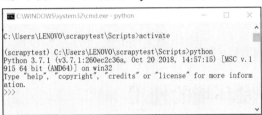

图 1-19　进入虚拟环境

（4）当安装有多个 Python 版本时，可以更改虚拟环境的 Python 版本，例如，要为虚拟环境更改 Python 版本到 Python 2.7，命令如下：

```
virtualenv -p C:\Python27\python.exe
```

（5）当不需要使用虚拟环境时，可以退出虚拟环境，执行以下命令：

```
deactivate.bat
```

（6）如果虚拟环境过多，管理起来会不太方便。可以使用专门的虚拟环境管理包 virtualenvwrapper 进行管理，pip 安装如下：

```
pip install virtualenvwrapper
```

在 Windows 操作系统中安装如下：

```
pip install virtualenvwrapper-win
```

(7) 安装完毕后，可以使用 virtualenvwrapper 管理虚拟环境，这时新建虚拟环境的命令格式如下：

```
mkvirtualenv virtual_name
```

例如，新建一个名为 py3scrapy 的虚拟环境，如图 1-20 所示。

图 1-20　使用 virtualenvwrapper 新建虚拟环境

(8) 要查看已安装的虚拟环境，可以执行 workon 命令，如图 1-21 所示。

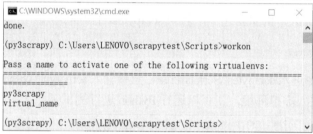

图 1-21　查看已安装的虚拟环境

1.3　Python 开发环境的使用

"工欲善其事，必先利其器。"学习 Python 语言也一样，熟悉开发环境是学习一门编程语言的第一步。

1.3.1　使用自带的 IDLE

IDLE 是 Python 的官方标准开发环境，从官方网站 www.python.org 下载并安装合适的 Python 版本之后，也就同时安装了 IDLE。相对于其他 Python 开发环境而言，IDLE 比较简单，但具备 Python 应用开发的几乎所有功能，无须进行复杂配置，界面如图 1-22 所示。

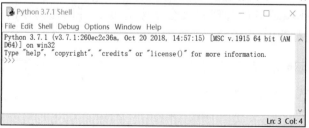

图 1-22　Python 3.7.1 IDLE 的界面

1.3.2　常用的第三方开发工具

除了默认安装的IDLE,还有大量的其他IDE开发环境,例如wingIDE、PyCharm、PythonWin、Eclipse、Spyder、IPython、Komodo 等。严格来说,所有这些开发环境都是对 Python 解释器 python.exe 的封装,核心是完全一样的,只是加了外挂而已,使用起来方便,减少了出错率,尤其是拼写错误。以 PyCharm 为例,界面如图 1-23 所示。

图 1-23　PyCharm 开发环境

1.3.3　官网交互式环境

如果暂时什么都不想安装,只是简单地想试试 Python 好不好,可以试试 Python 官方网站 (www.python.org)提供的 Interactive Shell。登录 Python 官方网站后,单击图 1-24 所示方框内的那个图标,稍等片刻即可进入如图 1-25 所示的界面。

图 1-24　Python 官方网站

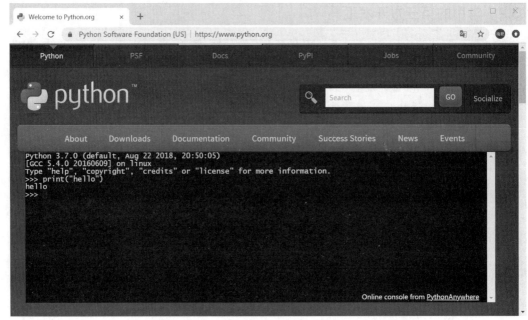

图 1-25 Python 官方网站提供的 Interactive Shell 界面

注意：

如果想尝试一下在安卓手机上编写 Python 程序，可以安装支持 Python 3.x 的 QPython 3 或者支持 Python 2.x 的 QPython。

1.4 初学者常见问题

1.4.1 为什么提示 "'python'不是内部或外部命令……"

已经安装了 Python，但是在 DOS 命令窗口中运行 python 命令时却提示 "python 不是内部或外部命令，也不是可运行的程序"。

原因：在环境变量中未给 Path 添加值。

解决办法：打开环境变量，为系统变量中的 Path 变量添加 Python 安装路径，假如 Python 的安装路径为 C:\Program Files\python37，就将这个路径添加到系统环境变量中(参照前面 1.2.2 节的操作方法)，然后再运行 python 命令即可。

1.4.2 如何在 Python 交互模式下运行.py 文件

要运行已经编写好的.py 文件，可以单击【开始】菜单，在【搜索程序和文件】文本框中输入完整的文件名(包括路径)。例如，要运行 D:\ceshi.py 文件，可以使用下面的代码：

```
python3    D:\ceshi.py
```

在运行.py 文件的时候，如果文件名或路径比较长，可以首先在命令窗口中输入 python 加一个空格，然后直接把文件拖放到空格的位置，这时文件的完整路径将显示在空格的右侧。最后按下 Enter 键运行即可。

1.5 本章实战

1.5.1 IDLE 的简单使用

本节采用标准的 IDLE 作为开发环境来演示 Python 的强大功能，几乎所有代码都可以直接拿到其他开发环境中运行，不需要做任何修改。有时候可能需要同时安装多个不同的版本，例如，同时安装 Python 2.7 和 Python 3.7，并根据不同的开发需求在两个版本之间切换。多版本并存并不会影响在 IDLE 环境中直接运行程序，只需要启动相应版本的 IDLE 即可。在命令提示符环境中运行 Python 程序时，在调用 Python 主程序时指定其完整路径，或者修改系统环境变量 Path 来实现不同版本之间的切换(Path 系统环境变量的修改方法参考前面的内容)。

如果能够熟练使用开发环境提供的一些快捷键，可以大幅提升开发效率。在 IDLE 环境中，除了撤销(Ctrl+Z)、全选(Ctrl+A)、复制(Ctrl+C)、粘贴(Ctrl+V)、剪切(Ctrl+X)等常规快捷键之外，其他比较常用的快捷键如表 1-1 所示。

表 1-1 IDLE 中的常用快捷键

快捷键	功能说明
Tab	补全单词，列出全部可选单词供选择
Alt+P	浏览历史命令(上一条)
Alt+N	浏览历史命令(下一条)
Ctrl+F6	重启 Shell，之前定义的对象和导入的模块全部失效
F1	打开 Python 帮助文档
Alt+/	自动补全前面曾经出现过的单词，如果之前有多个单词具有相同的前缀，则在多个单词间循环切换
Ctrl+]	缩进代码块
Ctrl+[	取消代码块缩进
Alt+3	注释代码块
Alt+4	取消代码块注释

启动 Python 之后默认处于交互模式，直接在 Python 提示符 ">>>" 的后面输入相应命令并按 Enter 键执行即可，如果执行顺利，立即可以看到执行结果，否则会提示错误信息并抛出异常，例如：

```
>>> 2+1                          #井号为注释符，后面的内容不会被执行
3
>>> import math                  #导入 Python 标准库 math
>>> math.sqrt(25)                #使用标准库函数 sqrt 计算平方根
```

```
5.0
>>> 3**2                      #使用**计算幂运算
9
>>> 3*(1+9)
30
>>> 2/0                       #除 0 错误，会抛出异常
Traceback (most recent call last):
   File "<pyshell#5>", line 1, in <module>
      2/0
ZeroDivisionError: division by zero
>>> x='hello                  #语法错误，字符串的末尾缺少一个单引号
SyntaxError: EOL while scanning string literal
```

从以上代码可以看出，交互模式一般用来实现一些简单的业务逻辑，或者验证某些功能。复杂的业务逻辑更多的是通过编写 Python 程序来实现，同时也方便代码的不断完善和重复利用。在 IDLE 界面中使用菜单 File | New File 创建一个程序文件，输入代码并保存为文件(务必保证扩展名为 py，如果是 GUI 程序，扩展名为 pyw)。然后，使用菜单 Run | Run Module 运行程序，程序运行结果将直接显示在 IDLE 交互界面中。例如，假设程序文件 test1.py 的内容如下：

```
def main():
      print("this is a test program")
main()
```

在 IDLE 环境中运行后，显示如下：

```
============================= RESTART: D:/pyproject/test1.py =============================
this is a test program
```

在命令提示符环境中运行的方法和结果如图 1-26 所示。

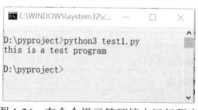

图 1-26　在命令提示符环境中运行程序

技巧：

为提高代码的运行速度，以及对 Python 源代码进行保密，可以在命令提示符环境中使用 python3 –OO –m py_compile file.py 命令将 Python 程序 file.py 伪编译为.pyc 文件，选项-OO 表示优化编译。

1.5.2　pip 工具的使用

Python 语言中有三类库：内置库、标准库和扩展库。其中，内置库和标准库在 Python 安装成功后即安装。内置库不需要使用 import 命令导入就能直接使用；标准库和扩展库需要先导入

才能使用。扩展库主要通过 pip 工具来管理。

使用 pip 工具之前需要查看是否可用，打开命令提示符环境，输入 pip，如图 1-27 所示。如果 pip 工具不能使用，检查 Python 的安装目录，找到安装目录中的 pip.exe 这个文件，然后添加到系统环境变量 Path 中，重启再试。

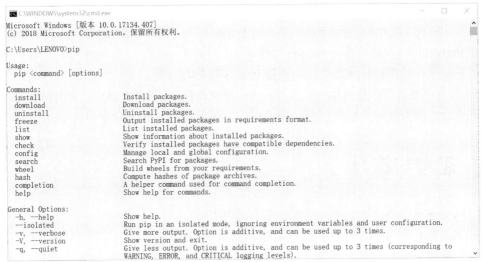

图 1-27　pip 工具

常用的 pip 命令如下。

- pip list：查看已安装的扩展库。
- pip install package_name：安装名为 package_name 的扩展库。
- pip uninstall package_name：卸载名为 package_name 的扩展库。

例如，使用 pip 工具安装 pandas 库，如图 1-28 所示。

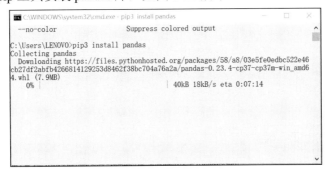

图 1-28　安装 pandas 库

1.6　本章小结

本章作为开篇，首先介绍了 Python 语言的起源、Python 的主流版本、Python 语言的应用领域。Python 是一门胶水语言，主流版本为 Python 2.x 和 Python 3.x，其中后者为大势所趋。Python 语言目前主要用于软件开发、科学计算、自动化运维、云计算、Web 开发、网络爬虫、数据分析和人工智能等领域。

在使用 Python 语言之前,需要先搭建 Python 开发环境。到 Python 官方网站 www.python.org 下载匹配操作系统的安装包,一键安装即可。需要注意的是同一台计算机上多版本 Python 的安装,以及 Python 虚拟环境的安装和管理。

对于 Python 语言的使用,可以在官网的交互式环境中测试 Python 语言的执行,也可以在命令提示符环境中或 IDLE 的交互模式下执行 Python 语句,还可以在 IDLE 或专门的 IDE 环境中创建 Python 程序,然后执行 Python 程序。

初学者最容易遇到的问题是忘记设置 Path 系统环境变量。

pip 工具主要用来管理 Python 扩展库,可以用来查看已安装的扩展库、安装扩展库以及卸载扩展库等。所安装的扩展库在程序中使用时,需要先用 import 命令导入。

1.7　思考与练习

1. Python 语言的主流版本及应用主要有哪些?
2. 请实践在 Windows 操作系统上搭建 Python 开发环境。
3. 如何在 Windows 操作系统上安装多版本 Python?
4. 如何安装 Python 虚拟环境?
5. 如何在 IDLE 中创建 Python 程序并执行?
6. 如何通过 pip 工具安装扩展库,以及如何在 Python 程序中使用扩展库?

第 2 章

Python语言基础

第 1 章介绍了 Python 语言的版本、环境安装、IDE 使用等。有了环境之后，下面就来学习如何使用 Python 语言进行编程。

学习任何一门语言，首先要了解该语言的规范、变量、对象、数据类型、表达式等，这是任何掌握一门语言的基础，Python 语言也不例外。因此，本章就来介绍这些内容。

本章的学习目标：

● 了解 Python 语言的语法特点，包括注释、代码规范；

● 熟悉 Python 语言的保留字，了解 Python 标识符的命名要求；

● 了解 Python 变量的使用；

● 熟悉 Python 基本数据类型，包括数字类型、字符串类型、布尔类型，并掌握查看数据类型的方法；

● 熟练使用 Python 运算符，包括算术运算符、赋值运算符、比较运算符、逻辑运算符、位运算符，掌握运算符的优先级；

● 熟悉基本输入输出函数的使用，包括 input()、print()函数。

2.1 Python 语法特点

在开发过程中，必须有一种良好的方式，使他人更易于理解自己编写的代码。这种方式就是为代码添加注释。

Python 中的注释有多种，有单行注释、批量多行注释、文档注释，另外中文注释也很常用。注释可以起到备注的作用，在进行团队合作的时候，个人编写的代码经常会被多人调用，为了让别人能更容易理解代码的用途，使用注释是非常有效的。

另外，良好的编程习惯从遵循代码规范开始。对于一份漂亮的 Python 程序，首先要符合 Python 代码规范。

2.1.1 注释

1. 单行注释

在 Python 中,井号(#)常被用作单行注释符号。在代码中使用#时,它右边的任何数据都会被忽略,被当作注释。例如:

```
print 1 #输出 1
```

井号右边的内容"输出 1"在执行的时候是不会被输出的。

2. 批量多行注释

Python 中也可以对多行代码进行注释,使用 Python 提供的批量多行注释符号即可。批量多行注释用三对单引号或双引号包含,位于三对引号之间的所有内容均被视为注释。例如:

```
'''
三对单引号,Python 多行注释符
三对单引号,Python 多行注释符
三对单引号,Python 多行注释符
'''
```

或者:

```
"""
三对双引号,Python 多行注释符
三对双引号,Python 多行注释符
三对双引号,Python 多行注释符
"""
```

3. 中文注释

在使用 Python 编程时,免不了会出现或用到中文,这时候需要在文件开头加上中文注释。比如创建一个 Python list,在代码上面注释上它的用途,如果开头不声明保存编码的格式是什么,那么它会默认使用 ASCII 码保存文件,这时如果代码中有中文,就会出错,即使中文是包含在注释里面的。所以,加上中文注释很重要。例如:

```
#coding=utf-8
```

或者:

```
#coding=gbk
```

以上两种形式都可以代表中文注释,推荐使用 utf-8。

作为一名优秀的程序员,为代码加注释是必须要做的。但要确保注释所说的都是重要的事情,对于看一眼就知道是干什么的无用代码是不需要加注释的。

4. 文档注释

作为文档的 docstring(文档字符串)一般出现在模块、函数和类的头部，这样在 Python 中就可以通过对象的__doc__对象获取文档。编辑器和 IDE 也可以根据 docstring 给出自动提示。文档注释主要有以下几种情况。

- 文档注释以"""开头和结尾，首行不换行，如有多行，末行必须换行，以下是 Google 的 docstring 风格示例：

```
# -*- coding: utf-8 -*-
"""Example docstrings.
This module demonstrates documentation as specified by the `Google Python
Style Guide`_. Docstrings may extend over multiple lines. Sections are created
with a section header and a colon followed by a block of indented text.
Example:
    Examples can be given using either the ``Example`` or ``Examples``
    sections. Sections support any reStructuredText formatting, including
    literal blocks::
        $ python example_google.py
Section breaks are created by resuming unindented text. Section breaks
are also implicitly created anytime a new section starts.
"""
```

- 不要在文档注释中复制函数原型，而是要描述具体内容，解释具体参数和返回值等，例如：

```
#   不推荐的写法(不要写函数原型)
def function(a, b):
    """function(a, b) -> list"""
    … …

#   正确的写法
def function(a, b):
    """计算并返回 a 到 b 范围内数据的平均值"""
    … …
```

- 对函数的参数、返回值等的说明采用 NumPy 标准，如下所示：

```
def func(arg1, arg2):
    """在这里写函数的一句话总结(如：计算平均值)
    这里是具体描述
    参数
    ----------
    arg1 : int
        arg1 的具体描述
    arg2 : int
        arg2 的具体描述
    返回值
```

```
-------
int
        返回值的具体描述
参看
--------
otherfunc：其他关联函数等
示例
--------
示例使用 doctest 格式, `>>>`后面的代码可以被文档测试工具作为测试用例自动运行
>>> a=[1,2,3]
>>> print [x + 3 for x in a]
[4, 5, 6]
"""
```

- 文档注释不限于中英文，但不要中英文混用。
- 文档注释不是越长越好，通常一两句话能把情况说清楚即可。
- 模块、公有类、公有方法，能写文档注释的，应该尽量写文档注释。

2.1.2 代码规范

下面先来看看 Python 的代码规范，让自己首先有个意识，然后在往后的开发中慢慢养成习惯。

1. 编码

若无特殊情况，文件一律使用 UTF-8 编码，文件头部必须加入#-*-coding:utf-8-*-标识。

2. 代码格式

- 统一使用 4 个空格进行缩进。
- 每行代码尽量不超过 80 个字符，在特殊情况下可以略微超过 80 个字符，但最长不得超过 120 个字符。这在查看 side-by-side 的 diff 时很有帮助，也方便在控制台中查看代码。

3. 引号

简单说，自然语言使用双引号，机器标识使用单引号。因此，代码里多数应该使用单引号。

- 自然语言使用双引号"..."，例如，错误信息，很多情况下还是 Unicode，使用 u"你好世界"。
- 机器标识使用单引号'...'，例如，dict 里的 key。
- 正则表达式使用原生的双引号 r"..."。
- 文档字符串使用三个双引号"""......"""。

4. 空行

模块级函数和类定义之间空两行，类成员函数之间空一行。例如：

```
class A:

    def __init__(self):
        pass

    def hello(self):
        pass


def main():
    pass
```

可以使用多个空行分隔多组相关的函数，或使用空行分隔逻辑相关的代码。

5. import 语句

import 语句主要用来在程序中导入 Python 标准库和扩展库。import 语句应该分行书写，例如：

```
# 正确的写法
import os
import sys

# 不推荐的写法
import sys,os

# 正确的写法
from subprocess import Popen, PIPE
```

import 语句最好使用绝对引用方式，例如：

```
# 正确的写法
from foo.bar import Bar

# 不推荐的写法
from ..bar import Bar
```

import 语句应该放在文件头部，置于模块说明及 docstring 之后，于全局变量之前；还应该按照顺序排列，每组之间用一个空行分隔。例如：

```
import os
import sys

import msgpack
import zmq

import foo
```

导入其他模块的类定义时，可以使用相对导入，例如：

```
from myclass import MyClass
```

如果发生命名冲突，则可使用名称空间，例如：

```
import bar
import foo.bar

bar.Bar()
foo.bar.Bar()
```

6. 空格

Python 程序中，空格的使用规范非常严谨，主要有以下几点：

- 在二元运算符两边各空一格，二元运算符包括=、-、+=、==、>、in、is not、and 等。
- 函数的参数列表中，","之后要有空格。
- 函数的参数列表中，默认值等号两边不要添加空格。
- 左括号之后，右括号之前不要加多余的空格。
- 字典对象的左括号之前不要加多余的空格。
- 不要为了对齐赋值语句而使用额外的空格。

7. 换行

Python 支持括号内换行。这有以下两种情况。

(1) 将第二行缩进到括号的起始处。例如：

```
foo = long_function_name(var_one, var_two,
                         var_three, var_four)
```

(2) 将第二行缩进 4 个空格，适用于从起始括号就换行的情形。例如：

```
def long_function_name(
    var_one, var_two, var_three,
    var_four):
    print(var_one)
```

使用反斜杠\换行，二元运算符+等应出现在行末；长字符串也可以用此法换行。例如：

```
session.query(MyTable).\
        filter_by(id=1).\
        one()

print 'Hello, \
        '%s %s!' %\
        ('Harry', 'Potter')
```

另外，禁止使用复合语句，即禁止在一行中包含多个语句；if/for/while 一定要换行。

2.2 标识符与保留字

2.2.1 标识符

标识符是开发人员在程序中自定义的一些符号和名称，例如，自己定义的变量名、函数名等。定义标识符的首要原则是见名知意。

标识符由字母、下画线和数字组成，且不能以数字开头。注意，Python 中的标识符区分大小写。在进行标识符命名时，一般遵循驼峰法命名规范。

● 小驼峰式命名法：第一个单词以小写字母开始；第二个单词的首字母大写。例如：

myName、aDog

● 大驼峰式命名法：每一个单词的首字母都采用大写字母。例如：

FirstName、LastName

程序员中还有一种命名法比较流行，就是用下画线 "_" 来连接所有的单词。例如：

send_buf

下面简单介绍 Python 中一些常用对象的命名规范。

1. 模块名称

模块尽量使用小写命名，首字母保持小写，尽量不要用下画线(除非有多个单词且数量不多)。例如：

```
# 正确的模块名
import decoder
import html_parser

# 不推荐的模块名
import Decoder
```

2. 类名

类名使用驼峰命名风格，首字母大写，私有类可用一个下画线开头。例如：

```
class Farm():
    pass

class AnimalFarm(Farm):
    pass

class _PrivateFarm(Farm):
    pass
```

注意：

最好将相关的类和顶级函数放在同一个模块里，不像Java，没必要限制一个类一个模块。

3. 函数名

函数名一律小写，如有多个单词，用下画线隔开。例如：

```
def run():
    pass

def run_with_env():
    pass
```

私有函数在函数名前加一个下画线_，例如：

```
class Person():

    def _private_func():
        pass
```

4. 变量名

变量名尽量小写，如有多个单词，用下画线隔开。例如：

```
if __name__ == '__main__':
    count = 0
    school_name = ''
```

5. 常量名

常量采用全大写，如有多个单词，用下画线隔开。例如：

```
MAX_CLIENT = 100
MAX_CONNECTION = 1000
CONNECTION_TIMEOUT = 600
```

2.2.2　保留字

在 Python 交互模式下，输入以下代码，可以查看 Python 语言的保留字，即关键字：

```
import keyword
keyword.kwlist
```

Python 3.7 中的保留字如图 2-1 所示。

图 2-1　Python 3.7 中的保留字

任何标识符不得与保留字相同，以免造成使用上的混淆。

2.3　使用变量

在 Python 中，变量是没有类型的，这和你以往看到的大部分编辑语言都不一样。在使用变量的时候，不需要提前声明，只需要给这个变量赋值即可。如果只写一个变量，而没有赋值，那么 Python 认为这个变量没有定义。

在 Python 中，当创建一个对象，然后把它赋给另一个变量的时候，Python 并没有拷贝这个对象，而只是拷贝这个对象的引用。

2.3.1　变量定义

在 Python 中，变量就是变量，没有类型，大家所说的"类型"是变量所指向内存中对象的类型。变量是存储在内存中的值。创建变量时会在内存中开辟一块空间。声明一个变量并赋值后，基于变量内容的数据类型，解释器会分配指定内存，并决定什么数据可以存储在内存中。因此，变量可以指定不同的数据类型，这些变量可以存储整数、小数或字符。

等号(=)用来给变量赋值。等号(=)运算符的左边是变量名，等号(=)运算符的右边是存储在变量中的值。例如：

```
counter = 100        # 整型变量
miles  = 1000.0      # 浮点型变量
name   = "runoob"    # 字符串
```

Python 允许开发人员同时为多个变量赋值。例如：

```
a = b = c = 1
```

这条语句创建了一个整型对象，值为 1，从后向前赋值，3 个变量被赋予相同的数值。也可以为多个对象指定多个变量。例如：

```
a, b, c = 1, 2, "runoob"
```

这条语句将两个整型对象 1 和 2 分配给变量 a 和 b，将字符串对象"runoob"分配给变量 c。

2.3.2 变量类型

Python 3 中有 6 种标准的数据类型：Number(数字)、String(字符串)、List(列表)、Tuple(元组)、Set(集合)、Dictionary(字典)。其中，Number、String 和 Tuple 为不可变类型；List、Dictionary 和 Set 为可变类型。下面将详细介绍这 6 种数据类型。

2.4 基本数据类型

本节主要介绍 6 种标准的数据类型。

2.4.1 数字类型

1. 数字类型

数字类型有 int、long、float 和 complex。

(1) int(整型)

在 32 位机器上，整数的位数为 32 位，取值范围为 $-2^{31} \sim 2^{31} - 1$，即 $-2\,147\,483\,648 \sim 2\,147\,483\,647$。在 64 位机器上，整数的位数为 64 位，取值范围为 $-2^{63} \sim 2^{63}-1$，即 $-9\,223\,372\,036\,854\,775\,808 \sim 9\,223\,372\,036\,854\,775\,807$。

(2) long(长整型)

跟 C 语言不同，Python 的长整数没有指定位宽，即 Python 没有限制长整数的大小，但实际上由于机器内存有限，长整数不可能无限大。

自从 Python 2.2 起，如果整数发生溢出，Python 会自动将整数转换为长整数，所以，如今即便在长整数的后面不加字母 L 也不会导致严重后果。

(3) float(浮点型)

浮点数用来处理实数，即带有小数的数字。类似于 C 语言中的 double 类型，占 8 个字节(64位)，其中 52 位表示底，11 位表示指数，剩下的一位表示符号。

(4) complex(复数)

复数由实数部分和虚数部分组成，一般形式为 $x+yi$，其中，x 是复数的实数部分，y 是复数的虚数部分，这里的 x 和 y 都是实数。

2. 定义数字变量和查看数据类型

当指定一个值时，Number 对象就会被创建，例如：

```
var1 = 1
var2 = 10
```

在 Python 3 中，只有一种整数类型 int，表示为长整型，没有 Python 2 中的 long。像大多数语言一样，数值类型的赋值和计算都是很直观的。

内置的 type()函数可以用来查询变量所指对象的类型。例如：

```
>>> a, b, c, d = 20, 5.5, True, 4+3j
```

```
>>> print(type(a), type(b), type(c), type(d))
<class 'int'> <class 'float'> <class 'bool'> <class 'complex'>
```

此外，还可以使用 isinstance() 函数来判断某个变量是否属于某种数据类型，例如：

```
>>>a = 111
>>> isinstance(a, int)
True
```

isinstance() 和 type() 函数的区别在于：type() 函数不会认为子类是一种父类类型，isinstance() 函数则会认为子类是一种父类类型。示例程序如下：

```
>>> class A:
...        pass
>>> class B(A):            #B 继承于 A，是 A 的子类
...        pass
>>> isinstance(A(), A)
True
>>> type(A()) == A
True
>>> isinstance(B(), A)     #isinstance()函数会认为子类是一种父类类型
True
>>> type(B()) == A         #type()函数不会认为子类是一种父类类型
False
```

注意：

在 Python 2 中没有布尔型，用数字 0 表示 False，用 1 表示 True。Python 3 把 True 和 False 定义成关键字，但它们的值还是 1 和 0，它们可以和数字相加。

3. 删除变量

当不需要变量之后，可以使用 del 语句删除一些对象引用。del 语句的语法格式如下：

```
del var1[,var2[,var3[....,varN]]]
```

可以通过使用 del 语句删除单个或多个对象。例如：

```
del var                 #删除单个变量
del var_a, var_b        #删除多个变量
```

4. 数值运算

Python 可以同时为多个变量赋值，如 "a, b = 1, 2"。一个变量可以通过赋值指向不同类型的对象。数值的除法包含两个运算符：运算符/返回一个浮点数，运算符//返回一个整数。在混合计算时，Python 会把整数转换成浮点数。示例程序如下：

```
>>>5 + 4    #加法
```

```
9
>>> 4.3 - 2    #减法
2.3
>>> 3 * 7      #乘法
21
>>> 2 / 4      #除法，得到一个浮点数
0.5
>>> 2 // 4     #除法，得到一个整数
0
>>> 17 % 3     #取余
2
>>> 2 ** 5     #乘方
32
```

其他数值类型示例如表 2-1 所示。

表 2-1　其他数值类型示例

int	float	complex
10	0.0	3.14i
100	15.20	45.i
- 786	- 21.9	9.322e - 36i
080	32.3e+18	.876i
- 0490	- 90.	- .6545+0i
- 0x260	- 32.54e100	3e+26i
0x69	70.2E - 12	4.53e - 7i

2.4.2　字符串类型

1. 定义和引用字符串变量

字符串或串(String)是由数字、字母、下画线组成的一串字符，是编程语言中用于表示文本的数据类型。

Python 中的字符串用单引号(')或双引号(")括起来，同时使用反斜杠(\)转义特殊字符。可以创建变量来保存文本。例如：

```
customer_name = 'Fred'
```

该语句为变量指定的值是文本字符串。customer_name 保存的是文本而非数字。可在任何用到字符串"Fred"的地方使用该变量。例如：

```
message = 'the name is '+customer_name
```

在上面指定的表达式中，customer_name 变量中保存的文本将被添加到字符串"the name is"的末尾。customer_name 当前保存的字符串是"Fred"，上述语句将创建另一个字符串变量 message，message 中包含的文本内容为"the name is Fred"。

2．字符串截取

字符串截取的语法格式如下：

变量[头下标:尾下标]

如果方向为从左到右，第一个索引值为 0；如果方向为从右到左，右边最后一个字符的索引值为－1。字符串截取示意图如图 2-2 所示。

```
从后面索引：   -6  -5  -4  -3  -2  -1
从前面索引：    0   1   2   3   4   5
              +---+---+---+---+---+---+
              | a | b | c | d | e | f |
              +---+---+---+---+---+---+
从前面截取：   :   1   2   3   4   5   :
从后面截取：   :  -5  -4  -3  -2  -1   :
```

图 2-2　字符串截取示意图

加号+是字符串的连接符，星号*表示复制当前字符串，紧跟的数字为复制次数。示例如下：

```
#!/usr/bin/python3

str = ' helloworld '

print(str)              # 输出字符串
print(str[0:-1])        # 输出第一个到倒数第二个的所有字符
print(str[0])           # 输出字符串的第一个字符
print(str[2:5])         # 输出从第三个开始到第五个的所有字符
print(str[2:])          # 输出从第三个开始的所有字符
print(str * 2)          # 输出字符串两次
print(str + "TEST")     # 连接字符串
```

执行以上程序会输出如下结果：

```
helloworld
helloworl
h
llo
lloworld
helloworldhelloworld
helloworldTEST
```

Python 使用反斜杠(\)转义特殊字符，如果不想让反斜杠发生转义，可以在字符串的前面添加一个 r，表示原始字符串，例如：

```
>>> print('c:\windows\system32\nova')
c:\windows\system32
```

```
ova
>>> print(r'c:\windows\system32\nova')
c:\windows\system32\nova
```

另外，反斜杠(\)可以作为续行符，表示下一行是上一行的延续。也可以使用"""..."""或'...'跨越多行。需要注意的是，Python 没有单独的字符类型，一个字符就是长度为 1 的字符串。例如：

```
>>>word = 'Python'
>>> print(word[0], word[5])
P n
>>> print(word[-1], word[-6])
n P
```

与 C 字符串不同的是，Python 字符串不能改变。向一个索引位置赋值(比如 word[0] = 'm')会导致错误。

注意：

(1) 反斜杠可以用来转义，使用 r 可以让反斜杠不发生转义。

(2) 字符串可以用+运算符连接在一起，用*运算符重复。

(3) Python 中的字符串有两种索引方式，从左往右以 0 开始，从右往左以 -1 开始。

(4) Python 中的字符串不能改变。

2.4.3　布尔类型

Python 支持布尔类型的数据，布尔类型只有 True 和 False 两个值，但是布尔类型支持以下几种运算。

- 与运算：只有两个布尔值都为 True 时，计算结果才为 True。例如：

```
True and True     # ==> True
True and False    # ==> False
False and True    # ==> False
False and False   # ==> False
```

- 或运算：只要有一个布尔值为 True，计算结果就是 True。例如：

```
True or True      # ==> True
True or False     # ==> True
False or True     # ==> True
False or False    # ==> False
```

- 非运算：把 True 变为 False，或者把 False 变为 True。例如：

```
not True    # ==> False
not False   # ==> True
```

布尔运算在计算机中用来做条件判断，根据计算结果为 True 或 False，计算机可以自动执行不同的后续代码。

在 Python 中，布尔类型还可以与其他数据类型做 and、or 和 not 运算，请看下面的代码：

```
a = True
print a and 'a=T' or 'a=F'
```

计算结果不是布尔类型，而是字符串 'a=T'，这是为什么呢？因为 Python 把 0、空字符串"和 None 看成 False，将其他数值和非空字符串都看成 True，所以，True and 'a=T' 的计算结果是 'a=T'。继续计算 'a=T' or 'a=F'，计算结果还是 'a=T'。

要解释上述结果，又涉及 and 和 or 运算的一条重要法则：短路计算。

在计算 a and b 时，如果 a 是 False，则根据与运算法则，整个结果必定为 False，因此返回 a；如果 a 是 True，则整个计算结果必定取决于 b，因此返回 b。

在计算 a or b 时，如果 a 是 True，则根据或运算法则，整个计算结果必定为 True，因此返回 a；如果 a 是 False，则整个计算结果必定取决于 b，因此返回 b。

所以，Python 解释器在做布尔运算时，只要能提前确定计算结果，它就不会往后计算了，直接返回结果。

2.4.4　数据类型转换

对 Python 内置的数据类型进行转换时，可以使用内置函数，常用的数据类型转换函数如表 2-2 所示。

表 2-2　数据类型转换函数

函数格式	使用示例	描述
int(x [,base])	int("8")	可以转换的包括 String 类型和其他数字类型，但是会丢失精度
float(x)	float(1) 或 float("1")	可以转换 String 和其他数字类型，不足的位数用 0 补齐，例如 1 会变成 1.0
complex(real ,imag)	complex("1") 或 complex(1,2)	第一个参数可以是 String 或数字类型，第二个参数只能为数字类型，第二个参数没有时默认为 0
str(x)	str(1)	将数字转换为 String 类型
repr(x)	repr(Object)	返回一个对象的 String 格式
eval(str)	eval("12+23")	执行一个字符串表达式，返回计算的结果，如例子中返回 35
tuple(seq)	tuple((1,2,3,4))	参数可以是元组、列表或字典，为字典时，返回由字典的 key 组成的集合
list(s)	list((1,2,3,4))	将序列转变成列表，参数可为元组、字典、列表，为字典时，返回由字典的 key 组成的集合
set(s)	set(['b', 'r', 'u', 'o', 'n']) 或 set("asdfg")	将一个可迭代对象转变为可变集合，并且去重复，返回结果可以用来计算差集 x - y、并集 x | y、交集 x & y
frozenset(s)	frozenset([0, 1, 2, 3, 4, 5, 6, 7, 8, 9])	将一个可迭代对象转变成不可变集合，参数为元组、字典、列表等

（续表）

函数格式	使用示例	描述
chr(x)	chr(0x30)	chr()函数使用一个范围在 range(256)内(就是 0~255)的整数作为参数，返回一个对应的字符。返回值是当前整数对应的 ASCII 字符
ord(x)	ord('a')	返回对应的 ASCII 数值或 Unicode 数值
hex(x)	hex(12)	把一个整数转换为十六进制字符串
oct(x)	oct(12)	把一个整数转换为八进制字符串

2.5　运算符

本节主要介绍 Python 的运算符。举个简单的例子：4+5=9。在这个例子中，4 和 5 被称为操作数，+被称为运算符。Python 语言支持以下类型的运算符：算术运算符、比较(关系)运算符、赋值运算符、逻辑运算符、位运算符、成员运算符、身份运算符。下面逐个进行介绍。

2.5.1　算术运算符

算术运算符主要用于两个对象的算术计算(加减乘除等运算)，如表 2-3 所示。

表 2-3　算术运算符

算术运算符	描述	示例

+	两个对象相加	假设变量：a=10，b=20，a + b 输出结果 30。
		>>> a = 10
		>>> b = 15
		>>> a + b
		25
		>>> a = 'ni'
		>>> b = 'hao'
		>>> a + b
		'nihao'

-	得到负数或使用一个数减去另一个数	假设变量：a=10，b=20，a - b 输出结果 - 10。
		>>> a = 10
		>>> b = 3
		>>> a - b
		7

*	两个数相乘或返回一个被重复若干次的字符串	假设变量：a=10，b=20，a * b 输出结果 200。
		>>> a = 2
		>>> b = 10
		>>> a * b
		20

(续表)

算术运算符	描述	示例

/	x 除以 y	假设变量：a=10，b=20，b/a 输出结果 2。
		>>> a = 2
		>>> b = 10
		>>> b / a
		5.0

%	返回除法的余数	假设变量：a=10，b=20，b%a 输出结果 0。
		>>> a = 2
		>>> b = 10
		>>> b % a
		0

**	返回 x 的 y 次幂	假设变量：a=10，b=20，a**b 表示 10 的 20 次方，输出结果 100000000000000000000。
		>>> a = 2
		>>> b = 10
		>>> a ** b
		1024

//	返回商的整数部分	假设变量：a=10，b=20，9//2 的输出结果为 4，9.0//2.0 输出结果 4.0。
		>>> a = 2
		>>> b = 10
		>>> b // a
		5

2.5.2　比较运算符

比较(关系)运算符用于比较两个对象(判断是否相等、大于)，如表 2-4 所示。

表 2-4　比较运算符

比较运算符	描述	示例

==	比较对象是否相等	假设变量：a=10，b=20，(a == b)返回 False。
		>>> a = 2
		>>> b = 10
		>>> a == b
		False

比较运算符	描述	示例

!=	比较两个对象是否不相等	假设变量：a=10，b=20，(a != b)返回 True。
		>>> a = 2
		>>> b = 10
		>>> a != b
		True

<>	比较两个对象是否不相等	Python 3.6 中没有这个运算符

>	返回 x 是否大于 y	假设变量：a=10，b=20，(a > b)返回 False。
		>>> a = 2
		>>> b = 10
		>>> a > b
		False

<	返回 x 是否小于 y。所有比较运算符返回 1 表示真，返回 0 表示假。这分别与特殊的变量 True 和 False 等价	假设变量：a=10，b=20，(a < b)返回 True。
		>>> a = 2
		>>> b = 10
		>>> a < b
		True

>=	返回 x 是否大于或等于 y	假设变量：a=10，b=20，(a >= b)返回 False。
		>>> a = 10
		>>> b = 10
		>>> a >= b
		True

<=	返回 x 是否小于或等于 y	假设变量：a=10，b=20，(a <= b)返回 True。
		>>> a = 10
		>>> b = 10
		>>> a <= b
		True

2.5.3 赋值运算符

赋值运算符用于为对象赋值，将运算符右边的值(或计算结果)赋给运算符左边的变量，赋值运算符如表 2-5 所示。

表2-5　赋值运算符

赋值运算符	描述	实例

=	简单的赋值运算符	假设变量：a=10，b=20，c = a + b 表示将 a + b 的运算结果赋值给 c。
		>>> a = 10
		>>> a
		10
		>>> a = 10 + 5
		>>> a
		15

+=	加法赋值运算符	假设变量：a=10，b=20，c += a 等效于 c = c + a。
		>>> a = 0
		>>> a += 1
		>>> a
		1
		>>> a += 10
		>>> a
		11
		>>> a = 'a'
		>>> a += 'b'
		>>> a
		'ab'

- =	减法赋值运算符	假设变量：a=10，b=20，c - = a 等效于 c = c - a。
		>>> a = 10
		>>> a - = 1
		>>> a
		9

*=	乘法赋值运算符	假设变量：a=10，b=20，c *= a 等效于 c = c * a。
		>>> a = 2
		>>> a *= 10
		>>> a
		20
		>>> a = 'z'
		>>> a *= 5
		>>> a
		'zzzzz'

/=	除法赋值运算符	假设变量：a=10，b=20，c /= a 等效于 c = c / a。
		>>> a = 10
		>>> a /= 2
		>>> a
		5.0

(续表)

赋值运算符	描述	实例

%=	取模赋值运算符	c %= a 等效于 c = c % a。
		>>> a = 10
		>>> a %= 3
		>>> a
		1

**=	幂赋值运算符	c **= a 等效于 c = c ** a。
		>>> a = 2
		>>> a **= 10
		>>> a
		1024

//=	取整除赋值运算符	c //= a 等效于 c = c // a。
		>>> a = 11
		>>> a //= 2
		>>> a
		5

2.5.4　逻辑运算符

逻辑运算符用于逻辑运算(与、或、非等)，逻辑运算符如表 2-6 所示。

表 2-6　逻辑运算符

逻辑运算符	描述	示例

and	如果 x 为 False，x and y 返回 False，否则返回 y 的计算值	>>> a = 0
		>>> b = 1
		>>> a and b
		0
		>>> a = 'a'
		>>> a and b
		1

or	如果 x 非 0，就返回 x 的值，否则返回 y 的计算值	>>> a = 0
		>>> b = 1
		>>> a or b
		1

not	如果 x 为 True，返回 False；如果 x 为 False，返回 True	>>> a = 0
		>>> not a
		True

2.5.5　位运算符

位运算符用于对 Python 对象进行位操作。位运算符如表 2-7 所示。

表 2-7　位运算符

位运算符	描述	示例

&	对于参与运算的两个值，如果两个相应位都为 1，则该位的结果为 1，否则为 0	(a&b)输出结果 12，二进制解释：0000 1100
		>>> a=1
		>>> b=2
		>>> a&b
		0
		>>> b=3
		>>> a&b
		1

|	只要对应的两个二进制位中有一个为 1，结果位就为 1	(a|b)输出结果 61，二进制解释：　0011 1101
		>>> a = 1
		>>> b = 2
		>>> a|b
		3

^	当对应的两个二进制位相异时，结果为 1	(a^b)输出结果 49，二进制解释：0011 0001
		>>> a = 1
		>>> b = 3
		>>> a^b
		2

~	对数据的每个二进制位取反，也就是把 1 变为 0，把 0 变为 1	(~a)输出结果 – 61，二进制解释：1100 0011，是一个有符号二进制数的补码形式。
		>>> a = 0
		>>> ~a
		　– 1
		>>> a = 1
		>>> ~a
		　– 2

<<	将运算数的各二进制位全部左移若干位，由<<右边的运算数指定要移动的位数，高位丢弃，低位补 0	a=2,a<< 2输出结果 8,二进制解释:0000 0010,向右移两位，变为 0000 0100。
		>>> a = 2
		>>> a << 2
		8

>>	把>>左边的运算数的各二进制位全部右移若干位，由>>右边的运算数指定要移动的位数	a >> 2 输出结果 15，二进制解释：0000 1111
		>>> a = 16
		>>> a >> 1
		8

2.5.6 成员运算符

成员运算符用于判断一个对象是否包含另一个对象，成员运算符如表 2-8 所示。

表 2-8　成员运算符

成员运算符	描述	示例

in	如果在指定的序列中找到值，返回 True，否则返回 False	假定 x 在 y 序列中。如果 x 在 y 序列中，返回 True。
		>>> a = 'a'
		>>> b = 'cba'
		>>> a in b
		True
		>>> b = list(b)
		>>> b
		['c', 'b', 'a']
		>>> a in b
		True

not in	如果在指定的序列中没有找到值，返回 True，否则返回 False	假定 x 不在 y 序列中。如果 x 不在 y 序列中，返回 True。
		>>> a = 'a'
		>>> b = 'cba'
		>>> a not in b
		False
		>>> b = list(b)
		>>> b
		['c', 'b', 'a']
		>>> a not in b
		False

2.5.7 身份运算符

身份运算符用于判断是否引用自某个对象，身份运算符如表 2-9 所示。

表 2-9　身份运算符

成员运算符	描述	示例
is	判断两个标识符是不是引用自某个对象	x is y，类似于 id(x) ==id(y)。如果引用的是同一个对象，返回 True，否则返回 False
is not	判断两个标识符是不是引用自不同对象	x is not y，类似于 id(a) != id(b)。如果引用的不是同一个对象，返回结果 True，否则返回 False

is 和==的区别是：is 用于判断两个变量引用的对象是否为同一个，　==用于判断引用变量的值是否相等。

注意：

id()函数用于获取对象的内存地址。

2.5.8　运算符的优先级

在一个表达式中，可能包含多个由不同运算符连接起来的、具有不同数据类型的数据对象；由于表达式有多种运算，不同的运算顺序可能得出不同结果甚至出现运算错误，因为当表达式中含多种运算时，必须按一定顺序进行结合，才能保证运算的合理性和结果的正确性、唯一性。优先级从上到下依次递减，最上面的运算符具有最高的优先级，逗号运算符具有最低的优先级。表达式的结合次序取决于表达式中各种运算符的优先级。优先级高的运算符先结合，优先级低的运算符后结合，同一行中的运算符的优先级相同，如表 2-10 所示。

表 2-10　运算符的优先级(从高到低)

运算符	描述
**	指数(最高优先级)
+ -	按位翻转，一元加号和减号
* / % //	乘、除、取模和取整除
+ -	加法、减法
>> <<	右移、左移运算符
&	按位与
^ |	位运算符
<= < > >=	比较运算符
<> == !=	等于或不等于运算符
= %= /= //= - = += *= **=	赋值运算符
is　is not	身份运算符
in　not in	成员运算符
not　or　and	逻辑运算符

运算符优先级的简单示例如下：

```
# coding=utf-8
#优先级的简单实例
priorityNumber=2+1*4
print priorityNumber #输出结果：6

#幂运算**
priorityNumber=2*2**3
print priorityNumber #输出结果：16

#正负号
print 1+2*－3  #输出结果：－5

# *、/、%
```

```
print 2+1*2/5   #输出结果: 2

#+、 -
print 3<<2+1    #输出结果: 24

#比较运算符
priority=2*3+2<=2+1*7
print priority  #输出结果: True

#在没有更高优先级运算符, 即只有同级运算符时从左到右结合
print 1+2+3*5+5  #输出结果: 23

#在有赋值运算符时, 从右到左结合, 即先算出 1+2 的值, 再赋值给 priority
priority=1+2
print priority  #输出结果: 23
```

2.6 基本输入输出

在前面章节中, 你其实已经接触了 Python 的输入输出功能。本节将具体介绍 Python 的输入输出。

2.6.1 使用 input()函数输入

input()函数用于获得用户输入的数据, 语法格式如下:

```
变量 = input('提示字符串')
```

变量和提示字符串都可以省略, 用户的输入以字符串形式返回给变量。按 Enter 键完成输入, 按 Enter 键之前的所有内容将作为输入字符串赋给变量。例如:

```
>>>a=input('请输入数据: ')
请输入字符串: 'abc' 123,456 "Python"
>>>a
'abc' 123,456 "Python"
a=input('请输入数据: ')
请输入字符串: 'abc' 123,456 "Python"
>>>a
'abc' 123,456 "Python"
```

如果输入的数据为 int 或 float 类型, 则需要先输入字符串, 然后使用 int(a)的形式。例如, 输入 a 后执行 a+1 操作:

```
>>>int(a)+1
>>>int(a)+1
```

否则会出现 TypeError 异常。如果使用 input()函数输入数据, 但实际没有输入任何数据,

那么使用 Ctrl+Z 组合键输入时，会产生 EOFError 异常。

2.6.2　使用 print()函数输出

Python 中的基本输出操作使用 print()函数实现，语法格式如下：

```
print([obj1,...][,sep=' '][,end='\n'][,file=sys.stdout])
```

参数列表中，各项参数含义如下：

- []表示可以省略的参数，上述全部参数都可以省略，同时后三个参数省略的话表示使用默认值(用等号指定的默认值)。
- sep 表示分隔符，即第一个参数中对象之间的分隔符，默认为空格符(' ')。
- end 表示结尾符，即句末的结尾符，默认为'\n'.
- file 表示输出位置，即输出到文件还是命令行，默认为 sys.stdout，表示命令行(终端)。

示例代码如下：

```
>>>print()  #输出空行，即使用默认的结尾符，默认为\n，默认的输出文件为标准输出文件
>>>print(123) #输出 123
123
>>>print(123,'abc',45,'book')  #使用默认的分隔符 sep=' '，输出：123 abc 45 book
123 abc 45 book
>>>print(123,'abc', 45, 'book', sep='#', end='=');print('lalalala')  #输出：123#abc#45#book=lalalala
123#abc#45#book=lalalala
>>>file1=open('data.txt','w')       #打开文件
>>>print(123,'abc',45,'book',file=file1)  #用 file 参数指定输出到文件
>>>file1.close()                    #关闭文件
>>>print(open('data.txt'.read))     #输出从文件中读取的内容
123 abc 45 book
```

2.7　本章实战

本节主要使用前面介绍的变量、数据类型、运算符、输入输出知识，创建几个小程序，让大家巩固所学。

2.7.1　求和

本例将接收用户输入的两个数字，然后对这两个数字求和，将求和结果显示出来。程序代码如下：

```
# -*- coding: UTF-8 -*-
# Filename :ch02 sum.py
# 用户输入数字
num1 = input('输入第一个数字：')
num2 = input('输入第二个数字：')
```

```
# 求和
sum = float(num1) + float(num2)
# 显示计算结果
print('数字 {0} 和 {1} 相加结果为： {2}'.format(num1, num2, sum))
```

执行以上代码输出结果为：

```
========================= RESTART: C:/projects/ch02sum.py =========================
输入第一个数字：5
输入第二个数字：6
数字 5 和 6 相加结果为：11.0
```

在该例中，通过输入两个数字来求和。这里使用内置函数 input() 来获取用户的输入，input() 返回一个字符串，所以需要使用 float() 方法将这个字符串转换为数字。

在对这两个数字求和时使用了加号(+)运算符，此外，还有减号(-)、乘号(*)、除号(/)、地板除(//)或取余(%)运算符。这些数字运算都可以这样进行实践。

还可以将以上运算合并为一行代码：

```
# -*- coding: UTF-8 -*-
# Filename : ch02sum.py
print('两数之和为%.1f' %(float(input('输入第一个数字：'))+float(input('输入第二个数字：'))))
```

执行以上代码，输出结果如下：

```
输入第一个数字：1.5
输入第二个数字：2.5
两数之和为4.0
```

2.7.2　求平方根

平方根又叫二次方根，表示为 $\sqrt{\ }$，比如 $\sqrt{16}=4$，可用语言描述为：根号下 16=4。
在以下示例中，输入一个数字并计算这个数字的平方根。

```
# -*- coding: UTF-8 -*-
# Filename : ch02sqrt.py
num = float(input('请输入一个数字：'))
num_sqrt = num ** 0.5
print(' %0.3f的平方根为%0.3f'%(num ,num_sqrt))
```

执行以上代码，输出结果如下：

```
========================= RESTART: C:/projects/ch02sqrt.py =========================
请输入一个数字：16.0
16.000 的平方根为 4.000
```

在该例中，输入一个数字，并使用指数运算符**计算该数的平方根。
该程序只适用于正数。负数和复数可以使用以下方式计算：

```
# -*- coding: UTF-8 -*-
# Filename : ch02sqrt.py
# 计算实数和复数的平方根
# 导入复数数学模块

import cmath

num = int(input("请输入一个数字： "))
num_sqrt = cmath.sqrt(num)
print('{0}的平方根为{1:0.3f}+{2:0.3f}i'.format(num ,num_sqrt.real,num_sqrt.imag))
```

执行以上代码，输出结果如下：

```
===================== RESTART: C:/projects/ch02sqrt1.py =====================
请输入一个数字： - 25
 - 25 的平方根为 0.000+5.000i
```

该例中使用了 cmath(complex math)模块的 sqrt()方法。

2.7.3　求水仙花数

数学中的水仙花数是这样定义的："水仙花数"是指一个三位数，它的各位数字的立方和等于它本身，比如 370、371。现在要求输出 m~n 范围内的所有水仙花数。

运行程序时，要求输出给定范围内的所有水仙花数，也就是说，输出的水仙花数必须大于或等于 m，并且小于或等于 n。如果有多个，则要求从小到大排列后在一行内输出，之间用一个空格隔开；如果给定的范围内不存在水仙花数，则输出 no；每个测试的输出占一行。

例如，输入：

```
300 380
```

输出如下水仙花数：

```
370 371
```

现在分析一下本例。从控制台一次性获取以空格分开的数据，应该想到的是 input().split()。但是这样获得的数据类型是列表(list)，且列表中的每个元素都是字符串(str)，现在需要进一步将列表中的元素转换成数值类型(int)。这里采用一种简便的方法——使用 map()函数。map()是 Python 内置的高阶函数，它接收一个函数 f()以及一个列表 list，通过将 f()依次作用在 list 的每个元素之上，返回一个 map。之后，使用 list()将 map 转换成一个列表，这个列表的前两个元素就是所需要遍历的区间。因此，接收输入数据的语句应该是：

```
list(map(int, input().split()))
```

因为水仙花数存在的区间只可能是三位数，即 100～999，所以当输入不满足三位数的数字时，变成离输入数字最符合的三位数即可。

最后讨论一下输出数据。输出数据要从小到大排列，且在一行内用空格分开。在每次循环遍历的过程中，如果找到水仙花数，就把它保存到一个列表中，在结束的时候输出列表中的每

一个元素。这显然使用循环搭配 print()函数是做不到的。在这里使用 join()函数打印结果。join()
用于将序列中的元素以指定的字符连接生成一个新的字符串。语法如下：

```
string.join()
```

join 后面的括号中是字符序列，string 表示每个字符序列中的间隔字符。

在测试该例时需要注意：

(1) 输入的不是一个三位数。

(2) 输入多个数。

(3) 输入的第二个数小于第一个数。

程序代码如下：

```
input_list = list(map(int, input().split()))

if input_list[0] < 100:
    input_list[0] = 100

if input_list[0] > 999:
    input_list[0] = 999

if input_list[1] < 100:
    input_list[1] = 100

if input_list[1] > 999:
    input_list[1] = 999

if input_list[0] > input_list[1]:
    temp = input_list[0]
    input_list[0] = input_list[1]
    input_list[1] = temp

bai = 0
shi = 0
ge = 0
result = []

for i in range(input_list[0], input_list[1] + 1):
    bai = i // 100
    shi = (i - bai * 100) // 10
    ge = i % 10

    if i == (bai ** 3) + (shi ** 3) + (ge ** 3):
        result.append(i)

if len(result) == 0:
    print('no')
```

```
else:
    print(' '.join(str(element) for element in result))
```

运行程序，输出结果如下：

```
================== RESTART: C:/projects/ch02sxh.py ==================
300 380
370 371
```

2.7.4　判断素数

本例将接收用户输入的数字，判断是否为素数。

首先来看下什么是素数：素数(prime number)又称质数，是指在大于 1 的自然数中，除了 1 和该数自身外，无法被其他自然数整除的数(也可定义为只有 1 与该数本身两个因数的数)。

简单来说，只能除以 1 和自身的数(需要大于 1)就是素数。举个例子，对于 5 这个数，从 2 开始一直到 4，都不能被 5 整除，只有 1 和它本身(5)才能被 5 整除，所以，5 就是一个典型的素数。

那么，要想计算出一个随机数是不是素数，用 Python 应该怎么写呢？首先，第一条语句肯定用于接收用户输入的数字：

```
n = int(input("请输入一个数字："))
```

其次，要计算出该数是不是素数，就要从 2 开始一直除到该数之前的那个自然数，很明显是如下数字范围：

```
for i in range(2, n):
```

在循环体里面，每次循环当然就是要判断当次除法是否能整除，这里可以使用求模运算，也就是取余，当余数为 0 时，该数就不是素数：

```
if n % i == 0:
    print("%d 不是一个素数！" % n)
    break
```

这里 break 的意思就是当该数不是素数时，就跳出整个循环，该数不是想要的数字(本例涉及的循环控制结构将在后面章节中介绍)。

如果所有循环迭代都完成后还没有找出能整除的数，那么可以判断该数就是一个素数：

```
else:
    print("%d 是一个素数！" % n)
```

此时所有代码就写好了，不过为了看起来简单，没有嵌套是否大于 1 的判断，用户输入的数字默认需要大于 1：

```
n = int(input("请输入一个数字："))
for i in range(2, n):
    if n % i == 0:
```

```
                print(" %d 不是一个素数！" % n)
                break
        else:
            print(" %d 是一个素数！" % n)
```

这里要细细品味这段代码，else 其实和 if 不是一对，而是和 for 并排，常见的是 if…else…或 if…elif…else，诸如此类，但其实 for 也可以和 else 搭配出现。在这段代码里，当某次遍历结果的余数为 0 时，break 生效，循环就结束了，与之成对出现的 else 代码也就不执行了；当所有遍历结束后，如果没有一次余数为 0，循环就转到 else 开始执行，打印输出"该数为素数"。

最后随便输入两个数字，看看功能有没有实现：

```
请输入一个数字：11
11 是一个素数！
请输入一个数字：21
21 不是一个素数！
```

2.8 本章小结

本章介绍的是 Python 最基础的语法知识。学习任何一门语言时，首先要了解该语言的规范、变量、对象、数据类型、表达式等，这是掌握任何一门语言的基础，Python 语言也不例外。本章首先介绍了 Python 语法的特点，包括注释、代码规范的常识。然后介绍了 Python 语言本身的保留字以及标识符命名规则。接着重点介绍了变量的声明，根据变量内容而规定的变量数据类型，基本变量之间进行运算的常规运算符(包括算术运算符、比较运算符、赋值运算符、逻辑运算符、位运算符、成员运算符、身份运算符)以及运算符优先级。最后介绍了如何接收用户从键盘输入的信息，以及如何将 Python 编程处理后的问题结果输出以呈现给用户。

本章综合运用了以上介绍的知识，编写了求和、求平方根、求水仙花数、判断素数这几个例子，以巩固所学。

2.9 思考与练习

1. 举例说明 Python 编程过程中经常用到的注释方式。
2. 如何查看 Python 中的保留字。
3. 简单描述 Python 标识符命名规则。
4. 有以下脚本：

```
info = 'abc'
info[2] = 'd'
```

结果是什么，为什么会报错呢？
5. 如果要把上面的字符串变量 info 里面的 c 替换成 d，要怎么操作呢？

6. 有下面两个变量：

```
**a = '1'
b = 2
```

print(a + b)的结果是什么，为什么会出现这个结果，如果希望结果是 3，要怎么操作？

7. 已知字符串 s = "i,am,lilei"，请用两种办法取出之间的"am"字符串。

8. 在 Python 中，如何修改字符串？

9. bool("2012" == 2012)的结果是什么？

10. 已知如下代码：

```
a = "中文编程"
b = a
c = a
a = "Python 编程"
b = a.decode('utf-8')
d = "中文编程"
e = a
c = b
b2 = a.replace("中", "中")
```

(1) 请给出 str 对象"中文编程"的引用计数。

(2) 请给出 str 对象"Python 编程"的引用计数。

第3章
字符与序列

Python 中常用的序列结构有列表、元组、字典、字符串、集合等。大部分可迭代对象也支持类似于序列的语法，如图 3-1 所示。列表、元组、字符串等序列类型以及 range 对象均支持双向索引，第一个元素的下标为 0，第二个元素的下标为 1，以此类推。可以使用负整数作为索引是 Python 序列的一大特色，熟练掌握和运用可以大幅度提高开发效率。

图 3-1　Python 序列分类示意图

大量实际开发经验表明，熟练掌握 Python 基本数据结构(尤其是序列)的用法可以更加快速、有效地解决实际问题。大家慢慢会发现，实际工作中的每个问题最终都可以通过一些基本数据结构的方法或内置函数来解决。本章通过大量实例介绍列表、元组、字典、集合等几种基本数据结构的用法，同时还包括 range 对象、zip 对象以及 enumerate 对象的巧妙应用，以及在实际应用中非常有用的列表推导式、切片操作、生成器推导式等。

本章的学习目标：
- 熟悉字符串的常用操作，包括字符串的拼接、字符串长度的计算、截取字符串、分隔和合并字符串、检索字符串、字母大小写转换、去除字符串中的空格和特殊字符、格式化字符串、字符串的编码和解码等；
- 熟悉常用序列操作，包括索引、切片、序列相加、乘法、判断某个元素是否是序列成员、计算序列的长度和最大值/最小值等；

- 熟悉列表的使用，包括列表的创建和删除、访问列表元素、遍历列表、列表元素的增删改操作、对列表进行统计计算、对列表进行排序、列表推导式、二维列表的使用等；
- 熟悉元组的使用，包括元祖的创建和删除、访问元组元素、修改元组元素、元组推导式；
- 熟悉字典的使用，包括字典的创建和删除、字典的访问、字典的遍历、字典的增删改操作；
- 熟悉集合的使用，包括集合的创建、集合的增删改操作、常用集合运算等；
- 了解列表、元组、字典和集合的区别。

3.1 字符串常用操作

前一章已经简单介绍了字符串变量，了解了一些基本操作。本节主要介绍字符串对象的常用方法，如表 3-1 所示。

表 3-1　字符串对象的常用方法

方法	功能
name.strip()	去掉空格和换行符
name.strip('xx')	去掉某个字符串
name.lstrip()	去掉左边的空格和换行符
name.rstrip()	去掉右边的空格和换行符
name.count('x')	查找某个字符在字符串里面出现的次数
name.capitalize()	首字母大写
name.center(n,'-')	把字符串放中间，两边用-补齐
name.find('x')	找到这个字符后返回下标，多个时返回第一个；不存在的字符返回 – 1
name.index('x')	找到这个字符后返回下标，多个时返回第一个；不存在的字符报错
name.replace(oldstr, newstr)	字符串替换
name.format()	字符串格式化
name.format_map(d)	字符串格式化，传递进去的是一个字典
S.startswith(prefix[,start[,end]])	是否以 prefix 开头
S.endswith(suffix[,start[,end]])	是否以 suffix 结尾
S.isalnum()	是否全是字母和数字，并至少有一个字符
S.isalpha()	是否全是字母，并至少有一个字符
S.isdigit()	是否全是数字，并至少有一个字符
S.isspace()	是否全是空白字符，并至少有一个字符
S.islower()	S 中的字母是否全是小写
S.isupper()	S 中的字母是否全是大写
S.istitle()	S 是否首字母大写
name.split()	默认按照空格分隔
name.split(',')	按照逗号分隔
', '.join(slit)	用逗号连接 slit，变成一个字符串，slit 可以是字符、列表、字典(可迭代对象)。int 类型不能被连接

下面重点讲解字符串长度的获取、字母大小写转换、字符串的分隔与拼接、字符串查找、字符串替换、统计单词个数、格式化字符串、字符串的编码与解码等。

3.1.1 计算字符串的长度

len()方法返回对象(字符、列表、元组等)长度或项目个数。语法格式如下:

```
len( s )
```

参数 s 为要计算长度的字符串、列表、字典、元组等。Python 在计算字符串长度时,一个中文字符算两个字符,首先转换成 utf-8,然后通过计算 utf-8 的长度和 len()方法取得的长度,进行对比即可知道字符串内中文字符的数量,自然就可以计算出字符串的长度了。例如:

```
value=u'脚本 12'
length = len(value)
utf8_length = len(value.encode('utf-8'))
length = (utf8_length - length)/2 + length
print(length)
```

执行以上程序,结果输出 6。

3.1.2 字母的大小写转换

和其他语言一样,Python 为字符串对象提供了转换大小写的方法:upper()和 lower()。不止这些,Python 还提供了首字母大写其余字母小写的 capitalize()方法,以及所有单词首字母大写其余字母小写的 title()方法。示例程序如下:

```
s = 'hEllo pYthon'
print(s.upper())
print(s.lower())
print(s.capitalize())
print(s.title())
```

执行以上代码,输出结果如下:

```
HELLO PYTHON
hello python
Hello python
Hello Python
```

Python 提供了 isupper()、islower()、istitle()方法来判断字符串的大小写。需要注意的是:

- Python 没有提供 iscapitalize()方法。
- 如果对空字符串使用 isupper()、islower()、istitle()方法,返回的结果都为 False。代码如下:

```
print('A'.isupper() ) #True
print('A'.islower())   #False
print('Python Is So Good'.istitle())   #True
```

3.1.3 字符串的分隔

Python 中的字符串有两种取值顺序。一是从左到右索引，默认从 0 开始，最大范围是字符串的长度减 1，例如：

```
s = 'ilovepython'
```

s[0]的结果是 i。

二是从右到左索引，默认从 −1 开始，最大范围是字符串开头，例如以上字符串中，s[−1]的结果是 n。

以上方法常用于从一个字符串中取得一个字符，如果要取得字符串中的若干连续字符，可以使用索引区间标识，例如针对上面的字符串 s，s[1:5]的结果是 love。

由此可见，当使用以冒号分隔的字符串时，Python 返回一个新的对象，结果包含了以这对偏移标识的连续的内容，包含下边界，比如上面的结果包含 s[1]的值 l，但取到的最大范围不包括上边界，在上面的例子中也就是 s[5]的值 p。示例如下：

```
str = '0123456789'
print str[0:3]  #截取第一位到第三位的字符
print str[:]    #截取字符串的全部字符
print str[6:]   #截取第七位到结尾的所有字符
print str[:−3]  #截取从头开始到倒数第三个字符之前的所有字符
print str[2]    #截取第三个字符
print str[−1]   #截取倒数第一个字符
print str[::−1] #创造一个与原字符串顺序相反的字符串
print str[−3:−1] #截取倒数第三位到倒数第一位的字符
print str[−3:]   #截取倒数第三位到结尾的所有字符
print str[:−5:−3] #逆序截取
```

Python 还提供了专门用于截取特定区间字符的 split()函数。

split()通过指定分隔符对字符串进行切片，如果参数 num 有指定值，则仅分隔 num 个子字符串。split()函数的语法格式如下：

```
str.split(str="", num=string.count(str)).
```

其中，参数 str 为分隔符，默认为所有的空字符，包括空格、换行符(\n)、制表符(\t)等；参数 num 为分隔次数。该函数返回分隔后的字符串列表。示例如下：

```
#定义一个字符串 str1
>>> str1 = "3w.gorly.test.com.cn"
#使用默认分隔符分隔字符串 str1
>>> print str1.split()
['3w.gorly.test.com.cn']
#指定分隔符为'.'，分隔字符串 str1
>>> print str1.split('.')
['3w', 'gorly', 'test', 'com', 'cn']
#指定分隔符为'.'，并且指定分隔次数为 0 次
```

```
>>> print str1.split('.',0)
['3w.gorly.test.com.cn']
#指定分隔符为'.'，并且指定分隔次数为 1 次
>>> print str1.split('.',1)
['3w', 'gorly.test.com.cn']
#指定分隔符为'.'，并且指定分隔次数为 2 次
>>> print str1.split('.',2)
['3w', 'gorly', 'test.com.cn']
#这种分隔等价于不指定分隔次数的情况
>>> print str1.split('.',-1)
['3w', 'gorly', 'test', 'com', 'cn']
#指定分隔符为'.'，并取序列下标为 0 的项
>>> print str1.split('.')[0]
3w
#指定分隔符为'.'，并取序列下标为 4 的项
>>> print str1.split('.')[4]
cn
```

3.1.4　字符串的拼接

Python 中字符串拼接的常用操作方式主要有 7 种，分别是来自 C 语言的%方式、format()拼接方式、()类似元组方式、面向对象模板拼接、常用的+号方式、join()拼接方式以及 f-string 方式。

字符串拼接就是将多个字符串合并成一个字符串。从实现原理上划分，可将 7 种字符串拼接方式划分成以下 3 种类型。

- 格式化类：%、format()、面向对象模板拼接
- 拼接类：+、()、join()
- 插值类：f-string

拼接长度不超过 20 时，选用+号方式；当需要处理字符串列表等序列结构时，采用 join()方式；对于长度超过 20 的情况，高版本选用 f-string 方式，低版本时看情况使用 format()或 join()方式。

下面分别对这 7 种字符串拼接方式进行详细介绍。

1．来自 C 语言的%方式

这种拼接方式的示例代码如下：

```
>>> print('%s %s' % ('Hello', 'world'))
Hello world
```

%方式继承于 C 语言。%s 是一个占位符，它仅代表一段字符串，并不是拼接的实际内容。实际拼接的内容在单独的%后面，放在一个元组里。

类似的占位符还有%d(代表一个整数)、%f(代表一个浮点数)、%x(代表一个十六进制数)，等等。%占位符既是这种拼接方式的特点，同时也是限制因素，因为每种占位符都有特定意义，

实际使用起来太麻烦了。

2. format()拼接方式

format()拼接方式的示例代码如下:

```
# 简洁版
>>> s1 = 'Hello {}! My name is {}'.format('World', 'Python 猫')
>>> print(s1)
Hello World! My name is Python 猫
# 对号入座版
>>> s2 = 'Hello {0}! My name is {1}'.format('World', 'Python 猫')
>>> s3 = 'Hello {name1}! My name is {name2}'.format(name1='World', name2='Python 猫')
>>> print(s2)
Hello World! My name is Python 猫
>>> print(s3)
Hello World! My name is Python 猫
```

这种方式使用花括号{}作为占位符,在 format()方法中再转入实际的拼接值。很容易看出,这实际上是对%拼接方式的改进。这种方式在 Python 2.6 中开始引入。

上例中,简洁版的花括号中无内容,缺点是容易弄错次序。对号入座版主要有两种,一种传入序列号,另一种则使用键-值对的方式。实战中,我们更推荐后一种,既不会数错次序,又更直观可读。

3. ()类似元组方式

对于()类似元祖方式的字符串拼接操作,示例程序如下:

```
>>> s_tuple = ('Hello', ' ', 'world')
>>> s_like_tuple = ('Hello' ' ' 'world')
>>> print(s_tuple)
('Hello', ' ', 'world')
>>> print(s_like_tuple)
Hello world
>>> type(s_like_tuple)
<class 'str'>
```

注意,上例中 s_like_tuple 并不是一个元组,因为元素间没有逗号分隔符,这些元素间可以用空格分隔,也可以不要空格。使用 type()查看,你会发现它就是 str 类型。

这种方式看起来很快捷,但是要求括号内的元素是真实字符串,不能混用变量,所以不够灵活。示例如下:

```
# 多元素时,不支持有变量
>>> str_1 = 'Hello'
>>> str_2 = (str_1 'world')
  File "<stdin>", line 1
    str_2 = (str_1 'world')
```

```
>>> str_3 = (str_1 str_1)
  File "<stdin>", line 1
    str_3 = (str_1 str_1)

SyntaxError: invalid syntax
# 但是下面的写法不会报错
>>> str_4 = (str_1)
```

4. 面向对象模板拼接

对于面向对象模板拼接方式，示例程序如下：

```
>>> from string import Template
>>> s = Template('${s1} ${s2}!')
>>> print(s.safe_substitute(s1='Hello',s2='world'))
Hello world!
```

实际应用中，字符串的这种拼接方式使用比较少，因此并不推荐。

5. 常用的+号方式

使用加号(+)来拼接若干字符串，是最常用的字符串拼接方式，示例程序如下：

```
>>> str_1 = 'Hello world！　'
>>> str_2 = 'My name is Python 猫'
>>> print(str_1 + str_2)
Hello world！　My name is Python 猫
>>> print(str_1)
Hello world！
```

这是最常用的字符串拼接方式。但是，这种方式存在两处让人容易犯错的地方。

首先，新学编程的同学容易犯错，由于不知道字符串是不可变类型，新的字符串会独占一块新的内存，而原来的字符串保持不变。上例中，拼接前有两段字符串，拼接后实际有三段字符串。

其次，有经验的程序员也容易犯错，他们以为当拼接次数不超过 3 时，使用+号方式就会比其他方式快，但这没有任何合理依据。

事实上，在拼接短的字面值时，由于 CPython 中的常数折叠(constant folding)功能，这些字面值会被转换成更短的形式，例如'a'+'b'+'c' 被转换成'abc'，'hello'+'world'也会被转换成'hello world'。这种转换是在编译期间完成的，而到了运行时，就不会再发生任何拼接操作，因此会加快整体的计算速度。

常数折叠功能要求拼接结果的长度不超过 20。所以，当拼接的最终字符串长度不超过 20 时，+号方式会比后面提到的 join()等方式快得多，这与+号的使用次数无关。

6. join()拼接方式

+号拼接方式适用于短字符串的拼接，当拼接的字符串长度超过 20 时，最好使用 join()拼接方式。

str 对象自带的 join()方法接收一个序列参数，可以实现拼接。例如：

```
>>> str_list = ['Hello', 'world']
>>> str_join1 = ' '.join(str_list)
>>> str_join2 = '-'.join(str_list)
>>> print(str_join1)
Hello world
>>> print(str_join2)
Hello-world
```

可以看出，这种方式比较适合于连接序列对象(例如列表)中的元素，并设置统一的分隔符。需要注意的是，在做拼接时，元素若不是字符串，需要先转换一下。

join()拼接方式的缺点是，不适合进行零散片段的、不属于序列或集合的元素的拼接。

7. f-string 方式

f-string 方式出自 PEP 498(Literal String Interpolation，字面字符串插值)，自 Python 3.6 版本开始引入。特点是在字符串前加 f 标识，在字符串中间则用花括号{}包裹其他字符串变量。示例程序如下：

```
>>> name = 'world'
>>> myname = 'python_cat'
>>> words = f'Hello {name}. My name is {myname}.'
>>> print(words)
Hello world. My name is python_cat.
```

f-string 方式在可读性上远远强过 format()方式，处理长字符串的拼接时，速度与 join()方式相当。

3.1.5 字符串查找

find()方法用来检测字符串中是否包含子字符串 str，如果指定 beg(开始)和 end(结束)范围，则检查是否包含在指定范围内。如果在指定范围内包含指定的索引值，返回索引值在字符串中的起始位置；如果不包含指定的索引值，返回－1。

find()方法的语法格式如下：

```
str.find(str, beg=0, end=len(string))
```

其中，str 表示指定检索的字符串；beg 表示开始索引，默认为 0；end 表示结束索引，默认为字符串的长度。find()方法的返回结果为子串所在位置的最左端索引，如果没有找到，则返回－1。示例程序如下：

```
>>> str1 = "Runoob example....wow!!!"
>>> str2 = "exam";
>>> print (str1.find(str2))
7
```

```
>>> print (str1.find(str2, 5))
7
>>> print (str1.find(str2, 10))
-1
```

从输出结果可以看出，如果找到字符串，就返回对应的索引值，否则返回－1。

注意：

字符串的 find()方法返回的不是布尔值。如果返回 0，就表示在索引 0 处找到了子字符串。

3.1.6　字符串替换

replace()方法用于把字符串中的 old(旧字符串)替换成 new(新字符串)，如果指定第三个参数 max，则替换不超过 max 次。

replace()方法的语法格式如下：

```
str.replace(old, new[, max])
```

其中，参数 old 指的是将被替换的子字符串；参数 new 是一个新字符串，用于替换 old 子字符串；参数 max 为可选字符，替换不超过 max 次。该方法的返回结果是字符串中的 old(旧字符串)被替换成 new(新字符串)后生成的新字符串，如果指定第 3 个参数 max，则替换不超过 max 次。

示例程序如下：

```
>>> str = "this is string example....wow!!! this is really string"
>>> print(str.replace("is","was"))
thwas was string example....wow!!! thwas was really string
>>> print(str.replace("is","was",3))
thwas was string example....wow!!! thwas is really string
```

由输出结果可以看出，当不指定第三个参数时，所有匹配字符都替换；当指定第三个参数时，替换从左往右进行，替换不超过指定次数。

3.1.7　统计字符出现次数

count()方法用于统计字符串里某个字符出现的次数。可选参数是在字符串中进行搜索的开始与结束位置。count()方法的语法格式如下：

```
str.count(sub, start= 0,end=len(string))
```

其中，参数 sub 指的是搜索的子字符串。参数 start 指的是搜索的开始位置，默认为第一个字符，第一个字符的索引值为 0。参数 end 指的是搜索的结束位置，默认为字符串的最后一个字符位置。

count()方法的返回结果是子字符串在字符串中出现的次数。示例程序如下：

```
>>> str = "this is string example....wow!"
>>> sub= "i"
```

```
>>> print("str.count(sub, 4, 40):", str.count(sub, 4, 40))
str.count(sub, 4, 40): 2    //字符 i 在 str 字符串中出现了两次
>>> sub = "wow"
>>> print("str.count(sub):",str.count(sub))
str.count(sub): 1    //字符串"wow"在 str 字符串中出现了一次
```

3.1.8　去除字符串中的空格和特殊字符

实际项目开发中，在处理字符串时经常遇到很多空格的问题，一个一个地手动删除不是我们程序员应该做的事情，Python 内置了以下去除空格的方法：lstrip()、rstrip()、strip()。

lstrip()方法用于删除字符串左边的空格，即删除字符串开始位置前的空格。示例代码如下：

```
>>> str = "   Nicholas   "
>>> str.lstrip()
'Nicholas   '
```

从输出结果可见，字符串左侧的空格串被删除了，右侧的空格串还保留着。

rstrip()方法用于删除字符串右边的空格，即删除字符串末尾的所有空格。示例程序如下：

```
>>> str = "   Nicholas   "
>>> str.rstrip()
'   Nicholas'
```

从输出结果可见，字符串右侧的空格串被删除了，左侧的空格串还保留着。

strip()方法用于删除字符串两端的空格。比如上面的字符串 str 两边都有空格，如果需要同时删除两侧的空格，使用 strip()方法最方便。示例代码如下：

```
>>> str = "   Nicholas   "
>>> str.strip()
'Nicholas'
```

3.1.9　格式化字符串

许多编程语言中都有格式化字符串的功能，如C和Fortran语言中的格式化输入输出。Python 内置有对字符串进行格式化的操作%。

格式化字符串时，Python 使用一个字符串作为模板。模板中有格式符，这些格式符为真实值预留位置，并说明真实值应该呈现的格式。Python 用一个元组将多个值传递给模板，每个值对应一个格式符。示例程序如下：

```
print("I'm %s. I'm %d year old" % ('Vamei', 99))
```

上面的例子中，"I'm %s. I'm %d year old" 为模板。%s 为第一个格式符，表示一个字符串。%d 为第二个格式符，表示一个整数。('Vamei', 99)的两个元素'Vamei'和 99 为替换%s 和%d 的真实值。在模板和元组之间，用一个%分隔，%代表了格式化操作。

整个"I'm %s. I'm %d year old" % ('Vamei', 99)实际上构成一个字符串表达式。可以像正常的字符串那样，将它赋值给某个变量。例如：

```
a = "I'm %s. I'm %d year old" % ('Vamei', 99)
print(a)
```

还可以用词典来传递真实值，例如：

```
print("I'm %(name)s. I'm %(age)d year old" % {'name':'Vamei', 'age':99})
```

可以看到，对两个格式符进行了命名。命名使用圆括号括起来。每个命名对应词典的一个键。格式符为真实值预留位置，并控制显示的格式。格式符可以包含一个类型码，用以控制显示的类型。常用的格式符如表 3-2 所示。

表 3-2　常用的格式符

格式符	作用
%s	字符串(采用 str()方法的返回值)
%r	字符串(采用 repr()方法的返回值)
%c	单个字符
%b	二进制整数
%d	十进制整数
%i	十进制整数
%o	八进制整数
%x	十六进制整数
%e	指数(基底写为 e)
%E	指数(基底写为 E)
%f	浮点数
%F	浮点数，与上相同
%g	指数(e)或浮点数(根据显示长度)
%G	指数(E)或浮点数(根据显示长度)
%%	字符"%"

可以用如下方式对格式进行进一步的控制：

```
%[(name)][flags][width].[precision]typecode
```

参数 name 为命名。参数 flags 可以是+、﹣、''或 0。+表示右对齐。﹣表示左对齐。''为一个空格，表示在正数的左侧填充一个空格，从而与负数对齐。0 表示使用 0 填充。参数 width 表示显示宽度。参数 precision 表示小数点后精度。例如：

```
print("%+10x" % 10)
print("%04d" % 5)
print("%6.3f" % 2.3)
```

上面的 width、precision 参数为两个整数。可以利用*来动态代入这两个参数。例如：

```
print("%.*f" % (4, 1.2))
```

Python 实际上用 4 替换*，所以实际的模板为"%.4f"。

由此可见，Python 内置的%操作符可用于格式化字符串操作，控制字符串的呈现格式。Python 中还有其他的格式化字符串的方式，但%操作符的使用是最为方便的。

3.1.10　encode()和 decode()方法

字符串在 Python 内部的表示为 Unicode 编码，因此，在做编码转换时，通常需要以 Unicode 作为中间编码，先将其他编码的字符串解码(decode)成 Unicode，再从 Unicode 编码(encode)成另一种编码。

decode()方法的作用是将其他编码的字符串转换成 Unicode 编码，如 str1.decode('gb2312')，表示将 gb2312 编码的字符串 str1 转换成 Unicode 编码。

encode()方法的作用是将 Unicode 编码转换成其他编码的字符串，如 str2.encode('gb2312')，表示将 Unicode 编码的字符串 str2 转换成 gb2312 编码。

总之，要想将其他编码转换成 utf-8，必须先解码成 Unicode，再重新编码成 utf-8，这以 Unicode 为转换媒介。例如：

```
s='中文'
```

如果是在 utf-8 文件中，字符串就被编码为 utf-8；如果是在 gb2312 文件中，则被编码为 gb2312。这种情况下，进行编码转换时，都需要先用 decode()方法将其转换成 Unicode 编码，再使用 encode()方法将其转换成其他编码。通常，在没有指定特定的编码方式时，使用的都是由系统默认编码创建的代码文件。例如：

```
s.decode('utf-8').encode('utf-8')
```

isinstance(s,unicode)方法用于判断 s 是否为 Unicode 编码。如果是，就返回 True，否则返回 False。例如：

```
s='中文'
s=s.decode('utf-8')          #将 utf-8 解码成 Unicode
print(isinstance(s,unicode))  #此时输出的就是 True
s=s.encode('utf-8')          #又将 Unicode 编码成 utf-8
print(isinstance(s,unicode))  #此时输出的就是 False
```

3.2　序列

在 Python 中，最基本的数据结构就是序列(Sequence)。Python 包含 6 种内建序列：列表、元组、字符串、Unicode 字符串、buffer 对象和 xrange 对象。

在讲解列表和元组之前，本节先介绍 Python 中序列的通用操作，这些操作在列表和元组中都会用到。

Python 中的所有序列都可以进行一些通用的操作，包括索引(indexing)、分片(slicing)、序列相加(adding)、序列乘法(multiplying)、成员资格、长度、最小值和最大值。

3.2.1　索引

序列是 Python 中最基本的数据结构。为序列中的每个元素分配一个数字，代表它在序列中的位置(索引)，第一个索引是 0，第二个索引是 1，以此类推。

序列中的所有元素都是有编号的，从 0 开始递增。可以通过编号分别对序列的元素进行访问。前面介绍字符串时已经介绍过通过索引获取字符或字符串。例如：

```
>>> greeting = 'hello'
>>> greeting[0]
'h'
>>> greeting[1]
'e'
>>> greeting[2]
'l'
```

可以看到，序列中的元素从 0 开始，从左向右按照自然顺序编号，元素可以通过编号访问。获取元素的方式为：在变量后加中括号，在中括号中输入所要获取元素的编号。这里的编号就是索引，可以通过索引获取元素。所有序列都可以通过这种方式进行索引。

除了从左往右按照编号取值，也可以从右往左取值，例如：

```
>>> greeting = 'hello'
>>> greeting[-1]
'o'
>>> greeting[-2]
'l'
```

可以看到，Python 中的序列也可以从右开始索引，最右边元素的索引值为 - 1，从右往左递减。

在 Python 中，从左向右索引称为正数索引，从右向左索引称为负数索引。使用负数索引时，会从最后一个元素开始计数，最后一个元素的位置编号为 - 1。

3.2.2　切片

切片也称为分片。索引用来对单个元素进行访问，分片则通过冒号相隔的两个索引来实现(前面讲解字符串时也曾提到过)。示例程序如下：

```
>>> number = [1,2,3,4,5,6,7,8,9,10]
>>> number[1:3]
[2, 3]
>>> number[-3:-1]
[8, 9]
```

由结果可以看出，分片操作既支持正数索引，也支持负数索引，并且对于提取序列的一部分很方便。

分片操作需要提供两个索引作为边界，第一个索引的元素包含在分片内，第二个索引的元素不包含在分片内。对于上面的示例，假设需要访问最后 3 个元素，使用正数索引可以这样写：

```
>>> number = [1,2,3,4,5,6,7,8,9,10]
>>> number[7:10]
[8, 9, 10]
```

由此可以看出，number 的编号最大应该是 9，编号 10 指向第 11 个元素，这是一个不存在的元素。

如果需要取得的分片包括序列的结尾元素，只需要将第二个索引设置为空即可。示例如下：

```
>>> number = [1,2,3,4,5,6,7,8,9,10]
>>> number[-3:]
[8, 9, 10]
```

正数索引也可以使用这种方式取值，示例如下：

```
>>> number[0:]
[1, 2, 3, 4, 5, 6, 7, 8, 9, 10]
>>> number[:0]
[]
>>> number[:3]
[1, 2, 3]
>>> number[:]
[1, 2, 3, 4, 5, 6, 7, 8, 9, 10]
```

进行分片时，分片的开始位置和结束位置都需要指定，用这种方式获取连续的元素没有问题。但要获取序列中不连续的元素就比较麻烦，或者直接不能操作。例如，要获取序列 number 中的所有奇数，以一个序列展示出来，用前面的方法就不能实现了。

对于上面这种情况，Python 提供了另一个参数：步长。在普通分片中，步长默认为 1。分片操作就是按照这个步长逐个遍历序列的元素，遍历后返回开始和结束位置之间的所有元素。例如：

```
>>> number[0:10:1]
[1, 2, 3, 4, 5, 6, 7, 8, 9, 10]
```

将步长设置为比 1 大的数，示例如下：

```
>>> number[0:10:2]
[1, 3, 5, 7, 9]
```

可以看到，对于 number 序列，设置步长为 2，得到奇数序列。由此可见，将步长设置为大于 1 的数时，会得到一个跳过某些元素的序列。例如，上面设置的步长为 2，得到的是从开始到结束每隔 1 个元素的序列。比如，还可以这样使用：

```
>>> number[0:10:3]
[1, 4, 7, 10]
>>> number[2:6:3]
[3, 6]
>>> number[2:5:3]
[3]
```

```
>>> number[1:5:3]
[2, 5]
```

除此之外，也可以设置前面两个索引为空，示例程序如下：

```
>>> number[::3]
[1, 4, 7, 10]
```

上面的操作会将序列中每 3 个元素的第 1 个提取出来，将前面两个索引都设置为空。需要注意的是，步长不能设置为 0。

总之，对于正数步长，Python 会从序列的头部开始向右提取元素，直到最后一个元素；对于负数步长，则从序列的尾部开始向左提取元素，直到第一个元素。正数步长必须让开始位置小于结束位置，而负数步长必须让开始位置大于结束位置。

3.2.3 序列相加

序列也可以相加，但要注意，这里的相加，并不是将对应的序列元素值相加，而是将序列首尾相接。由于字符串属于字符序列，因此字符串相加也可以看成序列相加。但字符串不能和序列相加，否则会抛出异常。

以下程序演示了两个序列之间的加法，以及序列和字符串之间相加后会抛出异常。

```
print([1,2,3] + [6,7,8])       # 运行结果：[1,2,3,6,7,8]
print("Hello" + " world")      # 运行结果：Hello world
print([1,2,3] + ["hello"])     # 把字符串作为序列的一个元素，运行结果：[1,2,3,"hello"]
print([1,2,3] + ['h', 'e', 'l', 'l', 'o'])  # 运行结果：[1,2,3, 'h', 'e', 'l', 'l', 'o']
print([1,2,3] + "hello")       # 抛出异常，序列不能和字符串直接相加
```

上述代码中，运行最后一条语句会抛出异常，原因是序列和字符串不能相加。要想让"hello"和序列能够相加，需要将"hello"作为序列的一个元素，如["hello"]，然后再和序列相加。两个相加的序列元素的数据类型可以不一样，例如上述代码中，第 3 行将一个整数类型的序列和一个字符串类型的序列相加，这两个序列会首尾相接，从而连接在一起。

3.2.4 序列乘法

用数字 n 乘以一个序列会生成新的序列，而在新的序列中，原来的序列将被重复 n 次。如果序列的值是 None(Python 语言内建的一个值，表示"什么都没有")，那么将这个序列与数字 n 相乘，假设这个包含 None 值的序列的长度是 1，就会产生占用 n 个元素空间的序列。

下面的示例通过将字符串与数字相乘，复制字符串；又通过将序列与数字相乘，复制序列：

```
>>> print('hello' * 5)      # 字符串与数字相乘
hellohellohellohellohello
>>> print([20] * 10)        # 序列与数字相乘
[20, 20, 20, 20, 20, 20, 20, 20, 20, 20]
>>> print([None] * 6)       #将值为 None 的序列和数字相乘
[None, None, None, None, None, None]
```

3.2.5 检查某个元素是否是序列的成员

检查一个元素是否在序列中时用 in 运算符。该运算符是布尔运算符，返回结果是布尔值。检查条件为真，返回 True；检查条件为假，返回 False。示例程序如下：

```
>>>name='wang'
>>>'w' in name
True
>>>'wa' in name
True
>>>'wg' in name
False
>>>users=['wang','wei','na']
>>>raw_input('your name:') in users
your name:wang
True
>>>raw_input('your name:') in users
your name:cui
False
```

in 运算符会检查序列的成员(即元素)，而字符串的成员或元素是字符，如上例中的'w' in 'wang'，早期版本中，这是唯一用于字符串成员的检查方法，但是现在可用 in 运算符检查更长的子字符串，例如'wa' in 'wang'。

3.2.6 计算序列的长度、最大值和最小值

Python 提供了专门的内建函数用于计算序列的长度(即元素个数)、最大值(即最大元素)和最小值(即最小元素)，这些函数分别为：

- len()函数，返回序列中所包含元素的数量。
- max()函数，返回序列中的最大元素。
- min()函数，返回序列中的最小元素。

示例程序如下：

```
>>>number=[1,2,3,4,5]
>>>len(number)
5
>>>max(number)
5
>>>min(number)
1
>>>max(10,2)
10
>>>min(10,2)
2
```

3.3 列表

Python 包含 6 种内建序列，最常见的是列表(list)和元组(tuple)。为了创建一个列表，只需要把逗号分隔的不同数据项使用方括号括起来即可。例如：

```
list1 = ['Google', 'Runoob', 1997, 2000]
list2 = [1, 2, 3, 4, 5 ]
list3 = ["a", "b", "c", "d"]
```

与字符串的索引一样，列表索引从 0 开始。对列表可以进行截取、组合等。

列表中的数据项不需要具有相同的类型。列表的内容是可变的，而字符串和元组是不可变的(元组将在 3.4 节中介绍)。

Python 语言为列表对象封装了许多实用的方法。创建了一个列表对象之后，可以使用这些方法来操作该列表对象。

前一章已经简单介绍了字符串变量，了解了一些基本操作。本节主要介绍列表对象的常用方法，如表 3-3 所示。

表 3-3　列表对象的常用方法

方法	功能
lst.append(x)	将元素 x 添加至列表 lst 的尾部
lst.extend(L)	将列表 L 中的所有元素添加至列表 lst 的尾部
lst.insert(index,x)	在列表 lst 中，在指定位置 index 处添加元素 x，将该位置后面的所有元素后移一个位置
lst.remove(x)	在列表 lst 中删除首次出现的指定元素，将该元素之后的所有元素前移一个位置
lst.pop([index])	删除并返回列表 lst 中下标为 index(默认为 - 1)的元素
lst.clear()	删除列表 lst 中的所有元素，但保留列表对象
lst.index(x)	返回列表 lst 中第一个值为 x 的元素的下标，若不存在值为 x 的元素，则抛出异常
lst.count(x)	返回指定元素 x 在列表 lst 中出现的次数
lst.reverse()	对列表 lst 中的所有元素进行逆序操作
lst.sort(key=None,reverse=False)	对列表 lst 中的元素进行排序，key 用来指定排序依据，reverse 决定升序(False)还是降序(True)
lst.copy()	返回列表 lst 的浅复制
append()	用于向列表尾部追加一个元素
insert()	用于向列表中的任意指定位置插入一个元素
extend()	用于将另一个列表中的所有元素追加至当前列表的尾部
pop()	用于删除并返回指定位置的元素(默认是最后一个元素)
remove()	用于删除列表中第一个元素值与指定值相等的元素
clear()	用于清空列表
del()	删除列表中指定位置的元素
count()	用于返回列表中指定元素出现的次数

(续表)

方法	功能
index()	用于返回指定元素在列表中首次出现的位置，如果不存在，则抛出异常
in()	测试列表中是否存在某个元素
sort()	用于按照指定的规则对所有元素进行排序，默认规则是直接比较元素大小
reverse()	用于将列表中的所有元素逆序排列
max()和 min()	用于返回列表中所有元素的最大值和最小值
sum()	用于返回数值型列表中所有元素之和
len()	用于返回列表中元素的个数
zip()	用于将多个列表中的元素重新组合为元组并返回包含这些元组的 zip 对象
enumerate()	用于返回包含若干下标和值的迭代对象

3.3.1　删除列表元素

当不需要列表中的某个元素时，可以使用 del 语句删除列表中的元素，例如：

```
list = ['Google', 'Runoob', 1997, 2000]
print ("原始列表：", list)
del list[2]
print ("删除第三个元素：", list)
```

执行以上程序，输出结果如下：

```
原始列表：['Google', 'Runoob', 1997, 2000]
删除第三个元素：['Google', 'Runoob', 2000]
```

注意：

当为列表增加或删除元素时，列表对象自动进行内存的扩展或收缩，从而保证元素之间没有缝隙。Python列表的这项内存自动管理功能可以大幅降低程序员的负担，但删除和插入非尾部元素时会涉及列表中大量元素的移动，效率较低，并且对于某些操作会造成意外的错误结果。因此，除非确实有必要，否则应尽量从列表尾部进行元素的增加和删除操作，这不仅可以大幅提高列表的处理速度，并且总是可以保证得到正确的结果。

3.3.2　访问列表元素

可以使用下标索引来访问列表中的元素，也可以使用方括号的形式截取字符，例如：

```
list1 = ['Google', 'Runoob', 1997, 2000];
list2 = [1, 2, 3, 4, 5, 6, 7 ];
print ("list1[0]: ", list1[0])
print ("list2[1:5]: ", list2[1:5])
```

执行以上程序，输出结果如下：

```
list1[0]:   Google
list2[1:5]:  [2, 3, 4, 5]
```

3.3.3 更新与扩展列表

1. 更新列表

可以对列表中的数据项进行修改或更新，示例如下：

```
list = ['Google', 'Runoob', 1997, 2000]
print ("第三个元素为：", list[2])
list[2] = 2001
print ("更新后的第三个元素为：", list[2])
```

执行以上程序，输出结果如下：

```
第三个元素为：1997
更新后的第三个元素为：2001
```

2. append()方法

append()方法用于在列表末尾添加新的对象，语法格式如下：

```
list.append(obj)
```

参数 obj 表示要添加到列表末尾的对象。该方法无返回值，但是会修改原来的列表。示例如下：

```
list1 = ['Google', 'Runoob', 'Taobao']
list1.append('Baidu')
print ("更新后的列表：", list1)
```

执行以上程序，输出结果如下：

```
更新后的列表：['Google', 'Runoob', 'Taobao', 'Baidu']
```

3. extend()方法

extend()方法用于在列表末尾一次性追加另一个序列中的多个值(用新列表扩展原来的列表)，语法格式如下：

```
list.extend(seq)
```

参数 seq 表示需要追加的元素列表。该方法没有返回值，但会在已存在的列表中添加新的列表内容。示例如下：

```
aList = [123, 'xyz', 'zara', 'abc', 123]
bList = [2009, 'manni']
```

```
aList.extend(bList)
print("Extended List : ", aList)
```

执行以上程序，输出结果如下：

```
Extended List : [123, 'xyz', 'zara', 'abc', 123, 2009, 'manni']
```

4. append()和 extend()方法的区别

list.append(object)向列表中添加对象 object；list.extend(sequence)把序列 seq 的内容添加到列表中。示例程序如下：

```
>>> music_media = ['compact disc', '8-track tape', 'long playing record']
>>> new_media = ['DVD Audio disc', 'Super Audio CD']
>>> music_media.append(new_media)
>>> print(music_media)
['compact disc', '8-track tape', 'long playing record', ['DVD Audio disc', 'Super Audio CD']]
```

可以看出，使用 append()方法的时候，是将 new_media 看作对象，整体打包添加到 music_media 对象中。

而使用 extend()方法的时候，是将 new_media 看作序列，将这个序列和 music_media 序列合并。示例程序如下：

```
>>> music_media = ['compact disc', '8-track tape', 'long playing record']
>>> new_media = ['DVD Audio disc', 'Super Audio CD']
>>> music_media.extend(new_media)
>>> print(music_media)
['compact disc', '8-track tape', 'long playing record', 'DVD Audio disc', 'Super Audio CD']
```

3.3.4　对列表元素进行统计

为了对列表中元素出现的次数进行统计，可以使用 count()方法。count()方法用于统计某个元素在列表中出现的次数，语法格式如下：

```
list.count(obj)
```

其中，参数 obj 表示列表中要统计的对象。count()方法的返回值是元素在列表中出现的次数。示例程序如下：

```
>>> aList = [123, 'xyz', 'zara', 'abc', 123];
>>> print("Count for 123: ",aList.count(123))
Count for 123: 2
>>> print("Count for zara: ",aList.count('zara') )
Count for zara: 1
```

3.3.5　对列表进行排序

内置方法 sort()用来对列表元素进行排序，也可以使用内置的全局方法 sorted()来对可迭代的序列排序以生成新的序列。

1. 排序基础

简单的升序排序是非常容易实现的。只需要调用 sorted()方法。它返回一个新的列表，新的列表基于小于运算符(__lt__)来排序。例如：

```
>>> sorted([5, 2, 3, 1, 4])
[1, 2, 3, 4, 5]
```

也可以使用 list.sort()方法来排序，此时列表本身将被修改。通常此方法不如 sorted()方便，但是如果不需要保留原来的列表，此方法将更有效。例如：

```
>>> a = [5, 2, 3, 1, 4]
>>> a.sort()
>>> a
[1, 2, 3, 4, 5]
```

另一个不同之处就是：list.sort()方法仅被定义在列表中，相反，sorted()方法对所有的可迭代序列都有效。例如：

```
>>> sorted({1: 'D', 2: 'B', 3: 'B', 4: 'E', 5: 'A'})
[1, 2, 3, 4, 5]
```

2. key 参数/函数

从 Python 2.4 开始，为 list.sort()和 sorted()方法增加了 key 参数来指定一个函数，此函数将在比较每个元素前被调用。例如，通过 key 指定的函数来忽略字符串的大小写：

```
>>> sorted("This is a test string from Andrew".split(), key=str.lower)
['a', 'Andrew', 'from', 'is', 'string', 'test', 'This']
```

key 参数的值为一个函数，此函数只有一个参数且返回一个值用来进行比较。key 参数指定的函数将准确地对每个元素进行调用。

更广泛的使用情况是用复杂对象的某些值来对复杂对象的序列进行排序，例如：

```
>>> student_tuples = [
...             ('john', 'A', 15),
...             ('jane', 'B', 12),
...             ('dave', 'B', 10),
... ]
>>> sorted(student_tuples, key=lambda student: student[2])      #按照 age 字段排序
[('dave', 'B', 10), ('jane', 'B', 12), ('john', 'A', 15)]
```

3. 升序和降序

list.sort()和 sorted()方法都接收一个参数 reverse(值为 True 或 False)来表示升序或降序排序。例如:

```
>>> test = [6,1,2,3,4,5]
>>> a =    sorted(test,reverse=True)
>>> print(a)
[6, 5, 4, 3, 2, 1]
```

3.3.6 列表推导式

1. 基本列表推导式

列表推导式提供了一种创建列表的简便方法。创建列表时,列表中的元素来源于其他序列、可迭代对象或创建的一个满足某条件的序列。

假设要创建一个平方数组成的列表,比如:

```
squares = []
for x in range(10):
     squares.append(x**2)
print(squares)
```

输出结果如下:

```
[0, 1, 4, 9, 16, 25, 36, 49, 64, 81]
```

也可以通过下面的方式获得相同的列表:

```
squares = [x**2 for x in range(10)]
```

这也等价于下面的方式,但使用列表推导式更简单。

```
squar = map(lambda x:x**2,range(10))
```

函数 map(function,iterable)含有两个参数,第一个参数 function 是一个函数,第二个参数 iterable 是一个列表。为列表中的每一个元素调用函数 function,调用结果将构成一个新的序列。

列表推导式包含一对方括号,在方括号中有一个表达式,表达式后面紧跟一条 for 语句,然后是零条或多条的 for 语句或 if 语句。通过 for 语句和 if 语句计算出表达式,将结果作为新列表的元素。语法格式如下:

```
[表达式  for  变量  in  序列或迭代对象]
```

列表推导式是 Python 最受欢迎的特性之一,掌握它是成为合格 Python 程序员的基本标准。本质上,可以把列表推导式理解成一种集合了变换和筛选功能的函数,可通过这种函数把一个列表转换成另一个列表。注意是另一个新列表,原始列表保持不变。

例如,下面的列表推导式将两个不同列表中的元素整合到了一起:

```
>>> [(x,y)for x in [1,2,3] for y in [3,1,4] if x != y]
[(1, 3), (1, 4), (2, 3), (2, 1), (2, 4), (3, 1), (3, 4)]
```

这等价于：

```
>>> combs = []
>>> for x in [1,2,3]:
  for y in [3,1,4]:
    if x != y:
      combs.append((x,y))

>>> combs
[(1, 3), (1, 4), (2, 3), (2, 1), (2, 4), (3, 1), (3, 4)]
```

注意，for 语句和 if 语句在这两段程序中的顺序是相同的。

如果表达式是一个元组(例如前面例子中的(x,y))，那么必须给它加上圆括号。

```
>>> vec = [ - 4, - 2,0,2,4]
>>> #使用 vec 中元素的倍数，创建一个数组
>>> [x*2 for x in vec]
[ - 8,  - 4, 0, 4, 8]
>>> #过滤列表，删除列表中的负数
>>> [x for x in vec if x >= 0]
[0, 2, 4]
>>> #对列表中的每个元素应用一个函数
>>> [abs(x) for x in vec]
[4, 2, 0, 2, 4]
>>> #对每个元素调用一个方法
>>> freshfruit = ['000banana00','0000loganberry0','0passion fruit00000']
>>> [weapon.strip('0') for weapon in freshfruit]#str.strip(ch)：删除字符串开头及结尾处的字符 ch
['banana', 'loganberry', 'passion fruit']
>>> #创建一个 2 元组，比如(number, square)
>>> [(x,x**2) for x in range(6)]
[(0, 0), (1, 1), (2, 4), (3, 9), (4, 16), (5, 25)]
>>> #元组必须用圆括号包围，不然就会出错
>>> [x,x**2 for x in range(6)]
SyntaxError: invalid syntax
>>> #将一个多维数组转换为一维数组
>>> vec = [[1,2,3],[4,5,6],[7,8,9]]
>>> [num for elem in vec for num in elem]
[1, 2, 3, 4, 5, 6, 7, 8, 9]
```

列表推导式可以包含复杂表达式和嵌套函数，例如：

```
>>> from math import pi
>>> [str(round(pi,i)) for i in range(1,6)]
['3.1', '3.14', '3.142', '3.1416', '3.14159']
```

对于 round()函数，其执行与 Python 版本和计算机的精度有关。

2. 嵌套的列表推导式

列表推导式中，最基本的表达式可以是任意表达式，包括其他列表推导式。

下面的 3*4 矩阵可以当作一个列表，该列表由 3 个长度为 4 的子列表组成：

```
>>> matrix = [
  [1,2,3,4],
  [5,6,7,8],
  [9,10,11,12],
  ]
>>> matrix
[[1, 2, 3, 4], [5, 6, 7, 8], [9, 10, 11, 12]]
```

使用下面的列表推导式转置行和列：

```
>>> [[row_list[j] for row_list in matrix]for j in range(4)]
[[1, 5, 9], [2, 6, 10], [3, 7, 11], [4, 8, 12]]
```

从前面的内容中可以看出，嵌套的列表推导式是在 for 循环的循环体中进行计算的，所以上面的例子等同于：

```
>>> transposed = []
>>> for j in range(4):
  transposed.append([row[j] for row in matrix])
>>> transposed
[[1, 5, 9], [2, 6, 10], [3, 7, 11], [4, 8, 12]]
```

也等同于：

```
>>> transposed
[[1, 5, 9], [2, 6, 10], [3, 7, 11], [4, 8, 12]]
>>> transposed = []
>>> for j in range(4):
  #下面的三行实现了嵌套的列表推导式
  transposed_row = []
  for row_list in matrix:
      transposed_row.append(row_list[j])
  transposed.append(transposed_row)

>>> transposed
[[1, 5, 9], [2, 6, 10], [3, 7, 11], [4, 8, 12]]
```

在现实情况中，与复杂的流式语句相比，有的程序员可能更喜欢 Python 的内置函数。由此，zip()函数更适合完成上面的工作。

```
>>> zipp = zip(*matrix)
>>> list(zipp)
```

[(1, 5, 9), (2, 6, 10), (3, 7, 11), (4, 8, 12)]]

3.4 元组

对于一些不想让修改的数据，可以用元组(Tuple)来保存。元组被称为只读列表，数据可被查询，但不能被修改，类似于列表的切片操作，元组写在圆括号里面，元素之间用逗号隔开。

3.4.1 元组的创建

元组的创建很简单，只需要在圆括号中添加元素，并使用逗号隔开即可，示例如下：

```
>>>tup1 = ('Google', 'Runoob', 1997, 2000);
>>> tup2 = (1, 2, 3, 4, 5 );
>>> tup3 = "a", "b", "c", "d";   #没有圆括号也可以
>>> type(tup3)
<class 'tuple'>
```

下面创建一个空的元组，示例如下：

```
# 创建一个空的元组
tup = ( )
print(tup)
print(type(tup)) # 使用 type 函数查看类型

#输出结果
()
<class 'tuple'>
```

元组中只包含一个元素时，需要在这个元素的后面添加逗号，否则圆括号会被当作运算符使用：

```
# 创建元组 (只有一个元素时，在这个元素的后面加上逗号)
tup = (1,)  # 元组中只有一个元素时，在这个元素的后面加上逗号，否则会被当成其他数据类型处理
print(tup)
print(type(tup)) # 使用 type 函数查看类型

#输出结果
(1,)
<class 'tuple'>
```

元组的元素可以是不同的数据类型，示例如下：

```
tup = (1,2,["a","b","c"],"a")
print(tup)
```

执行以上程序，输出结果如下：

```
(1, 2, ['a', 'b', 'c'], 'a')
```

还可以将列表转换为元组，示例如下：

```
list_name = ["python book","Mac","bile","kindle"]
tup = tuple(list_name)  # 将列表转换为元组
print(type(list_name))  # 查看 list_name 的类型，并将结果打印出来
print(type(tup))         # 查看 tup 的类型，并将结果打印出来
print(tup)
```

执行以上程序，输出结果如下：

```
<class 'list'>
<class 'tuple'>
('python book', 'Mac', 'bile', 'kindle')
```

元组与字符串类似，下标索引从 0 开始，可以执行截取、组合等操作。

3.4.2　访问元组元素

可以使用下标索引来访问元组中的元素，示例如下：

```
tup1 = ('Google', 'Runoob', 1997, 2000)
tup2 = (1, 2, 3, 4, 5, 6, 7 )
print("tup1[0]: ", tup1[0])
print("tup2[1:5]: ", tup2[1:5])
```

执行程序，输出结果如下：

```
tup1[0]: Google
tup2[1:5]: (2, 3, 4, 5)
```

3.4.3　连接元组

元组中的元素是不允许修改的，但可以对元组进行连接，示例如下：

```
tup1 = (12, 34.56);
tup2 = ('abc', 'xyz')
# 修改元组元素的操作是非法的
# tup1[0] = 100
# 创建一个新的元组
tup3 = tup1 + tup2;
print(tup3)
```

执行以上程序，输出结果如下：

```
(12, 34.56, 'abc', 'xyz')
```

3.4.4　删除元组

元组中的元素是不允许删除的，但可以使用 del 语句来删除整个元组，示例如下：

```
tup = ('Google', 'Runoob', 1997, 2000)
print(tup)
del tup;
print("删除后的元组 tup：")
print(tup)
```

以上元组被删除后，输出变量时会有异常信息，输出结果如下：

```
删除后的元组 tup:
Traceback (most recent call last):
    File "test.py", line 8, in <module>
        print (tup)
NameError: name 'tup' is not defined
```

由于元组是不可变类型，因此，元组不支持列表中针对元素的增、删、改操作，只支持查询操作。

3.4.5　元组的运算符

与字符串一样，元组之间可以使用+号和*号进行运算，如表 3-4 所示。这就意味着元组可以组合和复制，运算后会生成一个新的元组。

表 3-4　元组运算符

表达式	结果	描述
len((1, 2, 3))	3	计算元素个数
(1, 2, 3) + (4, 5, 6)	(1, 2, 3, 4, 5, 6)	连接
('Hi!',) * 4	('Hi!', 'Hi!', 'Hi!', 'Hi!')	复制
3 in(1, 2, 3)	True	判断元素是否存在
for x in (1, 2, 3): print(x,)	1 2 3	迭代

另外，因为元组也是序列，所以可以访问元组中指定位置的元素，也可以截取索引中的一段元素，示例如下：

```
>>> L = ('Google', 'Taobao', 'Runoob')
>>> L[2]    #读取第三个元素
'Runoob'
>>> L[- 2]    #反向读取：读取倒数第二个元素
'Taobao'
>>> L[1:]    #截取元素，从第二个开始后的所有元素
('Taobao', 'Runoob')
```

3.4.6 生成器

虽然可以用列表存储数据，但是当数据量特别大的时候，建立一个列表来存储数据就会十分占用内存。这时生成器就派上用场了。这是一种不怎么占用计算机资源的方法。

前面介绍列表的时候，介绍了如何用列表推导式来初始化列表，例如：

```
list5 = [x for x in range(5)]
print(list5)    #输出：[0, 1, 2, 3, 4]
```

元组没有推导式，但是可以使用类似的方式来生成一个生成器，只不过需要将上面的[ ]换成( )，例如：

```
gen = (x for x in range(5))
print(gen)
#输出：  <generator object <genexpr> at 0x0000000000AA20F8>
```

从输出结果可以看出，生成器并不是直接输出结果，而是告诉我们这是一个生成器。那么，需要怎么调用这个 gen 生成器呢？

有两种方式，第一种调用方式如下：

```
for item in gen:
    print(item)
```

执行以上程序，输出结果如下：

```
0
1
2
3
4
```

第二种调用方式如下：

```
print(next(gen))# 输出:0
print(next(gen))# 输出:1
print(next(gen))# 输出:2
print(next(gen))# 输出:3
print(next(gen))# 输出:4
print(next(gen))# 输出:Traceback(most recent call last):StopIteration
```

下面介绍一下生成器的原理。从第一种调用方式可以知道，生成器是可迭代的，确切地说，生成器就是迭代器。验证代码如下：

```
from collections import Iterable, Iterator
print(isinstance(gen, Iterable))#输出:True
print(isinstance(gen, Iterator))#输出:True
```

字符串、列表、元组、字典、集合都是可迭代的，可以使用 for 循环来访问里面的每一个元素。但它们并不是迭代器。

假如定义一个泡茶函数(迭代器)，然后将泡茶的方法封装进这个函数。每一次调用这个函数就返回一个步骤，并保存好当前执行到哪个状态。如果中途有事，比如执行到步骤二的时候突然去接了个电话，回来调用这个函数就会得到步骤三(水开了，开始泡茶)，也就是状态保存好了。可以执行这个泡茶函数，直到调用完所有步骤为止。

定义一个函数，这个函数是一步步执行的，并能保存状态，这就是迭代器。

回到上面的第二种调用方式，到第6个 print(next(gen)) 时，系统告知 Traceback(most recent call last): StopIteration。也就是说，gen 迭代到最后了，无法继续迭代。

生成器本身就是迭代器，在内部封装好了算法，并规定好在某个条件下就返回一个结果给调用者。(x for x in range(5)) 就是这样实现的，并不是先实现(0, 1, 2, 3, 4)，再一个个迭代出来，而是逐个生成。

3.4.7　元组与列表的区别

元组和列表类似，都是线性表。唯一不同的是，元组中存储的数据不能被程序修改，可以将元组看作只能读取数据而不能修改数据的列表。因为元组和列表有很多相同之处，关于列表讲过的内容，此处不再重复讲述，重点讲述元组和列表的不同之处，然后讨论元组数据的不可修改特性。

- 声明元组并赋值的语法与列表相同，不同之处是：元组使用圆括号，列表使用方括号。元素之间都用英文逗号分隔。
- 元组的访问和列表相同，可以直接使用下标索引访问元组中的单个数据项，也可以使用截取运算符访问子元组。访问运算符包括"[]"和"[:]"运算符，用于访问元组中的单个数据项或子元组。
- 元组是不可修改类型，虽然在程序运行过程中无法对元组的元素进行插入和删除运算，但元组可以通过构造一个新的元组并替换旧的元组，实现元素的插入和删除。
- 可以把多个元组合并成一个元组，合并后的元组中，元素顺序保持不变。合并后的元组为新的元组，原有的元组保持不变。
- 元组的遍历方式和列表相同，都是使用 for 循环语句进行遍历。
- 和列表一样，适用于列表的方法也同样适用于元组。但由于元组的不可修改特性，用于列表的排序、替换、添加等方法，在元组中不能使用。可以使用的主要方法有：计算元组个数、求元组中的最大值、求元组中的最小值等。
- 元组的不可修改特性可能会让元组变得非常不灵活，因为元组作为容器对象，很多时候需要对容器中的元素进行修改，这在元组中是不允许的。元组可以说是列表的一种补充。

3.5　字典

字典(dictionary)是另一种可变容器模型，并且可存储任意类型对象，如字符串、数字、元组等其他容器模型。

3.5.1 字典的创建

字典由键和对应值成对组成。字典也被称作关联数组或哈希表。基本语法如下：

```
dict = {'Alice': '2341', 'Beth': '9102', 'Cecil': '3258'}
```

也可以使用以下方式创建字典：

```
dict1 = { 'abc': 456 }
dict2 = { 'abc': 123, 98.6: 37 }
```

需要注意的是，键与值用冒号隔开(:)，每对键与值用逗号分隔，整体放在花括号中({})。键必须独一无二，但值则不必，既可以是标准对象，也可以是用户自定义对象。值可以取任何数据类型，但必须是不可变类型，如字符串、数或元组。键必须不可变，所以可以用数字、字符串或元组充当，而用列表就不行。

3.5.2 访问字典

创建字典后，要访问字典中的元素，可以把相应的键放入方括号，示例如下：

```
dict = {'Name': 'Zara', 'Age': 7, 'Class': 'First'}
print("dict['Name']: ", dict['Name'])
print("dict['Age']: ", dict['Age'])
```

执行以上程序，输出结果如下：

```
dict['Name']:   Zara
dict['Age']:   7
```

如果用字典里没有的键访问数据，会输出错误，示例如下：

```
dict = {'Name': 'Zara', 'Age': 7, 'Class': 'First'}
print("dict['Alice']: ", dict['Alice'])
```

执行以上程序将输出如下错误：

```
#KeyError: 'Alice'[/code]
```

3.5.3 修改字典

向字典添加新内容的方法是增加新的键/值对，也可修改或删除已有键/值对，示例如下：

```
dict = {'Name': 'Zara', 'Age': 7, 'Class': 'First'}
dict['Age'] = 8                    # 修改元素
dict['School'] = "DPS School"   # 增加元素
print("dict['Age']: ", dict['Age'])
print("dict['School']: ", dict['School'])
```

执行以上程序，输出结果如下：

```
dict['Age']: 8
dict['School']: DPS School
```

3.5.4 删除字典元素

对于字典，可以删除字典中的某个元素，也可以清空字典，或者删除整个字典，示例如下：

```
dict = {'Name': 'Alice', 'Age': 7, 'Class': 'First'}
del dict['Name']       # 删除键'Name'
dict.clear()           # 清空字典
del dict               # 删除字典
print("dict['Age']: ", dict['Age'])
print("dict['School']: ", dict['School'])
```

执行以上程序会引发异常，因为执行 del 操作后字典不再存在：

```
Traceback(most recent call last):
   File "demo.py", line 9, in <module>
      print("dict['Age']: ", dict['Age'])
TypeError: 'type' object is not subscriptable
```

3.5.5 字典的内置方法

现在总结一下 Python 字典对象包含的内置方法，如表 3-5 所示。

表 3-5　字典的内置方法

方法	功能
cmp(dict1, dict2)	比较两个字典元素
len(dict)	计算字典元素的个数，即键的总数
str(dict)	输出字典可打印的字符串表示形式
type(variable)	返回输入的变量类型，如果变量是字典，就返回字典类型
dict.clear()	删除字典内所有元素
dict.copy()	返回字典的浅复制
dict.fromkeys(seq[,val])	创建一个新字典，以序列 seq 中的元素作为字典的键，val 为字典所有键对应的初始值
dict.get(key, default=None)	返回指定键的值，如果值不在字典中，就返回 default 值
dict.has_key(key)	如果键在字典中，返回 True，否则返回 False
dict.items()	以列表形式返回可遍历的(键, 值)元组数组
dict.keys()	以列表形式返回一个字典中所有的键
dict.setdefault(key, default=None)	和 get()类似，但如果键已经存在于字典中，将会添加键并将值设为 default
dict.update(dict2)	把字典 dict2 的键/值对更新到 dict 中
dict.values()	以列表形式返回字典中的所有值

3.5.6 字典的遍历

字典是一种经常使用且应用广泛的数据结构，主要用于存储键值对形式的数据。实际编程实践中，经常需要对字典元素进行遍历，包括遍历字典的键、值、项以及键值对。

1. 遍历字典的键

当需要遍历字典 d 的键时，使用 for key in d 的形式进行遍历，示例如下：

```
>>> d={'list':[1, 2, 3],1:123,'111':'python3','tuple':(4, 5, 6)}
>>> for key in d:
        print(str(key)+':'+str(d[key]))
list:[1, 2, 3]
1:123
111:python3
tuple:(4, 5, 6)
```

又如：

```
>>> d={'list':[1, 2, 3],1:123,'111':'python3','tuple':(4, 5, 6)}
>>> for key in d.keys():
        print(key)
1
list
111
Tuple
```

2. 遍历字典的值

当需要遍历字典 d 的值时，使用 for value in d.value()的形式进行遍历，示例如下：

```
>>> d={'list':[1, 2, 3],1:123,'111':'python3','tuple':(4, 5, 6)}
>>> for value in d.values():
        print (value)
[1, 2, 3]
123
python3
(4, 5, 6)
```

3. 遍历字典的项

要遍历字段的项并逐项输出，可以使用 for item in d.items()的形式实现，示例如下：

```
>>> d={'list':[1, 2, 3],1:123,'111':'python3','tuple':(4, 5, 6)}
>>> for item in d.items():
        print(item)
('list', [1, 2, 3])
(1, 123)
```

```
('111', 'python3')
('tuple', (4, 5, 6))
```

4. 遍历字典的键值对

除了以上遍历方式外，还可以按照键值对形式遍历字典对象，示例如下：

```
>>> d={'list':[1, 2, 3],1:123,'111':'python3','tuple':(4, 5, 6)}
>>> for key,value in d.items():
        print(key,value)
list [1, 2, 3]
1 123
111 python3
tuple (4, 5, 6)
```

3.6　集合

3.6.1　集合的创建

集合(Set)是一种无序的不重复元素序列。可以使用花括号{ }或 set()函数创建集合，注意，创建一个空集合时必须使用 set()而不是{ }，因为{ }用来创建一个空字典。

创建集合对象的语法格式如下：

```
parame = {value01,value02,...}
```

或者

```
set(value)
```

示例如下：

```
>>>basket = {'apple', 'orange', 'apple', 'pear', 'orange', 'banana'}
>>> print(basket)        #  这里演示的是去重功能
{'orange', 'banana', 'pear', 'apple'}
>>> 'orange' in basket  #  快速判断元素是否在集合内
True
>>> 'crabgrass' in basket
False
>>> #  下面展示两个集合间的运算
...
>>> a = set('abracadabra')
>>> b = set('alacazam')
>>> a
{'a', 'r', 'b', 'c', 'd'}
>>> a - b    #  集合 a 中包含而集合 b 中不包含的元素
```

```
{'r', 'd', 'b'}
>>> a | b     # 集合 a 或 b 中包含的所有元素
{'a', 'c', 'r', 'd', 'b', 'm', 'z', 'l'}
>>> a & b     # 集合 a 和 b 中都包含的元素
{'a', 'c'}
>>> a ^ b     # 不同时包含于 a 和 b 的元素
{'r', 'd', 'b', 'm', 'z', 'l'}
```

类似于列表推导式，同样，集合也支持集合推导式，示例如下：

```
>>>a = {x for x in 'abracadabra' if x not in 'abc'}
>>> a
{'r', 'd'}
```

3.6.2　集合的常用操作

1. 添加元素

要向集合中添加一个元素，语法格式如下：

```
s.add(x)
```

将元素 x 添加到集合 s 中时，如果元素 x 已存在，则不进行任何操作。例如：

```
>>>thisset = set(("Google", "Runoob", "Taobao"))
>>> thisset.add("Facebook")
>>> print(thisset)
{'Taobao', 'Facebook', 'Google', 'Runoob'}
```

还有一种方法，也可以用来添加元素，且参数可以是列表、元组、字典等，语法格式如下：

```
s.update(x)
```

x 可以有多个，用逗号分开。例如：

```
>>>thisset = set(("Google", "Runoob", "Taobao"))
>>> thisset.update({1,3})
>>> print(thisset)
{1, 3, 'Google', 'Taobao', 'Runoob'}
>>> thisset.update([1,4],[5,6])
>>> print(thisset)
{1, 3, 4, 5, 6, 'Google', 'Taobao', 'Runoob'}
>>>
```

2. 移除元素

要从集合中移除一个元素，语法格式如下：

```
s.remove( x )
```

将元素 x 从集合 s 中移除时，如果元素 x 不存在，则会发生错误。例如：

```
>>>thisset = set(("Google", "Runoob", "Taobao"))
>>> thisset.remove("Taobao")
>>> print(thisset)
{'Google', 'Runoob'}
>>> thisset.remove("Facebook")      # 不存在则会发生错误
Traceback (most recent call last):
File "<stdin>", line 1, in <module>
KeyError: 'Facebook'
```

此外还有一种方法，也可以用于移除集合中的元素，且如果元素不存在，不会发生错误。语法格式如下所示：

```
s.discard(x)
```

示例如下：

```
>>>thisset = set(("Google", "Runoob", "Taobao"))
>>> thisset.discard("Facebook")    # 不存在则不会发生错误
>>> print(thisset)
{'Taobao', 'Google', 'Runoob'}
```

也可以随机删除集合中的一个元素，语法格式如下：

```
s.pop()
```

示例如下：

```
thisset = set(("Google", "Runoob", "Taobao", "Facebook"))
x = thisset.pop()
print(x)
```

输出结果如下：

```
$ python3 test.py
Runoob
```

多次执行时，测试结果都不一样。

然而在交互模式下，pop()方法则用于删除集合中的第一个元素(排序后的集合中的第一个元素)。

```
>>>thisset = set(("Google", "Runoob", "Taobao", "Facebook"))
>>> thisset.pop()
'Facebook'
>>> print(thisset)
{'Google', 'Taobao', 'Runoob'}
```

3. 计算集合中元素的个数

Python 提供了内置的 len()方法以计算集合中包含的元素的个数。语法格式如下：

```
len(s)
```

执行后将返回集合 s 中元素的个数。示例如下：

```
>>>thisset = set(("Google", "Runoob", "Taobao"))
>>> len(thisset)
3
```

4. 清空集合

当不需要集合时，可以使用 clear()方法清空集合。语法格式如下：

```
s.clear()
```

以清空集合 s 为例：

```
>>>thisset = set(("Google", "Runoob", "Taobao"))
>>> thisset.clear()
>>> print(thisset)
set()
```

5. 判断元素是否在集合中

若集合中的元素过多，怎么找到指定的元素呢？Python 提供了专门的方法用于判断元素是否在集合中。语法格式如下：

```
x in s
```

该语句判断元素 x 是否在集合 s 中，存在则返回 True，不存在则返回 False。示例如下：

```
>>>thisset = set(("Google", "Runoob", "Taobao"))
>>> "Runoob" in thisset
True
>>> "Facebook" in thisset
False
```

3.6.3 集合的内置方法

Python 为集合对象提供了一系列常用的内置方法，如表 3-6 所示。

表 3-6　集合的常用方法

方法	描述
add()	为集合添加元素
clear()	移除集合中的所有元素
copy()	拷贝集合

(续表)

方法	描述
difference()	返回多个集合的差集
difference_update()	移除集合中的元素,该元素在指定的集合中也存在
discard()	删除集合中指定的元素
intersection()	返回集合的交集
intersection_update()	删除集合中的元素,该元素在指定的集合中不存在
isdisjoint()	判断两个集合是否包含相同的元素,如果包含,返回 True,否则返回 False
issubset()	判断指定集合是否为该方法的参数集合的子集
issuperset()	判断该方法的参数集合是否为指定集合的子集
pop()	随机移除元素
remove()	移除指定元素
symmetric_difference()	返回两个集合中不重复元素的集合
symmetric_difference_update()	移除当前集合中与另一个指定集合中相同的元素,并将另一个指定集合中不同的元素插入当前集合中
union()	返回两个集合的并集
update()	给集合更新元素

3.7 本章实战

在本章实战中,将用本章介绍的序列数据结构实现杨辉三角。

杨辉三角是中国古代数学的杰出研究成果之一,通过把二项式系数图形化,将组合数内在的一些代数性质直观地从图形中体现出来,是一种离散型的数与形的结合。杨辉三角具有许多规律,但这里我们需要知道的是以下几个性质:

(1) 每行开头与结尾的数为 1。

(2) 每个数等于它上方两数之和。

(3) 第 n 项的数字有 n 项,第 n 行数字之和为 $2n-1$。

(4) 第 n 行的第 m 个数可表示为 $C(n-1,m-1)$,也就是从 $n-1$ 个不同元素中取 $m-1$ 个元素的组合数。

(5) 第 n 行的第 m 个数和第 $n-m+1$ 个数相等,此为组合数性质之一。

(6) 每个数字等于上一行的左右两个数字之和。可用此性质写出整个杨辉三角。也就是第 $n+1$ 行的第 i 个数等于第 n 行的第 $i-1$ 个数和第 i 个数之和,这也是组合数的性质之一,可表示为 $C(n+1,i)=C(n,i)+C(n,i-1)$。

(7) $(a+b)n$ 的展开式中的各项系数依次对应杨辉三角的第 $(n+1)$ 行中的每一项。

性质(1)为规律前提,性质(4)和性质(6)是杨辉三角的基本性质。

下面首先来分析编程思路。

把每一行看作一个列表,试写一个生成器,不断输出下一行的列表。

对于每一行,列表的第一个元素和最后一个元素是不变的。如果用空列表 $L=[]$ 表示的话,$L[0]$、$L[n]$ 是不变的。

第一步：先找规律，抽象化问题。

首先可以观察到，第一行为[1]，直接赋给一个变量：初始化数列 p = [1]。其次可以观察到，下面的每一行的开头和结尾都是[1]，那么我们可以推导出每一行的规律为[1]+…+[1]。那么，从第三行开始中间的[2]，第四行中间的[3, 3]，第五行中间的[4,6,4]，等等，以此类推才是我们需要推导的部分。

第一行：[1]，设 p = [1]。

第二行：[1]+[1]，设 p = [1,1]。

第三行：[1]+[2]+[1]，设 p = [1,2,1]。

第四行：[1]+[3]+[3]+[1]，设 p = [1,3,3,1]。

经过找规律，可以发现，每一个新的列表中间的部分，都等于上一行列表的第 0 个元素+第 1 个元素，第 1 个元素+第 2 个元素，第 2 个元素+第 3 个元素……。

加上头尾也就是[1] +[$p[0]$+$p[1]$]+[$p[1]$+$p[2]$]…+[1]，比如上面第三行，$p[0]$ = 1、 $p[1]$ = 2、$p[3]$ = [1]，那么第四行就是[1] + [1+2] # $p[0]$+$p[1]$+ [2+1]# $p[2]$+$p[3]$+ [1]…后面以此类推。

既然核心点是除去首位两个[1]的中间部分[$p[0]$ + $p[1]$]+[$p[1]$ + $p[2]$]+[$p[2]$ + $p[3]$]…那么很容易得到规律[$p[i]$ + $p[i+1]$]# for i in range(x)。

示例程序如下：

```python
def yanghui(t):
    #打印第一行和第二行
    print ([1])
    line = [1,1]
    print(line)
    #打印从第三行开始的其他行
    for i in range(2,t):
        r = []
        #按规律生成该行除两端以外的数字
        for i in range(0,len(line) - 1):
            r.append(line[i]+line[i+1])
        #把两端的数字连上
        line = [1]+r+[1]
        print(line)

#测试，打印杨辉三角形的前 6 行
yanghui(6)
```

运行以上程序，输出结果如下：

```
================= RESTART: C:/projects/ch02yhsj.py =================
[1]
[1, 1]
[1, 2, 1]
[1, 3, 3, 1]
[1, 4, 6, 4, 1]
[1, 5, 10, 10, 5, 1]
```

3.8　本章小结

Python 中常用的序列结构有列表、元组、字典、字符串、集合等。大部分可迭代对象也支持类似于序列的语法。

本章主要对字符和序列数据结构进行了详细介绍。首先介绍的是字符串的常用操作，包括计算字符串的长度、大小写字母转换、字符串的分隔与拼接、字符串的查找和替换、计算字符串中指定字符出现的次数、去除字符串中的空格与特殊字符、格式化字符串，以及字符串的编码和解码操作。

然后介绍了序列的常用功能，包括索引、切片、相加、相乘，以及检查某个对象是否是序列对象，如何计算序列的长度、最大值和最小值等。

接着介绍的是列表、元组、字典、集合。这四类数据结构是实际编程中使用最多的数据类型。一定要牢记哪些类型是可修改的，哪些不可修改。可修改的数据类型和不可修改的数据类型，从底层的工作原理上看就是不一样的，系统能够提供的方法也有差别。

3.9　思考与练习

1. 简述 Python 的序列数据类型中，哪些是可修改的，哪些是不可修改的。

2. 描述可修改数据类型和不可修改数据类型的区别。举例说明。

3. 已知字符串　a ="aAsmr3idd4bugs7Dlsf9eAF"，要求如下：

(1) 请将 a 字符串的大写改为小写，小写改为大写。

(2) 请将 a 字符串的数字取出，生成一个新的字符串并输出。

4. 请将 a 字符串反转并输出，比如'abc'的反转结果是'cba'。

5. 假设有字符串 a = 'aAsmr3idd4bugs7Dlsf9eAF'，去除 a 字符串内的数字后，请对 a 字符串里的单词重新排序(a~z)，重新生成一个排序后的字符串并输出(保留大小写，a 与 A 的顺序关系为：A 在 a 的前面。例如 AaBb)。

6. 假设存在列表对象 list=[12,34,54,64,53,62,23]，请在该列表对象上实现冒泡排序。

7. 购买商品时假设有商品列表　lst= ["手机", "电脑", "鼠标垫", "游艇"]，请编程实现：

(1) 在控制台上显示所有的商品，格式为：序号 商品名称。例如：1 手机。

(2) 如果输入 Q，结束购买任务。

(3) 输入对应的序号，显示对应的商品，例如：输入 1，显示"手机"。

(4) 如果输入的不是数字，提示用户输入有误。

(5) 如果数字范围不在序号范围内，提示用户输入有误。

8. 编写程序以保存用户名和密码。

(1) 用户名和密码保存在如下数据结构中：

```
user_list = [
    {'username': 'zs', 'password': '1234'},
    {'username': 'ls', 'password': 'asdf'}
```

]

（2）非法字符串模板 board = ['zs', 'ls', 'ww']。

（2）可连续输入用户名和密码。

（3）如果想终止程序，请输入 Q 或 q。

（4）输入用户名时，如果是 board 里面的非法字符串，将非法字符串替换成同等数量的*，例如将 zs 替换成**，然后添加到 user_list 中。

（5）每次添加成功后，打印出刚添加的用户名和密码。

9. 实现整数加法计算器。

例如，用户输入 5+8+21+…(最少输入两个数)，然后进行分隔，最后再进行计算，将最后的计算结果添加到字典中(替换 None)。

10. 请用 Python 语言实现超市买水果程序：

（1）输入自己口袋里有多少钱。

（2）展示商品的序号、名称及价格。

（3）输入要买商品的序号。

（4）输入要买商品的数量。

（5）在购物车中显示要购买水果的名称及对应的数量，以及自己还剩多少钱。

（6）如果序号输入有误，就提示用户重新输入。

（7）如果钱不够了，提示用户钱不够，并且退出程序。

第 4 章

流程控制语句

编程语言中的流程控制语句分为以下几类：顺序语句、分支语句、循环语句。其中，顺序语句不需要单独的关键字来控制，就是从上到下一行一行执行，不需要特殊的说明。本章主要介绍的是分支语句和循环语句，以及如何提前跳出分支和终止循环。

本章的学习目标：

- if 分支结构，包括单分支 if 结构和多分支结构；
- while 循环结构；
- for 循环结构；
- 循环嵌套结构；
- 跳转语句，包括 continue、break 和 pass 语句。

4.1 分支结构

条件分支语句通过一条或多条语句(判断条件)的执行结果(True 或 False)来决定执行哪个分支的代码块。Python 提供的分支语句为 if…else 语句，没有提供 switch…case 语句。

4.1.1 单分支 if 结构

条件分支语句通过一条或多条语句的执行结果(True 或 False)来决定执行的代码块。if 后面应该接一个条件(结果为布尔类型)，而且 Python 是通过缩进来控制条件块的，缩进数相同的语句在一起组成一个语句块，这和 PHP 的 if…else 就近原则不同。

单分支 if 结构的语法格式如下：

```
if 判断条件:
    代码块
```

如果单分支语句的代码块只有一条语句，可以把 if 语句和代码写在同一行，格式如下：

```
if 判断条件: 一句代码
```

以上语句结构中，判断条件就是计算结果必须为布尔值的表达式；表达式后面的冒号不能少。另外，if 后面出现的语句，如果属于 if 语句块，则必须使用相同的缩进等级。

例如，要判断指定的 uid 是不是 root 用户，程序代码如下：

```
uid = 0
if uid == 0:
    print("root")
```

也可以写成以下形式：

```
uid = 0
if uid == 0:
    print("root")
```

执行程序，输出结果如下：

```
root
```

4.1.2　双分支结构

对于双分支 if…else 结构，如果 if 后面的条件成立，则执行 if 语句块；如果不成立，就执行 else 语句块。else 后面是没有条件的，在多个条件下，Python 中的 else…if 可以简写成 elif。

双分支 if…else 结构的语法格式如下：

```
if 判断条件:
    代码块
else:
    代码块
```

例如，要根据用户 id 打印用户身份，示例代码如下：

```
uid = 100

if uid == 0:
    print("root")
else:
    print("Common user")
```

输出结果如下：

```
Common user
```

4.1.3　多分支结构

多分支结构 if…elif…else 的语法格式如下：

```
if 判断条件 1:
    代码块 1
elif 判断条件 2:
    代码块 2
```

```
...
elif 判断条件 n:
    代码块 n
else:
    默认代码块
```

例如，要根据学生分数打印字母等级，示例代码如下：

```
score = 88.8
level = int(score % 10)

if level >= 10:
    print('Level A+')
elif level == 9:
    print('Level A')
elif level == 8:
    print('Level B')
elif level == 7:
    print('Level C')
elif level == 6:
    print('Level D')
else:
    print('Level E')
```

输出结果如下：

```
Level B
```

上面的"判断条件"中的表达式既可以是任意表达式，也可以是任意类型的数据对象实例。只要判断条件的最终返回结果的真值测试结果为 True，就表示条件成立，相应的代码块就会被执行；否则表示条件不成立，需要判断下一个条件。

4.2　循环结构

当需要多次执行某个代码语句或代码块时，可以使用循环语句。Python 提供的循环语句有 while 循环和 for 循环。需要注意的是，Python 中没有 do…while 循环。此外，还有几个用于控制循环执行过程的循环控制语句：break、continue 和 pass。

4.2.1　while 循环

while 循环语句的基本形式如下：

```
while 判断条件:
    代码块
```

当给定的"判断条件"的返回值的真值测试结果为 True 时，执行循环体中的"代码块"，否则退出循环体。

例如，要循环打印数字 0~9，示例代码如下：

```
count = 0
while count <= 9:
    print(count, end=' ')
    count += 1
```

输出结果如下：

```
0 1 2 3 4 5 6 7 8 9
```

4.2.2 while 死循环

当 while 循环的判断条件一直为 True 时，while 循环体中的代码就会永远循环下去。例如：

```
while True:
    print("这是一个死循环")
```

输出结果如下：

```
这是一个死循环
这是一个死循环
这是一个死循环
...
```

此时可以通过 Ctrl + C 组合键终止运行。

4.2.3 while…else 语句

while…else 语句的形式如下：

```
while  判断条件:
    代码块
else:
    代码块
```

else 中的代码块会在 while 循环正常执行完的情况下执行，如果 while 循环被 break 语句中断，那么 else 中的代码块不会执行。以下示例是 while 循环正常执行结束的情况(else 中的代码块会被执行)：

```
count = 0
while count <=9:
    print(count, end=' ')
    count += 1
else:
    print('end')
```

执行结果如下：

```
0 1 2 3 4 5 6 7 8 9 end
```

以下示例是 while 循环被中断的情况(else 中的代码块不会被执行):

```
count = 0
while count <=9:
    print(count, end=' ')
    if count == 5:
        break
    count += 1
else:
    print('end')
```

输出结果如下:

```
0 1 2 3 4 5
```

4.2.4 for 循环

for 循环通常用于遍历序列(如列表、元组、字符串、集合、范围和映射对象。for 循环的基本语法格式如下:

```
for 临时变量 in 可迭代对象:
    代码块
```

例如,遍历打印一个列表中的元素,示例代码如下:

```
names = ['Tom', 'Peter', 'Jerry', 'Jack']
for name in names:
    print(name)
```

执行结果如下:

```
Tom
Peter
Jerry
Jack
```

对于序列,也可以通过索引进行迭代,代码如下:

```
names = ['Tom', 'Peter', 'Jerry', 'Jack']
for i in range(len(names)):
    print(names[i])
```

执行结果与上面的相同。

另外,还有 for…else 循环结构,它与 while…else 语句基本一致,这里不再赘述。

4.2.5 循环控制语句

循环控制语句可以更改循环体中程序的执行过程,如中断循环、跳过本次循环。常见的循环控制语句如表 4-1 所示。

表 4-1 常见的循环控制语句

循环控制语句	说明
break	终止整个循环
continue	跳过本次循环，执行下一次循环
Pass	pass 语句是空语句，只是为了保持程序结构的完整性，没有什么特殊含义。pass 语句并不是只能用于循环语句，也可以用于分支语句

例如，遍历 0~9 范围内的所有数字，并通过循环控制语句打印其中的奇数，示例代码如下：

```python
for i in range(10):
    if i % 2 == 0:
        continue
    print(i, end=' ')
```

执行代码，输出结果如下：

```
1 3 5 7 9
```

又如，通过循环控制语句打印一个列表中的前 3 个元素，示例代码如下：

```python
names = ['Tom', 'Peter', 'Jerry', 'Jack', 'Lilly']
for i in range(len(names)):
    if i >= 3:
        break
    print(names[i])
```

执行以上代码，输出结果如下：

```
Tom
Peter
Jerry
```

4.2.6 循环嵌套

循环嵌套是指在一个循环体里面嵌入另一个循环，即 while、while…else、for、for…else 结构互相嵌套。

例如，通过 while 循环打印九九乘法表，示例代码如下：

```python
j = 1
while j <= 9:
    i = 1
    while i <= j:
        print('%d*%d=%d' % (i, j, i*j), end='\t')
        i += 1
    print()
```

```
    j += 1
```

执行以上代码，输出结果如下：

```
1*1=1
1*2=2   2*2=4
1*3=3   2*3=6   3*3=9
1*4=4   2*4=8   3*4=12  4*4=16
1*5=5   2*5=10  3*5=15  4*5=20  5*5=25
1*6=6   2*6=12  3*6=18  4*6=24  5*6=30  *6=36
1*7=7   2*7=14  3*7=21  4*7=28  5*7=35  6*7=42  7*7=49
1*8=8   2*8=16  3*8=24  4*8=32  5*8=40  6*8=48  7*8=56  8*8=64
1*9=9   2*9=18  3*9=27  4*9=36  5*9=45  6*9=54  7*9=63  8*9=72  9*9=81
```

又如，改用 for 循环打印九九乘法表，示例代码如下：

```
for j in range(1, 10):
    for i in range(1, j+1):
        print('%d*%d=%d' % (i, j, i*j), end='\t')
        i += 1
    print()
    j += 1
```

代码执行的输出结果相同。

4.3 本章实战

4.3.1 判断闰年

大家都知道，普通闰年就是能被 4 整除但不能被 100 整除的年份，能被 400 整除的年份是世纪闰年。下面通过分支结构来判断输入的年份是不是闰年。

解决办法一：

(1) 接收年份数值。

(2) 判断年份能不能被 4 整除，如果能，再判断年份能不能被 100 整除。

(3) 如果该年份能被 100 整除，则接着判断是否能被 400 整除。

(4) 能被 4、400 整除的年份，是世纪闰年，否则不是世纪闰年；能被 4 和 100 同时整除的年份不是普通闰年，否则是普通闰年。

程序代码如下：

```
year = int(input("输入年份: "))
if (year % 4) == 0:
  if (year % 100) == 0:
    if (year % 400) == 0:
      print("{}是世纪闰年".format(year)) # 整百年能被 400 整除的是世纪闰年
```

```
        else:
            print("{}不是世纪闰年".format(year))
        else:
            print("{}是普通闰年".format(year))    # 非整百年能被 4 整除的为普通闰年
    else:
        print("{}不是普通闰年".format(year))
```

解决办法二：以上嵌套分支结构使程序代码过于复杂，这里灵活运用运算符，将判断是否闰年的判断表达式写成(year % 4) == 0 and (year % 100) != 0 or (year % 400) == 0，即年份数值不能同时被 4 和 100 整除，或者年份数值能被 400 整除。

程序代码如下：

```
year = int(input("请输入年份："))
if (year % 4) == 0 and (year % 100) != 0 or (year % 400) == 0:
    print("{}是普通闰年或世纪闰年".format(year))
else:
    print("{}不是普通闰年或世纪闰年".format(year))
```

4.3.2 使用 snaps 库制作数字闹钟

我们可以使用循环，通过 snaps 库的 draw_text 函数重复显示时间。下面创建一个程序来显示闹钟消息。现在显示一个时钟，该时钟每秒更新一次。

```
# EG6-18 Digital Clock

import time
import snaps

while True:
    current_time = time.localtime()           #从不终止的循环

    hour_string = str(current_time.tm_hour)   #获取时间
    minute_string = str(current_time.tm_min)
    second_string = str(current_time.tm_sec)  #获得包含时间信息的字符串

    time_string = hour_string+':'+minute_string+':'+second_string
    snaps.display_message(time_string)        #显示时间字符串
    time.sleep(1)                             #将程序暂停 1 秒
```

该程序包含一个循环，它不断地从时钟读取时间并显示出来。它还包含对 sleep 函数的调用，该函数使程序暂停 1 秒。

4.4 本章小结

编程语言中的流程控制语句分为以下几类：顺序语句、分支语句、循环语句。其中，顺序语句不需要单独的关键字来控制，就是从上到下一行一行执行，不需要特殊的说明。分支语句主要用来解决在存在多条执行路径的情况下，选择其中哪条路径来执行。循环语句则用于当满足某种条件时反复执行指定的语句块用，当然，在循环未终止之前，也可以通过 continue 语句跳过本次循环，或者通过 break 语句跳出循环。

任何一门编程语言中，分支结构和循环结构往往都处处用到，一定要牢记、掌握。

4.5 思考与练习

1. 使用 while 循环打印 1~100 的和。
2. 使用 for 循环打印字符 A~Z。
3. 使用 while 循环将 12345 转换为 54321。
4. 使用 while 循环将 12345 转换为'12345'，不要使用字符串。
5. 假设有以下列表：

```
lt = [
    {'name': '田馥甄', 'age': '36', 'info': [('phone', '1383838438'), ('address', '北京')]},
    {'name': '柳岩', 'age': '33', 'info': [('phone', '139809808'), ('address', '河南郑州')]},
    {'name': '林志玲', 'age': '42', 'info': [('phone', '13767655465'), ('address', '河北石家庄')]},
    {'name': '柳慧芬', 'age': '18', 'info': [('phone', '13737623'), ('address', '山东济南')]},
]
```

遍历列表，打印：姓名，年龄，住址，电话。

第 5 章

正则表达式

正则表达式是计算机科学领域中的一个概念。正则表达式使用单个字符串来描述、匹配一系列符合某种句法规则的文本。在很多文本编辑器里,正则表达式通常被用来检索、替换那些匹配某种模式的文本。许多程序设计语言都支持利用正则表达式进行字符串操作。例如,Perl语言中就内建了一个功能强大的正则表达式引擎。正则表达式这个概念最初是从 UNIX 中的工具软件(例如 sed 和 grep)普及开的。正则表达式通常缩写成 regex。

Python 自 1.5 版本起增加了 re 模块,提供了 Perl 风格的正则表达式模式。re 模块使 Python语言拥有全部的正则表达式功能。

可使用 compile 函数根据模式字符串和可选的标志参数生成正则表达式对象。正则表达式对象拥有一系列方法用于正则表达式的匹配和替换。re 模块也提供了与这些方法功能完全一致的函数,这些函数使用模式字符串作为它们的第一个参数。本章主要介绍 Python 中常用的正则表达式处理函数。

本章的学习目标:

- 了解常用元字符的含义及作用;
- 掌握 re 模块中的常用功能函数;
- 能够使用正则来判断一些常用的字符串规则,如手机号码、电子邮箱等。

5.1 认识正则表达式

正则表达式本身是一种小型的、高度专业化的编程语言,在 Python 中,通过内嵌集成 re模块,开发人员可以直接调用来实现正则匹配。正则表达式被编译成一系列的字节码,然后由C 编写的匹配引擎执行。

5.1.1 元字符

首先介绍组成模式字符串的特殊字符,表 5-1 所示为普通字符和元字符。

表 5-1 正则表达式中的普通字符和元字符

字符	含义	模式字符串	匹配字符串
普通字符	匹配自身	abc	abc
.	匹配任意除换行符"\n"外的字符(在 DOTALL 模式中也能匹配换行符	a.c	abc
\	转义字符，使后一个字符改变原来的意思	a\.c;a\\c	a.c;a\c
*	匹配前一个字符 0 次或多次	abc*	ab;abccc
+	匹配前一个字符 1 次或无限次	abc+	abc;abccc
?	匹配一个字符 0 次或 1 次	abc?	ab;abc
^	匹配字符串的开头，在多行模式中匹配每一行的开头	^abc	abc
$	匹配字符串的末尾，在多行模式中匹配每一行的末尾	abc$	abc
|	匹配|左右表达式中的任意一个，从左到右匹配，如果|没有包括在圆括号中，范围是整个正则表达式	abc|def	abcdef
{}	{m}匹配前一个字符 m 次，{m,n}匹配前一个字符 m~n 次。若省略 n，则匹配 m 至无限次	ab{1,2}c	abcabbc
[]	字符集。对应的位置可以是字符集中的任意字符。字符集中的字符可以逐个列出，也可以给出范围，如[abc]或[a-c] [^abc]表示取反，即非 abc 所有特殊字符在字符集中都失去它们原有的特殊含义，用\反斜杠转义恢复特殊字符的特殊含义	a[bcd]e	abeaceade
()	被括起来的表达式将作为分组，从表达式左边开始每遇到一个分组的左括号"("，将编号加 1 分组表达式作为整体，可以后接数量词。表达式中的|仅在分组中有效	(abc){2}a(123|456)c	abcabca456c

这里需要强调一下反斜杠\的作用：

- 反斜杠后面跟元字符，表示去除特殊功能(即将特殊字符转义成普通字符)。
- 反斜杠后面跟普通字符可实现特殊功能(即预定义字符)。

示例如下：

```
>>> import re
>>> a=re.search(r'(tina)(fei)haha\2','tinafeihahafei tinafeihahatina').group()
>>> print(a)
tinafeihahafei
```

5.1.2 预定义字符集

预定义字符集可以写在字符集[...]中，这些字符集如表 5-2 所示。

表 5-2 预定义字符集

字符	含义	模式字符串	匹配字符串
\d	数字：[0~9]	a\bc	a1c
\D	非数字：[^\d]	a\Dc	abc

(续表)

字符	含义	模式字符串	匹配字符串
\s	匹配任何空白字符：[<空格> \t \r \n \f \v]	a\sc	a c
\S	非空白字符：[^\s]	a\Sc	abc
\w	匹配包括下划线在内的任何字符：[A~Z a~z 0~9_]	a\wc	abc
\W	匹配非字母字符，即匹配特殊字符	a\Wc	a c
\A	仅匹配字符串的开头，同^	\Aabc	abc
\Z	仅匹配字符串的结尾，同$	abc\Z	abc
\b	匹配单词边界，匹配的单词边界不包含在匹配中例如，'er\b'可以匹配"never"中的'er'，但不能匹配"verb"中的'er'	\babc\ba\b!bc	(空格)abc(空格) a!bc
\B	[^\b]	a\Bbc	abc

这里需要强调一下对单词边界的理解，示例代码如下：

```
w = re.findall('\btina','tian tinaaaa')
print(w)
s = re.findall(r'\btina','tian tinaaaa')
print(s)
v = re.findall(r'\btina','tian#tinaaaa')
print(v)
a = re.findall(r'\btina\b','tian#tina@aaa')
print(a)
```

执行以上程序，输出结果如下：

```
[]
['tina']
['tina']
['tina']
```

5.1.3　特殊分组用法

正则表达式还可以用于对字符串进行分组匹配，如表 5-3 所示。

表 5-3　分组匹配

字符	含义	模式字符串	匹配字符串
(?P<name>)	分组，除了原有的编号外，再指定一个额外的别名	(?P<id>abc){2}	abcabc
(?P=name)	引用别名为<name>的分组匹配到字符串	(?P<id>\d)abc(?P=id)	1abc1 5abc5
\<number>	引用编号为<number>的分组匹配到字符串	(\d)abc\1	1abc1 5abc5

5.2 re 模块中的常用功能函数

re 模块使 Python 语言拥有全部的正则表达式功能。本节主要介绍 re 模块中的常用功能函数。

5.2.1 re.compile 函数

re.compile 函数主要用于把正则表达式编译成正则表达式对象。可以把那些常用的正则表达式编译成正则表达式对象，这样可以提高一点效率。

re.compile 函数的语法格式如下：

```
re.compile(pattern,flags=0)
```

其中，参数 pattern 指的是编译时用到的表达式字符串。参数 flags 指的是编译标志位，用于修改正则表达式的匹配方式，如是否区分大小写、多行匹配等。常用的标志如表 5-4 所示。

表 5-4　常用的标志

标志	含义
re.S(DOTALL)	匹配包括换行符在内的所有字符
re.I(IGNORECASE)	使匹配对大小写不敏感
re.L(LOCALE)	做本地化识别(locale-aware)匹配
re.M(MULTILINE)	多行匹配，影响^和$
re.X(VERBOSE)	通过给予更灵活的格式以便将正则表达式写得更易于理解
re.U	根据 Unicode 字符集解析字符，这个标志会影响\w、\W、\b、\B

示例程序如下：

```
import re
tt = "Tina is a good girl, she is cool, clever, and so on..."
rr = re.compile(r'\w*oo\w*')
print(rr.findall(tt))      #查找所有包含'oo'的单词
```

执行以上程序，输出结果如下：

```
['good', 'cool']
```

5.2.2 re.match 函数

re.match 函数尝试从字符串的起始位置匹配，如果起始位置匹配不成功的话，就返回 None。语法格式如下：

```
re.match(pattern, string, flags=0)
```

其中，参数 pattern 指的是匹配用的正则表达式；string 指的是要匹配的字符串；flags 指的是标志位，用于控制正则表达式的匹配方式，如是否区分大小写、多行匹配等。

当匹配成功时，re.match 函数返回匹配的对象，否则返回 None。

可以使用 group(num)或 groups()函数来获取匹配表达式，如表 5-5 所示。

表 5-5 group(num)或 groups()函数

函数	描述
group(num=0)	匹配的整个表达式的字符串，对于 group()可以一次输入多个组号。在这种情况下，将返回一个包含那些组所对应值的元组
groups()	返回一个包含所有小组字符串的元组

示例程序如下：

```
import re
print(re.match('www', 'www.runoob.com').span())  # 在起始位置匹配
print(re.match('com', 'www.runoob.com'))          # 不在起始位置匹配
```

执行以上程序，输出结果如下：

```
(0, 3)
None
```

5.2.3 re.search 函数

re.search 函数扫描整个字符串并返回第一个成功的匹配。语法格式如下：

```
re.search(pattern, string, flags=0)
```

其中，pattern 指的是匹配用的正则表达式；string 指的是要匹配的字符串；flags 指的是标志位，用于控制正则表达式的匹配方式，如是否区分大小写、多行匹配等。

当匹配成功时，re.search 函数返回匹配的对象，否则返回 None。和 re.match 函数一样，re.search 函数也可以使用 group(num)或 groups()函数来获取匹配表达式。示例程序如下：

```
import re
print(re.search('www', 'www.runoob.com').span())# 在起始位置匹配
print(re.search('com', 'www.runoob.com').span()) # 不在起始位置匹配
```

执行以上程序，输出结果如下：

```
(0, 3)
(11, 14)
```

re.match 与 re.search 的区别是，re.match 只匹配字符串的开头，如果字符串的开头不符合正则表达式，则匹配失败，返回 None；而 re.search 匹配整个字符串，直到找到匹配。示例程序如下：

```
import re
line = "Cats are smarter than dogs";
matchObj = re.match( r'dogs', line, re.M|re.I)
```

```
if matchObj:
print("match --> matchObj.group() : ", matchObj.group())
else:
print("No match!!")
matchObj = re.search( r'dogs', line, re.M|re.I)
if matchObj:
print("search --> matchObj.group() : ", matchObj.group())
else:
prin( "No match!!")
```

执行以上程序，输出结果如下：

```
No match!!
search --> matchObj.group() :   dogs
```

5.2.4　re.findall 函数

re.findall 函数用于遍历匹配，获取字符串中所有匹配的字符串，返回一个列表。语法格式如下：

```
re.findall(pattern, string, flags=0)
```

例如：

```
p = re.compile(r'\d+')
print(p.findall('o1n2m3k4'))
```

执行以上程序，输出结果如下：

```
['1', '2', '3', '4']
```

又如：

```
import re
tt = "Tina is a good girl, she is cool, clever, and so on..."
rr = re.compile(r'\w*oo\w*')
print(rr.findall(tt))
print(re.findall(r'(\w)*oo(\w)',tt))        #()表示子表达式
```

执行以上程序，输出结果如下：

```
['good', 'cool']
[('g', 'd'), ('c', 'l')]
```

5.2.5　re.finditer 函数

re.finditer()函数用于搜索字符串，返回一个能顺序访问每一个匹配结果(Match 对象)的迭代器。找到匹配的所有子串，并把它们作为一个迭代器返回。语法格式如下：

```
re.finditer(pattern, string, flags=0)
```

示例程序如下：

```
iter = re.finditer(r'\d+','12 drumm44ers drumming, 11 ... 10 ...')
for i in iter:
    print(i)
    print(i.group())
    print(i.span())
```

执行以上程序，输出结果如下：

```
<_sre.SRE_Match object; span=(0, 2), match='12'>
12
(0, 2)
<_sre.SRE_Match object; span=(8, 10), match='44'>
44
(8, 10)
<_sre.SRE_Match object; span=(24, 26), match='11'>
11
(24, 26)
<_sre.SRE_Match object; span=(31, 33), match='10'>
10
(31, 33)
```

5.2.6 re.split 函数

前面已经介绍过，re.split 函数按照能够匹配的子串将字符串分隔后返回。可以使用 re.split 函数来分隔字符串，如 re.split(r'\s+', text)，这会将字符串按空格分隔成一个单词列表。

语法格式如下：

```
re.split(pattern, string[, maxsplit])
```

其中，可选参数 maxsplit 用于指定最大分隔次数，不指定的话将全部分隔。例如：

```
print(re.split('\d+','one1two2three3four4five5'))
```

执行结果如下：

```
['one', 'two', 'three', 'four', 'five', '']
```

5.2.7 re.sub 函数

re.sub 函数使用 re 替换字符串中每一个匹配的子串，然后返回替换后的字符串。语法格式如下：

```
re.sub(pattern, repl, string, count)
```

示例程序如下：

```
import re
text = "JGood is a handsome boy, he is cool, clever, and so on..."
print(re.sub(r'\s+', '-', text))
```

执行以上程序,输出结果如下:

```
JGood-is-a-handsome-boy,-he-is-cool,-clever,-and-so-on...
```

其中,第 2 个参数是替换后的字符串,本例中为'-';第 4 个参数指定替换个数,默认为 0,表示每个匹配项都替换。

另外,re.sub 函数还允许对匹配项的替换进行复杂的处理。例如:

```
re.sub(r'\s', lambda m: '[' + m.group(0) + ']', text, 0);
```

上述语句会将字符串中的空格' '替换为'[ ]'。示例程序如下:

```
import re
text = "JGood is a handsome boy, he is cool, clever, and so on..."
print(re.sub(r'\s+', lambda m:'['+m.group(0)+']', text,0))
```

执行以上程序,输出结果如下:

```
JGood[ ]is[ ]a[ ]handsome[ ]boy,[ ]he[ ]is[ ]cool,[ ]clever,[ ]and[ ]so[ ]on...
```

5.2.8　re.subn 函数

re.subn 函数返回替换次数,语法格式如下:

```
subn(pattern, repl, string, count=0, flags=0)
```

示例程序如下:

```
print(re.subn('[1-2]','A','123456abcdef'))
print(re.sub("g.t","have",'I get A,    I got B ,I gut C'))
print(re.subn("g.t","have",'I get A,    I got B ,I gut C'))
```

执行以上程序,输出结果如下:

```
('AA3456abcdef', 2)
I have A,    I have B ,I have C
('I have A,    I have B ,I have C', 3)
```

5.2.9　注意事项

1. re.match 与 re.search 函数的区别

re.match 函数只匹配字符串的开头,如果字符串的开头不符合正则表达式,则匹配失败,函数返回 None;而 re.search 函数匹配整个字符串,直到找到一个匹配。示例程序如下:

```
a=re.search('[\d]',"abc33").group()
print(a)
p=re.match('[\d]',"abc33")
print(p)
```

执行以上程序，输出结果如下：

```
3
None
```

2. 贪婪匹配与非贪婪匹配

后面不带? 的*、+和?等都是贪婪匹配，也就是尽可能匹配；但后面加上?成为*? 、+? 、? ?后，就变成了非贪婪匹配。示例程序如下：

```
a = re.findall(r"a(\d+?)",'a23b')
print(a)
b = re.findall(r"a(\d+)",'a23b')
print(b)
```

执行以上程序，输出结果如下：

```
['2']
['23']
```

又如：

```
a = re.match('<(.*)>','<H1>title<H1>').group()
print(a)
b = re.match('<(.*?)>','<H1>title<H1>').group()
print(b)
```

执行以上程序，输出结果如下：

```
<H1>title<H1>
<H1>
```

再如：

```
a = re.findall(r"a(\d+)b",'a3333b')
print(a)
b = re.findall(r"a(\d+?)b",'a3333b')
print(b)
```

执行结果如下：

```
['3333']
['3333']
```

这里需要注意的是，如果前后均有限定条件，就不存在什么贪婪模式了，非匹配模式失效。

5.3 本章实战

本节将综合前面介绍的正则表达式相关知识，编写一个可以获取电子邮箱、URL 网址、手机号、IP 地址的程序。

要从文本中提取电子邮箱、URL、手机号、IP 地址等，使用正则表达式非常容易实现。

电子邮箱的形式如下：邮箱名@服务器域名.一级域名.二级域名，例如 admin@example.com.cn。邮箱名和服务器域名可以由大小写字母、数字、连接符(-)、英文点号(.)、下划线(_)组成；域名则用小写字母表示。因此，用于获取电子邮箱的正则表达式为：

```
[a-z0-9\.\-+_]+@[a-z0-9\.\-+_]+\.[a-z]+
```

手机号包括 11 位数字，形如 1XX XXXX XXXX，因此，用于获取手机号的正则表达式可表示为 1\d{10}。如果是国际长途，还需要加上国家区号，此处留给大家思考。

URL 网址的形式如下：协议://www.二级域名.一级域名.顶层域名，例如 https://verify.longleding.com。用于提取 URL 的正则表达式如下：

```
http[s]?://(?:[a-zA-Z]|[0-9]|[$-_@.&+]|[!*,]|(?:%[0-9a-fA-F][0-9a-fA-F]))+|([a-zA-Z]+.\w+\.+[a-zA-Z0-9\/_]+
```

IP 地址有 IPv4 和 IPv6 两种版本，这里以前者为主，形如 192.168.1.1，由四组点分十进制数组成。因此，用于提取 IP 地址的正则表达式如下：

```
\b(?:(?:25[0-5]|2[0-4][0-9]|[01]?[0-9][0-9]?)\.){3}(?:25[0-5]|2[0-4][0-9]|[01]?[0-9][0-9]?)\b
```

程序代码如下：

```python
# encoding: utf-8
import re

# 自定义获取电子邮件的函数
def get_findAll_emails(text):
    """
    :param text: 文本
    :return: 返回电子邮件列表
    """
    emails = re.findall(r"[a-z0-9\.\-+_]+@[a-z0-9\.\-+_]+\.[a-z]+", text)
    return emails

# 自定义获取手机号的函数
def get_findAll_mobiles(text):
    """
    :param text: 文本
    :return: 返回手机号列表
    """
    mobiles = re.findall(r"1\d{10}", text)
    return mobiles
```

```
# 自定义获取 URL 地址的函数
def get_findAll_urls(text):
    """
    :param text: 文本
    :return: 返回 url 列表
    """
    urls=re.findall(r"(http[s]?://(?:[a-zA-Z]|[0-9]|[$-_@.&+]|[!*,]|(?:%[0-9a-fA-F][0-9a-fA-F]))+)|([a-zA-Z]+
.\w+\.+[a-zA-Z0-9\/_]+)",text)
    urls=list(sum(urls,()))
    urls=[x for x in urls if x!=']
    return urls


# 自定义获取 IP 地址的函数
def get_findAll_ips(text):
    """
    :param text: 文本
    :return: 返回 ip 列表
    """
    ips = re.findall(r"\b(?:(?:25[0-5]|2[0-4][0-9]|[01]?[0-9][0-9]?)\.){3}(?:25[0-5]|2[0-4][0-9]|[01]?[0-9][0-9]?)\b",
        text)
    return ips


if __name__ == '__main__':
    content = "Please 47.92.2.58:443 contact 127.0.0.1    15988455173 us 18720071239
https://blog.csdn.net/u013421629/ at https://www.yiibai.com/ contact@qq.com for further information
1973536419@qq.com You can also give feedbacl at feedback@yiibai.com"
    emails=get_findAll_emails(text=content)
    print(emails)
    moblies=get_findAll_mobiles(text=content)
    print(moblies)
    urls=get_findAll_urls(text=content)
    print(urls)
    ips=get_findAll_ips(text=content)
    print(ips)
```

执行以上程序，输出结果如下：

```
===================== RESTART: C:/projects/ch05big.py =====================
['contact@qq.com', '1973536419@qq.com', 'feedback@yiibai.com']
['15988455173', '18720071239']
['Please 47.92', 'contact 127.0', 'https://blog.csdn.net/u013421629/', 'https://www.yiibai.com/', 'contact@qq.com',
'feedback@yiibai.com']
['47.92.2.58', '127.0.0.1']
```

5.4 本章小结

正则表达式使用单个字符串来描述、匹配一系列符合某种句法规则的文本。在很多文本编辑器里，正则表达式通常被用来检索、替换那些匹配某种模式的文本。在 Web 应用中，正则表达式主要用来判断表单输入内容是否符合期望的规则，如电子邮箱格式、网址格式、电话号码格式等。

Python 自 1.5 版本起增加了 re 模块，提供了 Perl 风格的正则表达式模式。re 模块使 Python 语言拥有全部的正则表达式功能。

本章首先介绍了正则表达式的基础内容，包括元字符、预定义字符集和特殊分组用法；其次介绍了 Python 中用于实现正则功能的 re 模块的所有常用功能函数。通过本章的学习，你应能够在实际项目中处理一些基本且常见的字符模式匹配需求。

5.5 思考与练习

1. 举一个例子，使用正则表达来处理转义字符。
2. 判断字符串是否全部小写。
3. 使用正则表达式，提取首字母的缩写词。例如，假设字符串为 Federal Emergency Management Agency，那么提取到的首字母为 FEMA。
4. 在处理自然语言时，如果以逗号分隔较大的数字，就会出现问题。好好的数字就被逗号肢解了，因此，可以先下手把数字处理干净(去掉逗号)。
5. 将中文表示的年份转换成数字表示的年份，例如，将"一九四九年"转换为"1949 年"。
6. 输入手机号码，判断手机号码是否为 11 位，以及是否为 1 开头的数字。
7. 给定一串字符，判断是否是手机号。
8. 请尝试写一个验证电子邮箱的正则表达式。

版本一：可以验证出类似的电子邮箱：

```
someone@gmail.com
bill.gates@microsoft.com
```

版本二：可以提取出带名字的电子邮箱。

```
tom@voyager.org => Tom Paris
bob@example.com => bob
```

第 6 章

函　　数

函数是程序设计的重要部分之一。函数是组织好的、可重复使用的、用来实现单一或相关联功能的代码段。可使用函数将一个大型解决方案分解为多个组件，并创建可供程序使用的行为库。前面介绍的程序曾用到 Python 提供的函数(如 print 函数)。本章将学习如何创建和使用自己的函数。你将学习如何为函数提供要处理的数据，以及程序如何接收函数返回的结果。函数使程序变得更简洁，更易于管理。

本章的学习目标：
- 掌握创建函数、调用函数的方法；
- 掌握如何向函数传递参数；
- 了解函数如何返回值，如何使用返回值；
- 了解函数内变量的作用域；
- 了解匿名函数的定义和使用。

6.1　函数的创建和调用

函数是组织好的、可重复使用的、用来实现单一或相关联功能的代码段，能提高应用的模块性和代码的重复利用率。Python 提供了许多内建函数，比如 print 函数。也可以自己创建函数，称为用户自定义函数。

6.1.1　创建函数

创建函数时使用 def 关键字，一般格式如下：

```
def 函数名(参数列表):
    函数体
```

默认情况下，参数值和参数名称是按函数声明中定义的顺序匹配起来的。

在定义想要的功能函数时，需要遵从以下原则：
- 函数代码块以 def 关键字开头，后接函数标识符名称和一对圆括号()。
- 传入的任何参数和自变量必须放在一对圆括号之间，在这对圆括号之间可以定义参数。

- 函数的第一行语句可以选择性地使用文档字符串——用于存放函数说明。
- 函数内容以冒号起始，并且缩进。
- 使用"return[表达式]"形式结束函数，选择性地返回一个值给调用方。不带表达式的 return 语句相当于返回 None。

创建函数的示例如下：

```python
def hello():
    print("Hello World")

hello()
```

程序输出如下：

```
Hello World!
```

以上创建的 hello 函数没有参数传递。实际上，Python 和其他编程语言一样，其函数是可以传递参数的，示例如下：

```python
# 面积计算函数
def area(width, height):
    return width * height

def print_welcome(name):
    print("Welcome", name)

print_welcome("Runoob")
w = 4
h = 5
print("width =", w, " height =", h, " area =", area(w, h))
```

执行以上程序，输出结果如下：

```
Welcome Runoob
width = 4    height = 5    area = 20
```

6.1.2 调用函数

创建函数后，也就同时给了函数名称，指定了函数里包含的参数和代码块结构，函数的基本结构就完整了。接下来，这个函数可以通过另一个函数调用执行，也可以直接从 Python 命令提示符执行。

在调用函数的时候，需要知道函数的名称和参数，例如：

```python
print(my_abs(-3))
```

执行函数，输出结果为 3。

Python 内置了很多有用的函数，可以直接调用，比如上面求绝对值的函数 abs，它只有一个参数。

函数名其实就是指向函数对象的引用，完全可以把函数名赋给变量，这相当于给函数起了"别名"，例如：

```
a = abs      #变量 a 指向 abs 函数
print(a(-2))  #通过变量 a 调用 abs 函数
```

执行程序，输出结果为 2。

在调用函数的时候，如果传入的参数数量不正确，就会出现 TypeError 错误，并且会给出提示。例如，函数 abs 只能接收一个参数，传入两个就会报错：

```
>>> print(abs(-1,-2))
Traceback (most recent call last):
  File "<pyshell#0>", line 1, in <module>
    print(abs(-1,-2))
TypeError: abs() takes exactly one argument (2 given)
```

如果传入的参数类型不对，也会出现 TypeError 错误，并且会给出提示。例如，下面给求绝对值的函数 abs 提供一个字符串参数：

```
>>> print(abs('ss'))
Traceback (most recent call last):
  File "<pyshell#1>", line 1, in <module>
    print(abs('ss'))
TypeError: bad operand type for abs(): 'str'
```

调用函数时，参数个数不对时，Python 解释器会自动检测出来，并抛出 TypeError 错误。但是，如果参数类型错了，Python 解释器有时无法帮忙检测出来，例如下面的函数：

```
def my_abs(x):
  if x:
    return x
  else:
    return -x
my_abs('1')
```

执行程序，没有任何报错。对以上程序进行修改，首先用内置函数 isinstance 判断参数的类型。如果是非数值型，则提示参数类型错误，代码如下：

```
def my_abs(x):
  if not isinstance(x,(int,float)):
    raise TypeError('bad operand type')
  if x:
    return x
  else:
    return -x
my_abs('1')
```

执行以上程序，报错信息如下：

```
Traceback (most recent call last):
    File "D:/pyproject/argtype_function.py", line 8, in <module>
        my_abs('1')
    File "D:/pyproject/argtype_function.py", line 3, in my_abs
        raise TypeError('bad operand type')
TypeError: bad operand type
```

6.2 参数传递

在 Python 中，所有参数(变量)都按引用传递。如果在一个函数中修改参数，那么在调用这个函数的函数里，原始参数也就变了。示例程序如下：

```python
#!/usr/bin/python3

global_val1 = "这是一个全局变量";

#area 默认参数
def area(w,h,area=100):
    areaVal=w*h        #函数内是局部变量
    print(global_val1)
    return areaVal;

w=4;
h=5;
print("w=",w,"h=",h,"area=",area(w,h))

def changeVal(mylist):
    #修改值
    mylist.append([4,5,6]);
    print("函数内取值",mylist)
    return ;

#调用
mylist=[1,2,3]
changeVal(mylist);
print("函数外取值",mylist);

#匿名函数
sum=lambda arg1,arg2:arg1+arg2;
print("相加的值为：",sum(1,2));
```

执行以上程序，输出结果如下：

```
这是一个全局变量
w= 4 h= 5 area= 20
```

函数内取值 [1, 2, 3, [4, 5, 6]]
函数外取值 [1, 2, 3, [4, 5, 6]]
相加的值为：3

6.2.1　不可变类型参数和可变类型参数

在 Python 中，类型属于对象，变量是没有类型的。例如：

```
a=[1,2,3]
a="Runoob"
```

在这里，[1,2,3]是列表类型，"Runoob"是字符串类型，而变量 a 没有类型，仅仅是对象的引用(指针)，可以指向列表对象，也可以指向字符串对象。

在 Python 中，字符串、元组和数字是不可变类型，而列表，字典等则是可以修改的可变类型。

- 不可变类型：进行变量赋值 a=5 后，再赋值 a=10，这实际上会新生成 int 对象 10，再让 a 指向它，而 5 被丢弃，这不是改变 a 的值，而相当于新生成了 a。
- 可变类型：进行变量赋值 la=[1,2,3,4]后，再赋值 la[2]=5，这会更改列表对象 la 的第三个元素，la 本身没变，只是内部的一部分值被修改了。

使用这两种类型的对象作为函数的参数时，效果是不一样的，区别如下。

- 不可变类型：类似于 C++的值传递，如整数、字符串、元组。例如 fun(a)，传递的只是 a 的值，不影响 a 本身。又如，在 fun(a)内部修改 a 的值，只是修改另一个复制的对象，不会影响 a 本身。
- 可变类型：类似于 C++的引用传递，如列表、字典。例如 fun(la)，则是将 la 真正传过去，修改后，fun 外部的 la 也会受到影响。

Python 中的一切都是对象，从严格意义上不能说是值传递还是引用传递，应该说传不可变对象和传可变对象。

当传不可变对象为函数参数时，示例如下：

```
def ChangeInt(a):
    a = 10
b = 2
ChangeInt(b)
print(b)    # 结果是 2
```

上述示例中有 int 对象 2，指向它的变量是 b，在传递给 ChangeInt 函数时，按传值方式复制了变量 b，a 和 b 都指向同一个 Int 对象，在 a=10 时，则新生成一个 int 对象 10，并让 a 指向它。

当传可变对象为函数参数时，可变对象在函数里修改了参数，那么在调用这个函数的函数里，原始参数也变了。例如：

```
def changeme(mylist):
    #修改传入的列表
    mylist.append([1,2,3,4])
```

```
        print ("函数内取值: ", mylist)
        return
# 调用 changeme 函数
mylist = [10,20,30]
changeme(mylist)
print ("函数外取值: ", mylist)
```

执行以上程序，输出结果如下：

```
函数内取值: [10, 20, 30, [1, 2, 3, 4]]
函数外取值: [10, 20, 30, [1, 2, 3, 4]]
```

从输出结果可以看出，传入函数的和在末尾添加新内容的对象用的是同一个引用。

6.2.2　参数形式

调用函数时可使用的正式参数类型：

- 必需参数
- 关键字参数
- 默认参数
- 不定长参数

1. 必需参数

必需参数必须以正确的顺序传入函数。调用时的数量必须和声明时的一样。

例如以下示例中，调用 printme 函数时，必须传入一个参数，不然会出现语法错误：

```
def printme( str ):
"打印任何传入的字符串"
print (str)
return
#调用 printme 函数
printme()
```

执行以上程序，输出结果如下：

```
Traceback (most recent call last):
    File "test.py", line 10, in <module>
        printme()
TypeError: printme() missing 1 required positional argument: 'str'
```

2. 关键字参数

关键字参数和函数调用关系紧密，函数调用使用关键字参数来确定传入的参数值。使用关键字参数允许函数调用时参数的顺序与声明时的不一致，因为 Python 解释器能够用参数名匹配参数值。

以下示例在调用函数 printme()时使用参数名：

```
def printme( str ):
"打印任何传入的字符串"
print(str)
return
#调用 printme 函数
printme(str = "菜鸟教程")
```

执行以上程序，输出结果如下：

```
菜鸟教程
```

以下示例中演示了函数参数的使用不需要按照指定顺序：

```
def printinfo( name, age ):
"打印任何传入的字符串"
print("名字: ", name)
print("年龄: ", age)
return
#调用 printinfo 函数
printinfo(age=50, name="runoob")
```

执行以上程序，输出结果如下：

```
名字:  runoob
年龄:  50
```

3. 默认参数

调用函数时，如果没有传递参数，则会使用默认参数。以下示例中如果没有传入 age 参数，则使用默认值：

```
def printinfo(name, age = 35):
"打印任何传入的字符串"
print ("名字: ", name)
print ("年龄: ", age)
return
#调用 printinfo 函数
printinfo(age=50, name="runoob")
print ("-----------------------")
printinfo(name="runoob")
```

执行以上程序，输出结果如下：

```
名字: runoob
年龄: 50
-----------------------
名字: runoob
年龄: 35
```

4. 不定长参数

实际开发中，有时需要函数能处理的参数比当初声明时更多。这些参数叫作不定长参数，和上述几种参数不同，不定长参数在声明时不会命名。基本语法如下：

```
def functionname([formal_args,] *var_args_tuple ):
    "函数_文档字符串"
    function_suite
    return [expression]
```

加了星号*的参数会以元组的形式导入，存放所有未命名的变量参数。例如：

```
def printinfo(arg1, *vartuple):
"打印任何传入的参数"
print("输出: ")
print(arg1)
print(vartuple)
# 调用 printinfo 函数
printinfo(70, 60, 50)
```

执行以上程序，输出结果如下：

```
输出:
70
(60, 50)
```

如果在调用函数时没有指定参数，它就是一个空元组。我们也可以不向函数传递未命名的变量。例如：

```
def printinfo(arg1, *vartuple ):
"打印任何传入的参数"
print("输出: ")
print(arg1)
for var in vartuple:
print(var)
return
# 调用 printinfo 函数
printinfo(10)
printinfo(70, 60, 50)
```

执行以上程序，输出结果如下：

```
输出:
10
输出:
70
60
50
```

还有一种情况就是参数带两个星号**，基本语法如下：

```
def functionname([formal_args,] **var_args_dict ):
    "函数_文档字符串"
    function_suite
    return [expression]
```

加了两个星号 ** 的参数会以字典的形式导入。例如：

```
def printinfo(arg1, **vardict):
"打印任何传入的参数"
print("输出: ")
print(arg1)
print(vardict)
# 调用 printinfo 函数
printinfo(1, a=2,b=3)
```

执行以上程序，输出结果如下：

```
输出:
1
{'a': 2, 'b': 3}
```

声明函数时，参数中的星号*可以单独出现。例如：

```
def f(a,b,*,c):
    return a+b+c
```

单独出现星号*的参数必须用关键字传入。例如：

```
>>> def f(a,b,*,c):
...     return a+b+c
...
>>> f(1,2,3)    # 报错
Traceback(most recent call last):
    File "<stdin>", line 1, in <module>
TypeError: f() takes 2 positional arguments but 3 were given
>>> f(1,2,c=3) # 正常
6
```

6.3　返回值

函数可以返回单一值，也可以返回多个值。函数返回值主要通过 return 语句实现。

6.3.1　return 语句

"return [表达式]" 语句用于退出函数，并选择性地向调用方返回一个表达式。不带表达式的 return 语句返回 None。之前的例子都没有示范如何返回数值，以下示例演示了 return 语句的

用法:

```
def sum(arg1, arg2):
# 返回两个参数的和"
total = arg1 + arg2
print("函数内: ", total)
return total
# 调用 sum 函数
total = sum(10, 20)
print("函数外: ", total)
```

执行以上程序,输出结果如下:

```
函数内: 30
函数外: 30
```

6.3.2   返回多个值

函数可以返回多个值。例如,定义函数 quadratic(a, b, c),它接收 3 个参数,返回一元二次方程: $ax^2 + bx + c = 0$ 的两个解,程序代码如下:

```
import math
def quadratic(a,b,c):
   d = b**2-4*a*c
   if d < 0 :
      return print("次方程无解")
   x1 = (-b+math.sqrt(d))/(2*a)
   x2 = (-b-math.sqrt(d))/(2*a)
   return x1,x2
a,b = quadratic(2, 3, 1)
print(a,b)
```

执行以上程序,输出结果如下:

```
-0.5 -1.0
```

注意,虽然看着像返回了两个值 a 和 b,但其实 Python 函数返回的仍然是单一值。在交互式命令行下测试:

```
>>> r = quadratic(2,3,1)
>>> print(r)
(-0.5, -1.0)
```

输出的返回值是一个元组,但是在语法上,返回一个元组时可以省略圆括号,而多个变量可以同时接收一个元组,按位置赋给对应的值。所以,函数返回多个值其实就是返回一个元组,但写起来更方便。

6.4 变量的作用域

Python 中，程序中的变量并不是在哪个位置都可以访问的，访问权限决定于变量是在哪里赋值的。

变量的作用域决定了在哪一部分程序可以访问哪个特定的变量。Python 的作用域一共有 4 种，分别如下。

- L(Local)：局部作用域。
- E(Enclosing)：嵌套作用域。
- G(Global)：全局作用域。
- B(Built-in)：内建作用域。

以 L→E→G→B 的规则查找，在局部作用域找不到，就去局部作用域外的局部作用域找(例如闭包)，再找不到，就去全局作用域找，最后去内建作用域找。

```
x = int(2.9)        # 内建作用域
g_count = 0         # 全局作用域
def outer():
    o_count = 1     # 闭包函数外的函数
    def inner():
        i_count = 2# 局部作用域
```

Python 中，只有模块(module)、类(class)以及函数(def、lambda)才会引入新的作用域，其他的代码块(如 if/elif/else/、try/except、for/while 等)不会引入新的作用域。也就是说，在这些语句内定义的变量，在外部也可以访问，示例如下：

```
>>> if True:
...     msg = 'I am from Runoob'
...
>>> msg
'I am from Runoob'
```

上述示例中，msg 变量定义在 if 语句块中，但在外部也可以访问。

如果将变量 msg 定义在函数中，则它就是局部变量，在外部不能访问：

```
>>> def test():
...     msg_inner = 'I am from Runoob'
...
>>> msg_inner
Traceback (most recent call last):
  File "<stdin>", line 1, in <module>
NameError: name 'msg_inner' is not defined
```

从报错的信息上看，说明 msg_inner 未定义，无法使用，因为它是局部变量，仅在函数内可以使用。

6.4.1 全局变量和局部变量

定义在函数内部的变量拥有局部作用域，定义在函数外部的变量拥有全局作用域。

局部变量只能在声明它的函数内部访问，而全局变量可以在整个程序范围内访问。调用函数时，在函数内部声明的所有变量都将被加入函数的作用域中。例如：

```
total = 0              # 这是一个全局变量
# 可写函数说明
def sum(arg1, arg2):
#返回两个参数的和"
total = arg1 + arg2   # total 在这里是局部变量
print("函数内是局部变量: ", total)
return total
#调用 sum 函数
sum(10, 20)
print("函数外是全局变量: ", total)
```

执行以上程序，输出结果如下：

```
函数内是局部变量: 30
函数外是全局变量: 0
```

6.4.2 global 和 nonlocal 关键字

当内部作用域想修改外部作用域的变量时，就要用到 global 和 nonlocal 关键字了。

以下示例会修改全局变量 num：

```
num = 1
def fun1():
global num     # 需要使用 global 关键字来声明
print(num)
num = 123
print(num)
fun1()
print(num)
```

执行以上程序，输出结果如下：

```
1
123
123
```

如果要修改嵌套作用域中的变量，则需要使用 nonlocal 关键字，示例如下：

```
def outer():
num = 10
def inner():
nonlocal num            # 使 nonlocal 关键字进行声明
```

```
num = 100
print(num)
inner()
print(num)
outer()
```

执行以上程序，输出结果如下：

```
100
100
```

还有一种特殊情况，假设执行下面这段代码：

```
a = 10
def test():
a = a + 1
print(a)
test()
```

执行以上程序，报错信息如下：

```
Traceback (most recent call last):
    File "test.py", line 7, in <module>
        test()
    File "test.py", line 5, in test
        a = a + 1
UnboundLocalError: local variable 'a' referenced before assignment
```

错误信息为局部作用域引用错误，因为 test 函数中的变量 a 使用的是局部作用域，未定义，无法修改。

修改 a 为全局变量，作为函数参数传递，使程序可以正常执行：

```
a = 10
def test(a):
a = a + 1
print(a)
test(a)
```

执行程序，输出结果如下：

```
11
```

6.5　匿名函数(lambda)

Python 使用 lambda 来创建匿名函数。

所谓匿名，意即不再使用 def 语句这样的标准形式来定义函数。

lambda 只是一个表达式，函数体简单很多。

lambda 的主体是一个表达式，而不是一个代码块。仅仅能在 lambda 表达式中封装有限的逻辑。

匿名函数拥有自己的名称空间，且不能访问自己参数列表之外或全局名称空间里的参数。

虽然匿名函数看起来只能写一行，但却不等同于 C 或 C++的内联函数，后者的目的是调用小函数时不占用栈内存，从而提高运行效率。

匿名函数的语法如下，只包含一条语句：

```
lambda [arg1 [,arg2,.....argn]]:expression
```

示例如下：

```
sum = lambda arg1, arg2: arg1 + arg2
# 调用 sum 函数
print("相加后的值为: ", sum(10, 20))
print("相加后的值为: ", sum(20, 20))
```

执行程序，输出结果如下：

```
相加后的值为: 30
相加后的值为: 40
```

6.6 Collatz 序列

前面介绍了如何使用 Python 语言创建函数，如何向函数传递参数，不可变类型参数和可变类型参数的工作原理，函数中用到的变量的作用域，以及函数如何将处理结果返回给调用程序。

本节将研究所谓的"Collatz 序列"，它有时也被称为"最简单的、不可能的数学问题"。

综合以上所学，本节就来编写一个名为 collatz 的函数，它有一个名为 number 的参数。如果这个参数是偶数，那么 collatz 函数就打印 number//2，并返回结果。如果这个参数是奇数，collatz 函数就打印并返回 3*number +1。

然后编写一个程序，让用户输入一个整数，并不断对这个整数调用 collatz 函数，直到该函数返回值 1。令人惊奇的是，这个序列对于任何整数都有效，利用这个序列，迟早会得到 1！即使数学家也不能确定这到底是为什么。

需要注意的是，在实现过程中，一定要记得将 input 函数的返回值用 int 函数转成整数，否则它会是一个字符串。

如果 number % 2 == 0，整数 number 就是偶数。如果 number % 2 == 1，整数 number 就是奇数。

编写程序如下：

```
def collatz(number):
    if number == 1:
        return 1
    elif number % 2 == 0:
        return number // 2
    elif number % 2 == 1:
        return 3*number + 1
print(collatz(18))
print(collatz(17))
```

以上程序没有异常捕获代码。下面为前面的代码添加 try 和 except 语句，检测用户是否输入了一个非整数的字符串。正常情况下，int 函数在传入一个非整数的字符串时，会产生 ValueError 错误，比如 int('puppy')。在 except 子句中，向用户输出一条信息，告诉他们必须输入一个整数。程序如下：

```
def collatz(number):
    if number == 1:
        return 1
    elif number % 2 == 0:
        numbers = number // 2
        print(numbers)
        collatz(numbers)
    elif number % 2 == 1:
        numbers = 3*number + 1
        print(numbers)
        collatz(numbers)
try:
    number = int(input("请输入一个整数->:"))
    collatz(number)
except ValueError:
    print("请输入一个整数")
```

编写完程序后，大家可以运行程序，输入一个整数，执行程序，查看输出结果。

6.7 本章小结

在 Python 编程中，函数是用来封装独立功能或方法的最佳选择。本节详细介绍了函数的创建和调用。函数在使用过程中，可以接收外部传来的参数。函数参数分为两类：一类是不可变类型参数，另一类是可变类型参数。在函数中也可以声明变量。变量的作用域有局部作用域和全局作用域，局部变量只在函数内生效，而全局变量在函数外也可以使用。函数执行功能代码块后，可以通过 return 语句将需要的数据返回给调用方。

除了显式声明的函数外，Python 还允许匿名函数的存在。

本章在最后综合运用函数的基础知识实现了 Collatz 序列。

6.8 思考与练习

1. 编写 Python 函数，计算所传入字符串中数字、字母、空格以及其他字符的个数。

2. 编写 Python 函数，判断用户所传入对象的长度是否大于 5。

3. 编写 Python 函数，检查元素是否是空的。

4. 编写 Python 函数，检查所传入列表的长度，若大于 2，保留前两个长度的内容，并将新内容返回给调用方。

5. 编写 Python 函数，找出奇数索引的元素并插入新的列表中。

6. 检查传入的每个字典的 value 长度，如果大于 2，保留前两个长度的内容，并将新内容返回给调用方。

7. 利用递归获取斐波那契数列中的第 10 个数。

8. 编写装饰器，为多个函数加上认证功能(用户名和密码来源于文件)，要求登录成功一次，后续函数都无须再输入用户名和密码。

第 7 章

面向对象编程

面向对象编程(Object Oriented Programming，OOP)的思想主要针对大型软件设计而提出，使得软件更加灵活，能够很好地支持代码复用和设计复用，代码具有更好的可读性和可扩展性，大幅降低了软件开发的难度。面向对象编程的一个关键性观念是将数据以及对数据的操作封装一起，组成一个相互依存、不可分割的整体，即对象，不同对象之间通过消息机制进行通信或同步。对相同类型的对象进行分类、抽象后，得出共同的特征，从而形成"类"。面向对象编程的关键就在于如何合理地定义这些类并且合理组织多个类之间的关系。

Python 是真正面向对象的高级动态编程语言，完全支持面向对象的基本功能，如封装、继承、多态以及对基类方法的覆盖或重写。Python 中对象的概念很广泛，Python 中的一切内容都可以称为对象，函数也是对象。创建类时使用变量形式表示对象特征的成员称为数据成员，用函数形式表示对象行为的成员称为成员方法，数据成员和成员方法统称为类的成员。

本章的学习目标：
- 掌握类的定义和使用；
- 掌握类的私有成员和公有成员的定义和使用；
- 掌握数据成员的定义和使用；
- 掌握使用方法来描述对象具有的行为；
- 掌握属性的定义和使用；
- 掌握类的封装以及类之间的继承、多态；
- 了解类的专有方法。

7.1 面向对象概述

Python 是一门面向对象编程语言，使用面向对象语言编码的过程叫作面向对象编程。

面向对象编程是一种程序设计思想，这种思想把对象作为程序的基本单元，对象包含数据和操作数据的函数。

面向对象编程把计算机程序视为一组对象的集合，每个对象都可以接收其他对象发送过来的消息，并处理这些消息，计算机程序的执行就是一系列消息在各个对象之间的传递。

在 Python 中，所有数据类型都被视为对象，也可以自定义对象。自定义对象的数据类型就是面向对象中的类。

7.1.1　面向对象术语简介

Python 从设计之初就已经是一门面向对象的语言，正因为如此，在 Python 中创建类和对象是很容易的。本节将简要介绍 Python 面向对象编程。

在正式介绍面向对象编程之前，先介绍面向对象编程中的一些术语，从而在头脑里形成基本的面向对象概念，这样有助于接下来的 Python 面向对象编程学习。

面向对象编程中的基本术语如下。

- 类(Class)：用来描述具有相同的属性和方法的对象的集合。类定义了这种集合中每个对象所共有的属性和方法。对象是类的实例。
- 方法：类中定义的函数。
- 类变量：类变量在整个实例化的对象中是公用的。类变量定义在类中且在函数体之外。类变量通常不作为实例变量使用。
- 数据成员：类变量或实例变量用于处理类及实例对象的相关数据。
- 方法重写：如果从父类继承的方法不能满足子类的需求，可以对其进行改写，这个过程叫作方法覆盖(Override)，也称为方法重写。
- 局部变量：定义在方法中的变量，只作用于当前实例的类。
- 实例变量：在类的声明中，属性是用变量来表示的。这种变量就称为实例变量，它们虽然在类声明的内部，但却在类的其他成员方法之外声明。
- 继承：继承就是用派生类继承基类的字段和方法。继承也允许把派生类对象作为基类对象对待。例如，有这样一种设计，Dog 类派生自 Animal 类，这模拟的是"是一个"(is-a)关系(例如，狗是一种动物)。
- 实例化：创建类的实例。
- 对象：通过类定义的数据结构实例，对象包括数据成员(类变量和实例变量)和方法。

和其他编程语言相比，Python 在尽可能不增加新的语法和语义的情况下加入了类机制。

Python 中的类提供面向对象编程的所有基本功能：类的继承机制允许多个基类，派生类可以覆盖基类中的任何方法，方法中可以调用基类中的同名方法，对象可以包含任意数量和类型的数据。

7.1.2　类的定义

在 Python 语言中定义类的语法格式如下：

```
class ClassName:
    <statement-1>
    ……
    <statement-N>
```

对类实例化之后，可以使用类的属性。实际上，创建一个类之后，就可以通过类名访问其属性。示例代码如下：

```
class MyClass(object):
    i = 123
    def f(self):
        return "hello world"
```

由代码片段和类的定义可以看到，在 Python 中定义类时使用 class 关键字，class 后面紧接着是类名，如本例中的 MyClass，类名通常是大写开头的单词；紧接着是"(object)"，表示这个类是从哪个类继承而来的。通常，如果没有合适的继承类，就使用 object 类，这是所有类最终都会继承的类。类包含属性(相当于函数中的语句)和方法(类中的方法大体可以理解成前面介绍的函数)。

注意：

在类中定义方法的形式和函数差不多，但不称为函数，而称为方法。方法的调用需要绑定到特定对象上，而函数不需要。后面将会逐步介绍方法的调用方式。

7.1.3　类的使用

本节简单讲述类的使用。示例代码如下：

```
#!/usr/bin/python3
#-*-coding:UTF-8-*-

class MyClass(object):
    i = 123
    def f(self):
        return "hello world"

use_class = MyClass()
print('调用类的属性：',use_class.i)
print('调用类的方法：',use_class.f())
```

执行以上程序，输出结果如下：

```
调用类的属性：123
调用类的方法：hello world
```

由代码中的调用方式可知，类的使用比函数调用多了若干操作，调用类时需要执行如下操作：

```
use_class = MyClass()
```

这叫作类的实例化，即创建类的实例。此处得到的是 use_class 变量称为类的具体对象。再看后面两行调用：

```
print('调用类的属性：',use_class.i)
print('调用类的方法：',use_class.f())
```

这里第一行调用中的 use_class.i 用于调用类的属性，也就是前面提到的类变量。第二行调用中的 use_class.f()用于调用类的方法。

类对象支持两种操作：属性引用和实例化。属性引用的标准语法如下：

```
obj.name
```

语法中的 obj 代表类对象，name 代表属性。

7.1.4　类的方法

在类的内部，使用 def 关键字来定义方法，与一般的函数定义不同，类的方法必须包含参数 self，且为第一个参数，self 代表的是类的实例。示例程序如下：

```
#类定义
class people:
    #定义基本属性
    name = ''
    age = 0
    #定义私有属性，私有属性在类的外部无法直接访问
    __weight = 0
    #定义构造方法
    def __init__(self,n,a,w):
        self.name = n
        self.age = a
        self.__weight = w
    def speak(self):
        print("%s 说: 我%d 岁。" %(self.name,self.age))

# 实例化类
p = people('runoob',10,30)
p.speak()
```

执行以上程序，输出结果如下：

```
runoob 说: 我 10 岁。
```

在以上示例中，在类中定义 speak()方法时带了 self 参数，该参数在方法中并没有被调用，是否可以不要呢？另外，调用 speak()方法时没有传递参数，这是否表示参数可以传递也可以不传递呢？

在类中定义方法的要求：在类中定义方法时，第一个参数必须是 self。除第一个参数外，类的方法和普通函数没有什么区别，比如可以使用默认参数、可变类型参数、关键字参数和命名关键字参数等。

在类中调用方法的要求：要调用方法，在实例变量上直接调用即可。除了 self 参数不用传入，其他参数正常传入。

7.2 深入介绍类

前面介绍了类的定义和使用，本节将深入介绍类的相关内容，如类的构造方法(又称构造函数)和访问权限控制。

7.2.1 类的构造方法

从以上示例程序中可以看到，类中有一个名为__init__()的特殊方法(构造方法)，该方法在对类实例化时会自动调用，像下面这样：

```
def __init__(self,n,a,w):
    self.name = n
    self.age = a
    self.__weight = w
```

为类定义了__init__()方法后，类的实例化操作会自动调用__init__()方法。以下实例化类MyClass，对应的__init__()方法就会被调用：

```
x = MyClass()
```

当然，__init__()方法可以有参数，参数通过__init__()传递到类的实例化操作上。例如：

```
class Complex:
    def __init__(self, realpart, imagpart):
        self.r = realpart
        self.i = imagpart
x = Complex(3.0, -4.5)
print(x.r, x.i)   # 输出结果：3.0   -4.5
```

需要注意的是，self 代表类的实例而非类。类的方法与普通函数只有一个特殊的区别——它们必须有额外的第一个参数名称，按照惯例名称是 self。例如：

```
class Test:
    def prt(self):
        print(self)
        print(self.__class__)


t = Test()
t.prt()
```

执行以上程序，输出结果如下：

```
<__main__.Test instance at 0x100771878>
__main__.Test
```

从执行结果可以很明显地看出，self 代表的是类的实例，代表当前对象的地址，而 self.class 则指向类。

self 不是 Python 关键字，把它换成 runoob 也是可以正常执行的。例如：

```
class Test:
    def prt(runoob):
        print(runoob)
        print(runoob.__class__)

t = Test()
t.prt()
```

执行以上程序，输出结果如下：

```
<__main__.Test instance at 0x100771878>
__main__.Test
```

在定义类时，若不显式地定义__init__()方法，则程序默认调用无参的__init__()方法。例如，以下两段代码的使用效果一样：

```
#!/usr/bin/python3
#-*-coding:UTF-8-*-
#程序一
class DefaultInit(object):
    def __init__(self):
        print('类实例化时执行我，我是__init__()方法。')
    def show(self):
        print('我是类中定义的方法，需要通过实例化对象来调用。')
test = DefaultInit()
print('类实例化结束')
test.show()
```

执行以上程序，输出结果如下：

```
类实例化时执行我，我是__init__()方法。
类实例化结束
我是类中定义的方法，需要通过实例化对象来调用。
```

另一段代码如下：

```
#!/usr/bin/python3
#-*-coding:UTF-8-*-

class DefaultInit(object):
    def show(self):
        print('我是类中定义的方法，需要通过实例化对象来调用。')

test = DefaultInit()
print('类实例化结束')
test.show()
```

执行以上程序，输出结果如下：

类实例化结束
我是类中定义的方法，需要通过实例化对象来调用。

由上面两段代码的输出结果可以看到，当代码中定义了__init__()方法时，实例化类时会调用该方法；若没有定义__init__()方法，实例化类时也不会报错，此时调用默认的__init__()方法。

在 Python 中定义类时若没有定义构造方法，则在实例化类时调用默认的构造方法。另外，__init__()方法可以有参数，参数通过__init__()传递到类的实例化操作上。

既然__init__()方法是 Python 中的构造方法，那么是否可以在一个类中定义多个构造方法呢？首先来看下面的 3 段代码。

程序 1：

```python
#!/usr/bin/python3
#-*-coding:UTF-8-*-

class DefaultInit(object):
    def __init__(self):
        print('我是不带参数的__init__()方法')

DefaultInit()
print('类实例化结束')
```

运行以上程序，输出结果如下：

我是不带参数的__init__()方法
类实例化结束

程序 2：

```python
#!/usr/bin/python3
#-*-coding:UTF-8-*-

class DefaultInit(object):
    def __init__(self):
        print('我是不带参数的__init__()方法')

    def __init__(self,param):
        print('我是带一个参数的__init__()方法，参数值为：',param)

DefaultInit('hello')
print('类实例化结束')
```

执行以上程序，输出结果如下：

我是带一个参数的__init__()方法，参数值为：hello
类实例化结束

由执行结果可以看出，调用的是带 param 参数的构造方法。若把类的实例化语句改为：

```
DefaultInit()
```

执行结果如下：

```
Traceback (most recent call last):
    File "D:/pyproject/ch07program2.py", line 11, in <module>
      DefaultInit()
TypeError: __init__() missing 1 required positional argument: 'param'
```

由此可见，实例化类时只能调用带两个参数的构造方法，调用其他构造方法会报错。

程序 3：

```
#!/usr/bin/python3
#-*-coding:UTF-8-*-

class DefaultInit(object):
    def __init__(self,param):
        print('我是带一个参数的__init__()方法，参数值为：',param)

    def __init__(self):
        print('我是不带参数的__init__()方法')

DefaultInit()
print('类实例化结束')
```

运行以上程序，执行结果如下：

```
我是不带参数的__init__()方法
类实例化结束
```

由此可见，调用的构造方法除了 self 参数外，没有其他参数。若把类的实例化语句改为：

```
DefaultInit('hello')
```

执行结果如下：

```
Traceback(most recent call last):
    File "D:/pyproject/ch07program3.py", line 11, in <module>
      DefaultInit('hello')
TypeError: __init__() takes 1 positional argument but 2 were given
```

或改为如下调用方式：

```
DefaultInit('hello','world')
```

执行结果如下：

```
Traceback(most recent call last):
    File "D:/pyproject/ch07program3.py", line 11, in <module>
```

```
DefaultInit('hello','world')
TypeError: __init__() takes 1 positional argument but 3 were given
```

由此可见，实例化类时只能调用带一个参数的构造方法，调用其他构造方法会报错。

由以上示例可知，在一个类中可以定义多个构造方法，在实例化类时只实例化最后的构造方法，后面的构造方法会覆盖前面的构造方法，并且需要根据最后那个构造方法的形式进行实例化。因此，一个类中最好只定义一个构造方法。

7.2.2 类的访问权限

在类的内部，可以有属性和方法，外部代码可以通过直接调用实例变量的方法来操作数据，这样就隐藏了内部的复杂逻辑。但是，外部代码还是可以自由地修改实例的属性，例如以下示例：

```
#!/usr/bin/python3
#-*-coding:UTF-8-*-

class Student(object):
    def __init__(self,name,score):
        self.name = name
        self.score = score

bart = Student('zth',80)
print(bart.score)
bart.score = 80
print(bart.score)
```

执行以上程序，输出结果如下：

```
80
80
```

由上面的代码片段和输出结果可以看出，在类中定义的非构造方法可以调用构造方法中实例变量的属性，调用方式为 self.实例变量的属性名，如代码中的 self.name 和 self.score。可以在类的外部修改类的内部属性。

下面就来介绍如何控制类的访问权限。

1. 私有变量

要想内部属性不被外部访问，可以在属性名称前加两个下划线(__)。在 Python 中，实例变量名如果以__开头，就会变成私有变量，只有内部可以访问，外部不能访问。示例如下：

```
#!/usr/bin/python3
#-*-coding:UTF-8-*-

class Student:
    def __init__(self,name,score):
```

```
            self.__name = name
            self.__score = score
        def get_information(self):
            print("学生%s 的分数为：%s" % (self.__name ,self.__score))


person = Student("小明","95")
print("修改前的属性名：",person.__score)     #在类的外部访问私有属性
```

执行以上程序，输出结果如下：

```
Traceback (most recent call last):
    File "D:/pyproject/ch07private.py", line 12, in <module>
        print("修改前的属性名：",person.__score)     #在类的外部访问私有属性
AttributeError: 'Student' object has no attribute '__score'
```

从运行结果可以看出，将变量定义为私有变量，可以确保外部代码不能随意修改对象内部的状态。这样通过进行访问限制，代码更加安全。

另外，若在类的外部直接修改私有变量的值，则不会影响到最终实例(私有)变量的值。示例程序如下：

```
#!/usr/bin/python3
#-*-coding:UTF-8-*-


class Student:
    def __init__(self,name,score):
        self.__name = name
        self.__score = score
    def get_information(self):
        print("学生%s 的分数为：%s" % (self.__name ,self.__score))


person = Student("小明","95")
person.get_information()
person.__score = 0                          #修改私有变量的值
print("修改后的属性名：",person.__score)   #此处访问的__score 是上一行修改的__score，相当于类变量
person.get_information()                     #修改后并不会影响到私有变量的值(伪修改)
```

执行以上程序，输出结果如下：

```
学生小明的分数为：95
修改后的属性名： 0
学生小明的分数为：95
```

2. 在类的外部获取私有变量

在 Python 中，可以通过为类增加 get_*attrs*()方法来获取类中的私有变量，*attrs* 表示属性名。示例程序如下：

```
#!/usr/bin/python3
```

```
#-*-coding:UTF-8-*-


class Student:
    def __init__(self,name,score):
        self.__name = name
        self.__score = score
    def get_information(self):
        print("学生%s 的分数为：%s" % (self.__name ,self.__score))
    def get_score(self):                        #定义 get_attrs 方法
        return self.__score


person = Student("小明","95")
print("修改前的属性名：",person.get_score()) #通过 get_实例变量名的方法来获取私有变量的值
person.get_information()
person.__score = 0
print("修改后的属性名：",person.__score)        #此处访问的__score 是上一行修改的__score，相当于类变量
person.get_information()
```

执行以上程序，输出结果如下：

```
修改前的属性名：95
学生小明的分数为：95
修改后的属性名：   0
学生小明的分数为：95
```

由此可见，在类的外部可以使用“实例名._类名__变量名”的方法获取私有变量。例如：

```
#!/usr/bin/python3
#-*-coding:UTF-8-*-


class Student:
    def __init__(self,name,score):
        self.__name = name
        self.__score = score
    def get_information(self):
        print("学生%s 的分数为：%s" % (self.__name ,self.__score))


person = Student("小明","95")
print("修改前的属性名：",person._Student__score) #通过“实例名._类名__私有变量名”的方法来访问私
                                            #有变量
person.get_information()


person.__score = 0                              #修改私有变量的值
print("修改后的属性名：",person.__score)
person.get_information()
```

执行以上程序，输出结果如下：

```
修改前的属性名：95
学生小明的分数为：95
修改后的属性名：0
学生小明的分数为：95
```

3. 从外部修改私有变量的值

可以为 Student 类增加 get_name()和 get_score()这样的方法以从外部获取姓名和分数；为 Student 类增加 set_score()方法以从外部修改分数。在 Python 中，通过定义私有变量和对应的 set 方法可以帮助做参数检查，避免传入无效的参数，以安全地修改私有变量的值。示例程序如下：

```
#!/usr/bin/python3
#-*-coding:UTF-8-*-

class Student:
    def __init__(self,name,score):
        self.__name = name
        self.__score = score
    def get_information(self):
        print("学生%s 的分数为：%s" % (self.__name ,self.__score))
    def get_score(self):
        return self.__score
    def set_score(self,new_score):              #通过 set_实例变量名的方法修改实例变量的值
        self.__score = new_score

person = Student("小明","95")
print("修改前的属性名：",person.get_score())    #通过 get_实例变量名的方法来获取私有变量的值(实例变量)
person.get_information()

person.set_score(0)                    #通过 set_实例变量名的方法来修改私有变量的值(实例变量)
print("修改后的属性名：",person.get_score())
person.get_information()
```

执行以上程序，输出结果如下：

```
修改前的属性名：95
学生小明的分数为：95
修改后的属性名：0
学生小明的分数为：0
```

在 Python 中，通过定义私有变量和对应的 get 方法也可以帮助我们做参数检查，避免传入无效的参数。例如：

```
#!/usr/bin/python3
```

```
#-*-coding:UTF-8-*-

class Student:
    def __init__(self,name,score):
        self.__name = name
        self.__score = score
    def get_information(self):
        print("学生%s 的分数为：%s" % (self.__name ,self.__score))
    def get_score(self):
        return self.__score
    def set_score(self,new_score):          #通过 set_实例变量名的方法修改实例变量的值
        if   0 <= new_score <= 100:
            self.__score = new_score
        else:
            print("输入的分数错误")

person = Student("小明","95")

print("修改前的属性名：",person.get_score())#通过 get_实例变量名的方法来获取私有变量的值(实例变量)
person.get_information()

person.set_score(-10)      #通过 set_实例变量名的方法来修改私有变量的值(实例变量)
person.set_score(10)

print("修改后的属性名：",person.get_score())
person.get_information()
```

执行以上程序，输出结果如下：

```
修改前的属性名：95
学生小明的分数为：95
输入的分数错误
修改后的属性名：10
学生小明的分数为：10
```

需要注意的是，在 Python 中，变量名类似__xxx__的，也就是以双下划线开头，并且以双下划线结尾的，是特殊变量。特殊变量可以直接访问，不是私有变量，所以，不能使用__name__、__score__这样的变量名。

有时候，可以看到以一个下划线开头的实例变量名，比如_name，这样的实例变量在外部是可以访问的。但是，按照约定俗成的规定，当看到这样的变量时，意思就是，"虽然可以访问，但是请视为私有变量，不要随意访问"。

以双下划线开头的实例变量是不是一定不能从外部访问呢？其实也不是。不能直接访问__name 是因为 Python 解释器对外把__name 变量改成了_Student__name，所以，仍然可以通过_Student__name 来访问__name 变量。但是强烈建议不要这么干，因为不同版本的 Python 解释器可能会把__name 改成不同的变量名。

4. 类的私有方法

除了私有变量，类也有私有方法。类的私有方法也是以两个下划线开头，从而声明是私有方法，不能在类的外部使用。私有方法的调用方式为 self.方法名。示例程序如下：

```python
#!/usr/bin/python3
#-*-coding:UTF-8-*-

class Student:
    def __init__(self):
        pass
    def __func(self):              #定义一个私有方法
        print("这是私有方法")
    def func(self):                #定义一个公有方法
        print("现在为公有方法，接下来调用私有方法")
        self.__func()

student = Student()
print("通过调用公有方法来间接调用私有方法")
student.func()
```

执行以上程序，输出结果如下：

```
通过调用公有方法来间接调用私有方法
现在为公有方法，接下来调用私有方法
这是私有方法
```

7.3 封装

家里的电视机，从开机，浏览节目，换台，再到关机，我们不需要知道电视机的具体工作细节，只需要在使用的时候按下遥控器就可以完成操作，这就是功能的封装。

在用支付宝进行付款的时候，只需要在使用的时候把二维码展示给收款方或是扫一下收款方提供的二维码就可以完成支付，不需要知道支付宝的支付接口，以及后台的数据处理能力，这就是方法的封装。

生活中处处都体现了封装的概念。封装不是单纯意义的隐藏。封装数据的主要原因是为了保护隐私。封装方法的主要原因是为了隔离复杂度。

在编程语言里，对外提供接口，表示接口的函数通常称为接口函数。

封装分为两个层面：

对于第一层面的封装，在创建类和对象时，分别创建两者的名称空间。只能通过类名加"."或 obj.的方式访问名称空间里面的名称。

对于第二层面的封装，在类中把某些属性和方法隐藏起来，或者定义为私有的，只在类的内部使用，在类的外部无法访问，或者留下少量的接口(函数)供外部访问。

但无论是哪种层面的封装，都要对外提供用于访问内部隐藏内容的接口。

在 Python 中，使用双下划线的方式隐藏属性(设置成私有属性)。

在 Python 中，隐藏类的属性时使用什么办法呢？首先来看下面的示例：

```
class Teacher:
    def __init__(self,name,age,course):
        self.name=name
        self.age=age
        self.course=course

    def teach(self):
        print("%s is teaching"%self.name)

class Student:
    def __init__(self,name,age,group):
        self.name=name
        self.age=age
        self.group=group

    def study(self):
        print("%s is studying"%self.name)
```

用定义的类创建老师 t1 和学生 s1：

```
t1=Teacher("alex",28,"python")
s1=Student("jack",22,"group2")
```

分别打印老师和学生的姓名、年龄等特征：

```
print(t1.name,t1.age,t1.course)
print(s1.name,s1.age,s1.group)
```

返回如下信息：

```
alex 28 python
jack 22 group2
```

调用老师的教书技能和学生的学习技能：

```
t1.teach()
s1.study()
```

返回如下信息：

```
alex is teaching
jack is studying
```

把这两个类中的一些属性隐藏起来后，代码如下：

```
class Teacher:
```

```
        def __init__(self,name,age,course):
            self.__name=name
            self.__age=age
            self.__course=course

        def teach(self):
            print("%s is teaching"%self.__name)
    class Student:
        def __init__(self,name,age,group):
            self.__name=name
            self.__age=age
            self.__group=group

        def study(self):
            print("%s is studying"%self.__name)
```

创建老师和学生的实例：

```
t1=Teacher("alex",28,"python")
s1=Student("jack",22,"group2")
```

再用与前面一样的方法调用老师和学生的特征：

```
print(t1.name,t1.age,t1.course)
print(s1.name,s1.age,s1.group)
```

此时就会报错，输出如下信息：

```
Traceback (most recent call last):
    File "E:/py_code/oob.py", line 114, in <module>
        print(t1.name,t1.age,t1.course)
AttributeError: 'Teacher' object has no attribute 'name'
```

再调用老师的教书技能和学生的学习技能：

```
t1.teach()
s1.study()
```

返回如下信息：

```
alex is teaching
jack is studying
```

可以看到，隐藏属性后，再像以前那样访问对象内部的属性，就会返回属性错误，现在要怎么办才能访问内部属性呢？

下面来查看 t1 和 s1 的名称空间：

```
print(t1.__dict__)
{'_Teacher__name': 'alex', '_Teacher__age': 28, '_Teacher__course': 'python'}
```

```
print(s1.__dict__)
{'_Student__name': 'jack', '_Student__age': 22, '_Student__group': 'group2'}
```

可以看到 t1 和 s1 的名称空间完全变了,现在访问 t1 名称空间里的名称,可以看到什么呢?

```
print(t1._Teacher__name)
print(t1._Teacher__age)
print(t1._Teacher__course)
```

返回如下信息:

```
alex
28
python
```

这次没有报错,看来隐藏属性之后可以通过_类名__属性名的方式来访问内部属性的值,在得到和隐藏属性之前,直接查看与内部属性一样的值。

由此可见,Python 对于这样的隐藏,有以下特点:

- 类中定义的_X 只能在内部使用,如 self._X 引用的就是变形之后的结果。
- 这种变形其实正是针对外部发生的改变,在外部是无法通过_X 访问的。

事实上,Python 对于这一层面的封装,需要在类中定义函数。这样,被隐藏的属性在外部就可以使用了,而且这种形式的隐藏并没有在真正意义上限制从外部直接访问属性,知道了类名和属性名后,一样可以调用类的隐藏属性。

Python 并不会真的阻止开发人员访问类的私有属性,模块也遵循这种约定。很多模块都有以单下划线开头的方法,此时使用以下方式导入模块时:

```
from module import *
```

这些方法是不会被导入的,必须通过以下方式导入这种类型的模块:

```
from module import _private_module
```

7.4　继承与多态

面向对象编程语言的一个主要功能就是"继承"。继承是指这样一种能力:可以使用现有类的所有功能,并且在无须重新编写原有类的情况下对这些功能进行扩展。

通过继承创建的新类称为"子类"或"派生类",被继承的类称为"基类""父类"或"超类"。继承的过程,就是从一般到特殊的过程。在某些面向对象编程语言中,一个子类可以继承多个基类。但是一般情况下,一个子类只能有一个基类,要实现多重继承,可以通过多级继承来实现。继承概念的实现方式主要有两类:实现继承和接口继承。实现继承是指使用基类的属性和方法而无须额外编码。接口继承是指仅使用属性和方法的名称,但是子类必须提供实现(子类重构父类的方法)。

在考虑使用继承时,有一点需要注意,那就是两个类之间的关系应该是"属于"关系。例如，Employee 对象是一个人，Manager 对象也是一个人，因此这两个类(Employee 和 Manager 类)都可以继承 Person 类。但是，Leg 类却不能继承 Person 类。

面向对象开发范式大致为以下几个阶段: 划分对象→抽象类→将类组织成层次化结构(继承和合成)→用类与实例进行设计和实现。

7.4.1　类的单继承

Python 同样支持类的继承，如果一种编程语言不支持继承，类就没有什么意义。Python 派生类的定义方式如下:

```
class DerivedClassName(BaseClassName):
    <statement-1>
    ......
    <statement-N>
```

BaseClassName(以上示例中的基类名)必须与派生类定义在同一个作用域内。除了类，还可以使用表达式，基类定义在另一个模块中时这一点非常有用:

```
class DerivedClassName(modname.BaseClassName):
```

示例如下:

```
#!/usr/bin/python3
#-*-coding:UTF-8-*-

class Person(object):     # 定义一个父类
    def talk(self):       # 父类中的方法
        print("person is talking....")

class Chinese(Person):    # 定义一个子类，继承于 Person 类
    def walk(self):       # 在子类中定义自身的方法
        print('is walking...')

c = Chinese()
c.talk()       # 调用继承的 Person 类的方法
c.walk()       # 调用本身的方法
```

执行以上程序，输出结果如下:

```
person is talking....
is walking...
```

7.4.2　类的多继承

Python 同样支持多继承，但支持有限。多继承的类定义如下:

```
class DerivedClassName(Base1, Base2, Base3):
    <statement-1>
    ......
```

<statement-N>

需要注意圆括号中父类的顺序，若父类中有相同的方法名，但在子类中使用时未指定，则 Python 从左至右搜索，即方法在子类中未找到时，从左到右查找父类中是否包含方法。示例程序如下：

```python
#!/usr/bin/python3
#-*-coding:UTF-8-*-

class people:
    name = ''
    age = 0
    __weight = 0
    def __init__(self,n,a,w):
        self.name = n
        self.age = a
        self.__weight = w
    def speak(self):
        print("%s 说: 我 %d 岁。" %(self.name,self.age))

#单继承示例
class student(people):
    grade = ''
    def __init__(self,n,a,w,g):
        #调用父类的构造函数
        people.__init__(self,n,a,w)
        self.grade = g
    #覆写父类的方法
    def speak(self):
        print("%s 说: 我%d 岁了，我在读%d 年级"%(self.name,self.age,self.grade))

#另一个类
class speaker():
    topic = ''
    name = ''
    def __init__(self,n,t):
        self.name = n
        self.topic = t
    def speak(self):
        print("我叫%s，我是一名演说家，我演讲的主题是%s"%(self.name,self.topic))

#多重继承
class sample(speaker,student):
    a = ''
    def __init__(self,n,a,w,g,t):
        student.__init__(self,n,a,w,g)
        speaker.__init__(self,n,t)
```

```
test = sample("Tim",25,80,4,"Python")
test.speak()    #方法名相同，默认调用的是在圆括号中靠前的那个父类的方法
```

执行以上程序后，输出结果为：

我叫 Tim，我是一名演说家，我演讲的主题是 Python

7.4.3 构造函数的继承

如果要给实例传参，就要用到构造函数，那么构造函数该如何继承？同时子类又如何定义自己的属性？

继承类的构造函数的写法有两种。

- 经典类的写法：父类名称.__init__(self,参数 1,参数 2,…)
- 新式类的写法：super(子类,self).__init__(参数 1,参数 2,…)

示例程序如下：

```
#!/usr/bin/python3
#-*-coding:UTF-8-*-

class Person(object):
    def __init__(self, name, age):
        self.name = name
        self.age = age
        self.weight = 'weight'

    def talk(self):
        print("person is talking...")


class Chinese(Person):
    def __init__(self, name, age, language):   # 先继承，再重构
    #继承父类的构造函数，也可以写成：super(Chinese,self).__init__(name,age)
        Person.__init__(self, name, age)
        self.language = language      # 定义类本身的属性

    def walk(self):
        print('is walking...')

class American(Person):
    pass

c = Chinese('bigberg', 22, 'Chinese')
```

如果只是简单地在子类 Chinese 中定义一个构造函数，其实就是在重构。这样子类就不能继承父类的属性了。所以，在定义子类的构造函数时，要先继承，再构造，这样就能获取父类

的属性了。

子类构造函数继承父类构造函数的过程为：实例化对象→调用子类 __init__()→子类 __init__()继承父类 __init__()→调用父类 __init__()。

7.4.4　方法重写

如果父类的方法的功能不能满足需求，可以在子类中重写父类的方法，例如下面的 talk() 方法。

```python
#!/usr/bin/python3
#-*-coding:UTF-8-*-

class Person(object):

    def __init__(self, name, age):
        self.name = name
        self.age = age
        self.weight = 'weight'

    def talk(self):
        print("person is talking...")

class Chinese(Person):

    def __init__(self, name, age, language):
        Person.__init__(self, name, age)
        self.language = language
        print(self.name, self.age, self.weight, self.language)

    def talk(self):   # 子类重构方法
        print('%s is speaking chinese' % self.name)

    def walk(self):
        print('is walking...')

c = Chinese('bigberg', 22, 'Chinese')
c.talk()
```

执行以上程序，输出结果如下：

```
bigberg 22 weight Chinese
bigberg is speaking chinese
```

7.4.5　继承下的多态

继承有什么好处？最大的好处是子类获得了父类的全部属性及功能。例如，如果有一个父类 People，拥有方法 print_title()；子类 Child 继承了父类 People，则 Child 类就可以直接使用父类的 print_title()方法。

在继承关系中，如果一个实例的数据类型是某个子类，那么它也可以被看作父类。但是，反过来就不行。

继承还可以一级一级地继承下来，就好比从爷爷到爸爸再到儿子这样的关系。而任何类，最终都可以追溯到根类 object，这些继承关系看上去就像一棵倒放的树。例如，如图 7-1 所示的继承树。

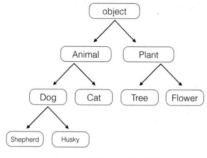

图 7-1　继承树

由于 Animal 类实现了 run()方法，因此，Dog 和 Cat 类作为它的子类，什么事也没干，就自动拥有了 run()方法：

```
class Animal(object):
    def run(self):
        print("Animal is running…")

class Dog(Animal):
    pass

class Cat(Animal):
    pass
dog = Dog()
dog.run()
cat = Cat()
cat.run()
```

运行结果如下：

```
Animal is running...
Animal is running...
```

当然，也可以为子类增加一些方法，比如 Dog 类：

```
class Dog(Animal):
    def run(self):
        print 'Dog is running...'
    def eat(self):
        print 'Eating meat...'
```

继承的另一个好处在于方便对代码进行改进。无论是 Dog 还是 Cat 对象，执行 run()方法的时候，显示的都是 Animal is running...，符合逻辑的做法是分别显示 Dog is running...和 Cat is running...。因此，对 Dog 和 Cat 类做如下改进：

```
class Dog(Animal):
    def run(self):
        print 'Dog is running...'

class Cat(Animal):
    def run(self):
        print 'Cat is running...'
```

再次执行 run()方法，输出结果如下：

```
Dog is running...
Cat is running...
```

当子类和父类都存在相同的 run()方法时，子类的 run()方法会覆盖父类的 run()方法，在代码运行的时候，总是会调用子类的 run()方法。这样就获得了继承的第三个好处：多态。

要理解什么是多态，首先要对数据类型再做一点说明。定义一个类的时候，实际上定义了一种数据类型。定义的数据类型和 Python 自带的数据类型(比如字符串、列表、字典等)没什么两样：

```
a = list()      # a 是列表类型
b = Animal()    # b 是 Animal 类型
c = Dog()       # c 是 Dog 类型
```

例如，可以用 isinstance()判断一个变量是否是某种类型：

```
>>> isinstance(a, list)
True
>>> isinstance(b, Animal)
True
>>> isinstance(c, Dog)
True
```

看来 a、b、c 确实对应着列表、Animal、Dog 这 3 种类型。但是，再试试下面的示例：

```
>>> isinstance(c, Animal)
True
```

看来 c 不仅仅是 Dog，c 还是 Animal！不过仔细想想，这是有道理的，因为 Dog 是从 Animal 继承而来的，当创建 Dog 实例 c 时，认为 c 的数据类型是 Dog 没错，但 c 同时是 Animal 也没错，Dog 本来就是 Animal 的一种。

所以，在继承关系中，如果一个实例的数据类型是某个子类，那么它的数据类型也可以被看作父类。但是，反过来就不行：

```
>>> b = Animal()
>>> isinstance(b, Dog)
False
```

Dog 可以看成 Animal，但 Animal 不可以看成 Dog。

为了理解多态带来的好处，还需要编写一个函数，这个函数接收一个 Animal 类型的变量：

```
def run_twice(animal):
    animal.run()
    animal.run()
```

当传入 Animal 的实例时，run_twice()就打印出：

```
>>> run_twice(Animal())
Animal is running...
Animal is running...
```

当传入 Dog 的实例时，run_twice()就打印出：

```
>>> run_twice(Dog())
Dog is running...
Dog is running...
```

当传入 Cat 的实例时，run_twice()就打印出：

```
>>> run_twice(Cat())
Cat is running...
Cat is running...
```

现在定义 Tortoise 类，它也从 Animal 类派生，代码如下：

```
class Tortoise(Animal):
    def run(self):
        print 'Tortoise is running slowly...'
```

当调用 run_twice()时，传入 Tortoise 的实例，代码如下：

```
>>> run_twice(Tortoise())
Tortoise is running slowly...
Tortoise is running slowly...
```

可以发现，新增一个 Animal 的子类时，不必对 run_twice()做任何修改。实际上，任何依赖 Animal 作为参数的函数或方法都可以不加修改地正常运行，原因就在于多态。

多态带来的好处就是，当需要传入 Dog、Cat、Tortoise…时，只需要接收 Animal 类型就可以了，因为 Dog、Cat、Tortoise…都是 Animal 类型，然后，按照 Animal 类型进行操作即可。由于 Animal 类型有 run()方法，因此，传入的任意类型，只要是 Animal 及其子类，就会自动调用实际类型的 run()方法，这就是多态的本质含义。

对于一个变量，只需要知道它是 Animal 类型，无须确切地知道它的子类型，就可以放心地调用 run()方法，而具体调用的 run()方法是作用在 Animal、Dog、Cat 还是 Tortoise 对象上，由运行时对象的确切类型决定，这就是多态真正的威力：调用方只管调用，不管细节，而当新增一个 Animal 的子类时，只要确保 run()方法编写正确，不用管原来的代码是如何调用的。这就是著名的"开闭"原则。

- 对扩展开放：允许新增 Animal 子类。
- 对修改封闭：不需要修改依赖 Animal 类型的 run_twice()等方法。

7.5　类的专有方法

前面已经讲解了类的访问权限、私有变量和私有方法，除了自定义私有变量和方法外，Python 类还可以定义专有方法。专有方法在特殊情况下或使用特殊语法时由 Python 调用，而不像普通方法一样在代码中直接调用。

看到形如 __xxx__ 的变量名或函数名就要注意，这在 Python 中是有特殊用途的。对于 __init__()方法，我们知道怎么用了，Python 的类中有许多这种具有特殊用途的方法，可以帮助我们定制类。下面介绍这种特殊类型的函数定制类的方法。

1. __str__()方法

在介绍之前，先定义 Student 类，定义如下：

```
#!/usr/bin/python3
#-*-coding:UTF-8-*-
#类的专有方法

class Student(object):
    def __init__(self,name):
        self.name=name


print(Student('xiaoming'))
```

执行以上程序，输出结果如下：

```
<__main__.Student object at 0x0274A450>
```

执行后输出的是一堆字符串，一般人看不懂，没什么可用性，也不好看。怎样才能让输出的结果好看一些呢？只需要定义好 __str__()方法，返回一个好看的字符串就可以了。重新定义上面的示例：

```
#!/usr/bin/python3
#-*-coding:UTF-8-*-
#类的专有方法

class Student(object):
    def __init__(self,name):
        self.name=name


    def __str__(self):
        return '学生名称：%s'%self.name
```

```
print(Student('xiaoming'))
```

执行以上程序，输出结果如下：

学生名称：xiaoming

由执行结果可以看到，这样输出的结果不但好看，而且正是我们想要的。
如果在交互模式下输入：

```
#!/usr/bin/python3
#-*-coding:UTF-8-*-
#类的专有方法

class Student(object):
    def __init__(self,name):
        self.name=name

#print(Student('xiaoming'))
s=Student('xiaoming')
print(s)
```

执行以上程序，输出结果如下：

<__main__.Student object at 0x0331A450>

由执行结果可以看到，输出的结果还跟之前一样，不容易识别。这是因为，直接显示变量
调用的不是__str__()而是__repr__()，两者的区别在于，__str__()返回用户看到的字符串，而
__repr__()返回的程序开发人员看到的字符串。也就是说，__repr__()是为调试服务的。
解决的办法是再次定义__repr__()。通常，__str__()和__repr__()的代码是一样的，所以有如
下简便写法：

```
#!/usr/bin/python3
#-*-coding:UTF-8-*-
#类的专有方法

class Student(object):
    def __init__(self,name):
        self.name=name

    def __str__(self):
        return '学生名称：%s'%self.name

    __repr__=__str__

#print(Student('xiaoming'))
s=Student('xiaoming')
print(s)
```

执行以上程序，输出结果如下：

学生名称：xiaoming

可以看到，结果正是我们期望的。

2. __iter__()方法

如果想要将一个类用于 for...in 循环，类似元组或列表，就必须实现__iter__()方法。该方法返回一个迭代对象，Python 的 for 循环会不断调用该迭代对象的__next__()方法，获得循环的下一个值，直到遇到 StopIteration 错误时退出循环。

下面以斐波那契数列为例，写一个可以作用于 for 循环的 Fib 类：

```
#!/usr/bin/python3
#-*-coding:UTF-8-*-
#__iter__

class Fib(object):
    def __init__(self):
        self.a,self.b=0,1      #初始化两个计数器 a、b

    def __iter__(self):
        return self           #实例本身就是迭代对象，返回自己

    def __next__(seflf):
        self.a,self.b=self.b,self.a+self.b #计算下一个值
        if self.a>100000:     #退出循环的条件
            raise StopIteration();
        return self.a         #返回下一个值
#下面我们把 Fib 实例作用于 for 循环
for n in Fib():
        print(n)
```

执行程序，将输出斐波那契数列：

```
1
1
2
3
5
8
13
21
34
55
89
144
233
```

```
377
610
987
1597
2584
4181
6765
10946
17711
28657
46368
75025
```

3. __getitem__()方法

Fib 实例虽然能够作用于 for 循环，和列表有点像，但是不能将它当成列表使用。比如，获取第 3 个元素：

```
#!/usr/bin/python3
#-*-coding:UTF-8-*-
#__iter__

class Fib(object):
    def __init__(self):
        self.a,self.b=0,1    #初始化两个计数器 a,b

    def __iter__(self):
        return self          #实例化本身就是迭代对象，因此返回自己

    def __next__(self):
        self.a,self.b=self.b,self.a+self.b #计算下一个值
        if self.a>100000: #退出循环的条件
            raise StopIteration();
        return self.a        #返回下一个值
for n in Fib()[3]:
    print(n)
```

执行以上程序，输出结果如下：

```
Traceback (most recent call last):
  File "__iter__.py", line 17, in <module>
    for n in Fib()[3]:
TypeError: 'Fib' object does not support indexing
```

由执行结果可以看到，获取元素时报错了。该怎么办？要想像列表一样按照下标获取元素，需要实现__getitem__()方法，代码如下：

```
#!/usr/bin/python3
#-*-coding:UTF-8-*-
#__getitem__

class Fib(object):
    def __getitem__(self,n):
        a,b=1,1
        for x in range(n):
            a,b=b,a+b
        return a
```

下面尝试取得裴波那契数列的值：

```
fib=Fib()
print(fib[3])
print(fib[8])
```

执行以上程序，输出结果如下：

```
3
34
```

由执行结果可以看到，可以成功获取对应数列的值了。

4.__getattr__()方法

正常情况下，调用类的方法或属性时，如果类的方法或属性不存在，就会报错。比如定义
Student 类：

```
#!/usr/bin/python3
#-*-coding:UTF-8-*-
#__getattr__

class Student(object):
    def __init__(self,name):
        self.name='xiaoming'
```

对于上面的代码，调用 name 属性不会有任何问题，但是调用不存在的 score 属性就会报错。
执行以下代码：

```
stu=Student('xiaoming')
print(stu.name)
print(stu.score)
```

输出结果如下：

```
xiaoming
Traceback (most recent call last):
    File "__getattr__.py", line 11, in <module>
```

```
    print(stu.score)
AttributeError: 'Student' object has no attribute 'score'
```

由输出结果可以看到，错误信息告诉我们没有找到 score 属性。对于这种情况，该怎么解决呢？

要避免这个错误，除了可以添加 score 属性外，Python 还提供了另一种机制，就是编写 __getattr__()方法以动态返回一个属性。对上面的代码做如下修改：

```
#!/usr/bin/python3
#-*-coding:UTF-8-*-
#__getattr__

class Student(object):
    def __init__(self,name):
        self.name='xiaoming'

    def __getattr__(self,attr):
        if attr=='score':
            return 96

stu=Student('xiaoming')
print(stu.name)
print(stu.score)
```

当调用不存在的属性(如 score)时，Python 解释器就会调用__getattr__(self,'score')以尝试获取属性，这样就有机会返回 score 属性的值。执行结果如下：

```
xiaoming
96
```

由输出结果可以看到，可以正确输出不存在的属性的值。

注意，只有在没有找到属性的情况下才调用__getattr__()，已有的属性(如 name)不需要调用__getattr__()来查找。

5. __call__()方法

实例可以有自己的属性和方法，调用实例的方法时使用 instance.method()。能不能直接对实例本身进行调用？答案是能。

任何类，只需要定义__call__()方法，就可以直接对实例进行调用，例如：

```
#!/usr/bin/python3
#-*-coding:UTF-8-*-
#__call__

class Student(object):
    def __init__(self,name):
        self.name=name
```

```
    def __call__(self):
        print('名称：%s'%self.name)
```

执行如下操作：

```
stu=Student('xiaoming')
stu()
```

执行结果如下：

名称：xiaoming

由输出结果可以看到，可以直接对实例进行调用并得到结果。

__call__()还可以定义参数。对实例进行直接调用就像函数调用一样，完全可以把对象看成函数，把函数看成对象。

如果把对象看成函数，函数本身就可以在运行期间动态创建出来，因为类的实例都是在运行期间创建出来的。

那么，怎么判断一个变量是对象还是函数呢？

很多时候，判断一个对象能否被调用，可以使用 callable()函数，比如前面定义的带有 __call__()的类实例。输入如下：

```
print(callable(Student('xiaoqiang')))
print(callable(max))
print(callable([1,2,3]))
print(callable(None))
print(callable('a'))
```

执行结果如下：

```
True
True
False
False
False
```

由输出结果可以看到，通过 callable()函数可以判断一个对象是否为可调用对象。

7.5 本章实战

前面介绍了面向对象的概念，以及在 Python 中如何实现面向对象编程。本节综合运用前面所学，为校园系统构建校园成员类体系，以方便对学校人员进行管理。

对于学校中的所有人员，可以抽象出 SchoolMember 类，该类继承于 object 类。SchoolMember 类中定义了一些学校成员的公有属性和方法，比如，每个人都有姓名、年龄、性别等；每个人进入学校时都需要注册；每个人都可以告知他人自己的个人信息；另外，还可以开除人员。

接着，可以将学校成员细分为老师和学生。因此，为老师声明 Teacher 类，为学生声明 Student

类。Teacher 和 Student 类都继承自学校成员类 SchoolMember。

老师负责授课，每个月有相应的工资。因此，Teacher 类有薪资(salary)和课程(course)两个属性。学生需要交学费、选课、上课。因此，Student 类有学费(tuition)、课程(course)等属性，支付学费的动作可以封装成方法 pay_tuition()。

综合以上分析，使用 Python 面向对象编程技术进行实现，程序如下：

```python
class SchoolMember(object):
    '''学校成员基类'''
    member = 0

    def __init__(self, name, age, sex):
        self.name = name
        self.age = age
        self.sex = sex
        self.enroll()

    def enroll(self):
        '注册'
        print('just enrolled a new school member [%s].' % self.name)
        SchoolMember.member += 1

    def tell(self):
        print('----%s----' % self.name)
        for k, v in self.__dict__.items():
            print(k, v)
        print('----end-----')

    def __del__(self):
        print('开除[%s]' % self.name)
        SchoolMember.member -= 1

class Teacher(SchoolMember):
    '教师'
    def __init__(self, name, age, sex, salary, course):
        SchoolMember.__init__(self, name, age, sex)
        self.salary = salary
        self.course = course

    def teaching(self):
        print('Teacher [%s] is teaching [%s]' % (self.name, self.course))

class Student(SchoolMember):
    '学生'
    def __init__(self, name, age, sex, course, tuition):
        SchoolMember.__init__(self, name, age, sex)
        self.course = course
```

```
            self.tuition = tuition
            self.amount = 0

        def pay_tuition(self, amount):
            print('student [%s] has just paid [%s]' % (self.name, amount))
            self.amount += amount

#测试代码
t1 = Teacher('Wusir', 28, 'M', 3000, 'python')
t1.tell()
s1 = Student('haitao', 38, 'M', 'python', 30000)
s1.tell()
s2 = Student('lichuang', 12, 'M', 'python', 11000)
print(SchoolMember.member)
del s2

print(SchoolMember.member)
```

执行以上程序，输出结果如下：

```
just enrolled a new school member [haitao].
----haitao----
age 38
sex M
name haitao
amount 0
course python
tuition 30000
----end-----
just enrolled a new school member [lichuang].
3
开除[lichuang]
2
开除[Wusir]
开除[haitao]
```

7.6 本章小结

本章主要讲解了 Python 面向对象编程技术。本章首先介绍了面向对象的基本概念、术语，让大家重温一下面向对象知识，以便对面向对象编程技术有个总体认识。其次介绍了如何使用 Python 语言来定义类以及属性、方法，以及如何创建和访问类对象。

接着深入介绍了类，包括类的构造方法、类的访问权限，以确保面向对象编程技术中信息的安全性。

然后介绍了面向对象编程技术的三大特性：封装、继承和多态。Python 语言中，类的继承有单继承和多继承两种方式。和其他语言一样，类的构造函数、属性、方法成员、数据成员，均可继承。

除了可以自定义类的方法，类本身还有一些专有方法，这些方法有特殊的用途，但允许开发人员进行定制。

7.7 思考与练习

1. 简述面向对象编程技术的三大特性，它们各有什么用处，说说你的理解。
2. 类的属性和对象的属性有什么区别?
3. 面向过程编程与面向对象编程的区别与应用场景?
4. 类和对象在内存中是如何保存的?
5. 请使用面向对象的形式优化以下代码:

```python
def exc1(host,port,db,charset):
        conn=connect(host,port,db,charset)
        conn.execute(sql)
        return xxx
    def exc2(host,port,db,charset,proc_name)
        conn=connect(host,port,db,charset)
        conn.call_proc(sql)
        return xxx
    # 每次调用都需要重复传入一堆参数
    exc1('127.0.0.1',3306,'db1','utf8','select * from tb1;')
    exc2('127.0.0.1',3306,'db1','utf8','存储过程的名称')
```

6. 运行如下代码，会输出什么?

```python
class People(object):
    __name = "luffy"
    __age = 18

    p1 = People()
    print(p1.__name, p1.__age)
```

7. 运行如下代码，会输出什么?

```python
class People(object):

    def __init__(self):
        print("__init__")

    def __new__(cls, *args, **kwargs):
        print("__new__")
        return object.__new__(cls, *args, **kwargs)
```

People()

8. 简单解释 Python 中的静态方法和类方法，并分别补充代码后执行下列方法。

```
class A(object):

    def foo(self, x):
        print("executing foo(%s, %s)" % (self,x))

    @classmethod
    def class_foo(cls, x):
        print("executing class_foo(%s, %s)" % (cls,x))

    @staticmethod
    def static_foo(x):
        print("executing static_foo(%s)" % (x))

a = A()
```

9. 依据多重继承的执行顺序，请解答以下程序的输出结果是什么？并解释。

```
class A(object):
    def __init__(self):
        print('A')
        super(A, self).__init__()

class B(object):
    def __init__(self):
        print('B')
        super(B, self).__init__()

class C(A):
    def __init__(self):
        print('C')
        super(C, self).__init__()

class D(A):
    def __init__(self):
        print('D')
        super(D, self).__init__()

class E(B, C):
    def __init__(self):
        print('E')
        super(E, self).__init__()

class F(C, B, D):
    def __init__(self):
```

```
        print('F')
        super(F, self).__init__()

class G(D, B):
    def __init__(self):
        print('G')
        super(G, self).__init__()

if __name__ == '__main__':
    g = G()
    f = F()
```

10. 请编写一个小游戏——人狗大战，有两个角色：人和狗。游戏开始后，生成两个人，三条狗，互相混战，人被狗咬了会掉血，狗被人打了也掉血，狗和人的攻击力以及具备的功能都不一样。

第 8 章

模 块

前面几章的脚本基本上都是用 Python 解释器编写的，如果从 Python 解释器退出再进入，那么定义的所有方法和变量就都消失了。

为此，Python 提供了一种办法，可以把这些定义存放在文件中，供一些脚本或交互式的解释器实例使用，这种文件被称为模块。

模块是一种包含所有定义的函数和变量的文件，后缀名是.py。模块可以被别的程序引入，以使用模块中的函数等功能。这也是使用 Python 标准库的方法。本章就来介绍 Python 模块的定义及使用，以及 Python 常用的内置模块。

本章的学习目标：

- 了解 Python 模块的概念；
- 掌握自定义模块的方法；
- 掌握模块的导入和使用；
- 理解 Python 中包的定义、导入和组织；
- 了解 Python 中常用的内置模块，并掌握内置模块的使用方法；
- 熟悉第三方模块的下载、安装和使用。

8.1 模块

在程序中定义函数可以实现代码重用。但是当代码逐渐变得庞大时，可能想要把它分成几个文件，以便维护更简单。同时，我们希望在一个文件中写入的代码能够被其他文件重用，这时应该使用模块。

Python 中的模块分为两类，一类是内置模块(又称标准模块)，这类模块在安装 Python 后自动带有；另一类是用户自定义模块，由开发人员根据业务实际需求编写。本节就来介绍 Python 模块。

8.1.1 标准模块

Python 本身带有一些标准模块。有些模块直接被构建在解析器里，这些虽然不是 Python

语言内置的功能，但是却能高效使用，甚至是系统级调用也没问题。

这些组件会根据不同的操作系统进行不同形式的配置，比如 winreg 这个模块就只会提供给 Windows 系统。

Python 提供了一个十分特别的模块 sys，内置在每一个 Python 解析器中。下面是一个使用 sys 模块的例子。

```
#!/usr/bin/python3
import sys

print('命令行参数如下:')
for i in sys.argv:
    print(i)
print('\n\nPython 路径为：', sys.path, '\n')
```

执行过程如下：

```
D:\pyproject>python3 ch08standardlib.py arg1 arg2
命令行参数如下:
ch08standardlib.py
arg1
arg2

Python 路径为: ['D:\\pyproject', 'C:\\Program Files\\Python37\\python37.zip', 'C:\\Program Files\\Python37\\DLLs',
'C:\\Program Files\\Python37\\lib', 'C:\\Program Files\\Python37', 'C:\\Program Files\\Python37\\lib\\site-packages']
```

以上程序中，需要说明以下几点：

- import sys 负责引入 Python 标准库中的 sys.py 模块；这是引入某一模块的方法，随后将介绍。
- sys.argv 是一个包含命令行参数的列表。
- sys.path 也是一个列表，其中包含 Python 解释器自动查找所需模块的路径。

8.1.2 import 语句

为了使用 Python 源文件，需要在另一个源文件里执行 import 语句，语法如下：

```
import module1[, module2[,... moduleN]
```

当 Python 解释器遇到 import 语句，如果模块在当前的搜索路径中，就会被导入。

搜索路径是一个列表，里面包含 Python 解释器会进行搜索的所有目录。例如，下面有一个模块 ch08test_model，要想导入该模块，需要把命令放在脚本的顶端：

```
#!/usr/bin/python3
# 文件名: ch08test_model.py
def print_func( par ):
    print ("Hello : ", par)
    return
```

在另一文件 ch08test.py 中引入 ch08test_model 模块，代码如下：

```
#!/usr/bin/python3
# 文件名: ch08test.py
# 导入模块
import ch08test_model
# 现在可以调用模块里包含的函数了
ch08test_model.print_func("Runoob")
```

使用以下方式执行程序：

```
D:\pyproject>python3 ch08test.py
Hello : Runoob
```

在 Python 中，一个模块只会被导入一次，而不管执行了多少次导入。这样可以防止导入模块被一遍又一遍地执行。

8.1.3　搜索路径

当使用 import 语句的时候，Python 解释器怎样找到对应的文件？

这就涉及 Python 的搜索路径，搜索路径是由一系列目录名组成的，Python 解释器依次从这些目录中寻找引入的模块。

这看起来很像环境变量，事实上，也可以通过定义环境变量的方式来确定搜索路径。

搜索路径是在 Python 编译或安装的时候确定的，安装新的库时应该也会被修改。搜索路径被存储在 sys 模块的 path 变量中，例如，在交互式解释器中，输入以下代码：

```
>>> import sys
>>> sys.path
['', 'C:\\Program Files\\Python37\\python37.zip', 'C:\\Program Files\\Python37\\DLLs', 'C:\\Program Files
\\Python37\\lib', 'C:\\Program Files\\Python37', 'C:\\Program Files\\Python37\\lib\\site-packages']
```

其中，sys.path 的输出是一个列表，其中第一项是空串"，代表当前目录(若从一个脚本中打印出来，则可以更清楚地看出是哪个目录)，即执行 Python 解释器的目录(对于脚本来说就是运行的脚本所在的目录)。因此，在当前目录下若存在与要引入模块同名的文件，就会把要引入的模块屏蔽掉。

了解了搜索路径的概念，就可以在脚本中修改 sys.path 来引入一些不在搜索路径中的模块。现在，在 Python 解释器的当前目录或 sys.path 的某个目录中创建 fibo.py 文件，代码如下：

```
# 斐波那契数列模块
def fib(n):     # 定义从 1 到 n 的斐波那契数列
    a, b = 0, 1
    while b < n:
        print(b, end=' ')
        a, b = b, a+b
    print()

def fib2(n):    # 返回从 1 到 n 的斐波那契数列
```

```
    result = []
    a, b = 0, 1
    while b < n:
        result.append(b)
        a, b = b, a+b
    return result
```

然后进入 Python 解释器，使用下面的命令导入这个模块：

```
>>> import fibo
```

这样做并没有把直接定义在 fibo 模块中的函数名称写入当前符号表，只是把 fibo 模块的名称写到那里。可以使用模块名称来访问函数，例如：

```
>>> import fibo
>>> fibo.fib(100)
1 1 2 3 5 8 13 21 34 55 89
>>> fibo.fib(500)
1 1 2 3 5 8 13 21 34 55 89 144 233 377
>>> fibo.__name__
'fibo'
```

如果打算经常使用某个函数，可以把它赋给一个变量，例如：

```
>>> fib = fibo.fib
>>> fib(500)
1 1 2 3 5 8 13 21 34 55 89 144 233 377
```

8.1.4　from…import 语句

Python 的 from 语句用于从模块中导入指定的部分到当前名称空间中，语法如下：

```
from modname import name1[, name2[, ... nameN]]
```

例如，要导入 fibo 模块中的 fib 函数，可以使用如下语句：

```
>>> from fibo import fib, fib2
>>> fib(500)
1 1 2 3 5 8 13 21 34 55 89 144 233 377
```

这个声明不会把整个 fibo 模块导入当前的名称空间中，而只会将 fibo 模型中的 fib 函数引入进来。

把一个模块的所有内容导入当前的名称空间也是可行的，可以通过 from…import *语句来实现，语法格式如下：

```
from modname import *
```

这提供了一种简单的方法来导入一个模块中的所有项目。然而这种声明不该被过多地使用，因为当不同模块中包含相同的函数时，这容易引起函数名冲突。更明智的做法应该是从模块中导入指定的部分到当前名称空间中，语法如下：

from modname import name1,name2，...nameN

示例如下：

from mod import　func_1　　#导入 mod 模块中的 func_1 函数

这个声明不会把整个 mod 模块导入当前名称空间中，而只会将 mod 模块中的 func_1 函数引入执行该模块的全局符号表中。

8.1.5　创建模块

除了标准模块外，Python 还允许程序员自定义模块。

模块中既能定义函数、类和变量，也能包含可执行代码。新建模块文件 modle_1.py，内容如下：

```
def p_func(arg):
    print('hello',arg)
    return
```

在该模块中定义了一个方法 p_func()，它接收一个参数 arg，输出"hello,×××"字样。下面新建主模块文件 main.py，内容如下：

```
from modle_1 import p_func    #导入模块 modle_1 中的 p_func 函数

if __name__ == "__main__":    #判断是否为主程序执行入口
    p_func('python')
```

自定义模块的使用方法和标准模块一样，都通过 import 和 from model name import *等语句实现。

8.1.6　安装第三方模块

在 Python 中，除了内置模块、标准模块之外，还有第三方模块(又称扩展模块)可以使用。第三方模块在使用前需要先安装。

在 Python 中，第三方模块的安装是通过 setuptools 这个工具完成的。Python 有两个封装了 setuptools 的包管理工具：easy_install 和 pip。目前官方推荐使用 pip。

如果使用的是 Mac 或 Linux 系统，安装 pip 本身这个步骤就可以跳过了。如果使用的是 Windows 系统，确保安装时勾选了 pip 和 Add python.exe to Path。

在命令提示符窗口中尝试运行 pip，如果 Windows 系统提示未找到命令，可以重新运行安装程序以添加 pip。

下面通过安装第三方库 Python Imaging Library 来说明第三方模块的使用，这是 Python 中的一个非常强大的用于处理图像的工具库。一般来说，第三方库都会在 Python 官方的 pypi.python.org 网站上注册，要安装一个第三方库，必须先知道该库的名称，可以在 Python 官网上搜索，比如 Python Imaging Library 的名称是 PIL。因此，安装 Python Imaging Library 的命令如下：

```
pip install PIL
```

耐心等待下载并安装后，就可以使用 PIL 了。

有了 PIL，处理图片易如反掌。随便找张图片，生成缩略图，示例程序如下：

```
>>> import Image
>>> im = Image.open('test.png')
>>> print im.format, im.size, im.mode
PNG (400, 300) RGB
>>> im.thumbnail((200, 100))
>>> im.save('thumb.jpg', 'JPEG')
```

其他常用的第三方库还有用于 MySQL 的 MySQL-python，用于科学计算的 NumPy，用于生成文本的模板工具 Jinja2，等等。

8.2 模块的高级技术

模块中除了方法定义，还可以包括可执行代码。这些代码一般用来初始化模块。这些代码只有在第一次导入时才会被执行。

每个模块有各自独立的符号表，在模块内部，所有的函数被当作全局符号表使用。所以，模块的作者可以放心大胆地在模块内部使用这些全局变量，而不用担心把其他用户的全局变量搞乱。

另一方面，当明确知道要做什么时，可以通过 modname.itemname 这样的表示法来访问模块内的函数。

在模块中是可以导入其他模块的。在一个模块(或者脚本，或者其他地方)的最前面使用import 可导入另一个模块，当然，这只是惯例，而非强制，但最好遵从。被导入模块的名称将被放入当前所操作模块的符号表中。

还有一种导入方法，可以使用 import 直接把模块内函数、变量的名称导入当前操作的模块中。例如：

```
>>> from fibo import fib, fib2
>>> fib(500)
1 1 2 3 5 8 13 21 34 55 89 144 233 377
```

这种导入方法不会把被导入模块的名称放在当前所操作模块的字符表中，所以，以上示例中的 fibo 这个名称没有经过定义。

此外，可以一次性把模块内所有函数、变量的名称导入当前所操作模块的字符表中，示例如下：

```
>>> from fibo import *
>>> fib(500)
```

```
1 1 2 3 5 8 13 21 34 55 89 144 233 377
```

以上程序将把所有名字都导入，除了那些由单下划线(_)开头的名字。大多数情况下，不应使用这种方法导入模块，因为一旦同名，就很可能覆盖已有的定义。

8.2.1　__name__属性

模块在被另一个程序第一次引入时，其主程序将运行。如果想在模块被引入时，让模块中的某一程序块不执行，可以使用__name__属性，让该程序块仅在模块自身运行时执行。示例程序如下：

```
#!/usr/bin/python3
#文件名：using_name.py

if __name__ == '__main__':
    print('程序本身在运行')
else:
    print('在另一模块中运行')
```

下面运行程序并输出：

```
C:\projects>python using_name.py
程序本身在运行

C:\projects>python
Python 3.7.1 (v3.7.1:260ec2c36a, Oct 20 2018, 14:57:15) [MSC v.1915 64 bit (AMD64)] on win32
Type "help", "copyright", "credits" or "license" for more information.
>>> import using_name
在另一模块中运行
```

需要注意的是，每个模块都有__name__属性，当值是'__main__'时，表明模块自身在运行，否则是被引入。

8.2.2　dir 函数

dir 函数是 Python 内置函数，通过 dir 函数可以找到模块内定义的所有名称，并以字符串列表的形式返回，示例程序如下：

```
>>> import using_name
>>> dir(using_name)
['__builtins__', '__cached__', '__doc__', '__file__', '__loader__', '__name__', '__package__', '__spec__']
>>> import sys
>>> dir(sys)
['__breakpointhook__', '__displayhook__', '__doc__', '__excepthook__', '__interactivehook__', '__loader__',
'__name__', '__package__', '__spec__', '__stderr__', '__stdin__', '__stdout__', '_clear_type_cache', '_current_frames',
'_debugmallocstats', '_enablelegacywindowsfsencoding', '_framework', '_getframe', '_git', '_home', '_xoptions',
'api_version', 'argv', 'base_exec_prefix', 'base_prefix', 'breakpointhook', 'builtin_module_names', 'byteorder', 'call_tracing',
'callstats', 'copyright', 'displayhook', 'dllhandle', 'dont_write_bytecode', 'exc_info', 'excepthook', 'exec_prefix', 'executable',
```

'exit', 'flags', 'float_info', 'float_repr_style', 'get_asyncgen_hooks', 'get_coroutine_origin_tracking_depth', 'get_coroutine_wrapper', 'getallocatedblocks', 'getcheckinterval', 'getdefaultencoding', 'getfilesystemcodeerrors', 'getfilesystemencoding', 'getprofile', 'getrecursionlimit', 'getrefcount', 'getsizeof', 'getswitchinterval', 'gettrace', 'getwindowsversion', 'hash_info', 'hexversion', 'implementation', 'int_info', 'intern', 'is_finalizing', 'last_traceback', 'last_type', 'last_value', 'maxsize', 'maxunicode', 'meta_path', 'modules', 'path', 'path_hooks', 'path_importer_cache', 'platform', 'prefix', 'ps1', 'ps2', 'set_asyncgen_hooks', 'set_coroutine_origin_tracking_depth', 'set_coroutine_wrapper', 'setcheckinterval', 'setprofile', 'setrecursionlimit', 'setswitchinterval', 'settrace', 'stderr', 'stdin', 'stdout', 'thread_info', 'version', 'version_info', 'warnoptions', 'winver']

如果没有给定参数，那么 dir 函数会列出当前定义的所有名称，示例如下：

```
>>>list = ['a','b','c','d','e']
>>> import sys
>>> sys.print('a')
Traceback (most recent call last):
    File "<stdin>", line 1, in <module>
AttributeError: module 'sys' has no attribute 'print'
>>> print(sys.path)
['', 'C:\\Program Files\\python37\\python37.zip', 'C:\\Program Files\\python37\\DLLs', 'C:\\Program Files\\python37\\lib', 'C:\\Program Files\\python37', 'C:\\Program Files\\python37\\lib\\site-packages']
>>> dir()    # 得到当前模块中定义的属性列表
['__annotations__', '__builtins__', '__doc__', '__loader__', '__name__', '__package__', '__spec__', 'list', 'sys', 'using_name']
>>> list = 5   # 建立新的变量 list
>>> dir()
['__annotations__', '__builtins__', '__doc__', '__loader__', '__name__', '__package__', '__spec__', 'list', 'sys', 'using_name']
>>> del list   # 删除变量 list
>>> dir()
['__annotations__', '__builtins__', '__doc__', '__loader__', '__name__', '__package__', '__spec__', 'sys', 'using_name']
>>>
```

8.3 Python 中的包

在创建许许多多模块后，我们可能希望将某些功能相近的文件组织到同一文件夹下，这里就需要运用包的概念了。本节主要介绍 Python 中的包。

8.3.1 包的定义

包对应于文件夹，包的使用方式跟模块类似，唯一需要注意的是，当把文件夹当作包使用时，文件夹需要包含 __init__.py 文件，主要是为了避免将文件夹名当作普通的字符串。__init__.py 的内容可以为空，一般用来进行包的某些初始化工作或者设置 __all__ 值，__all__ 用在 from package-name import *语句中，可全部导出定义过的模块。

通常，包总是一个目录，可以使用 import 导入包，或者使用 from + import 导入包中的部分模块。包目录中为首的文件便是__init__.py，然后是一些模块文件和子目录，假如子目录中也有__init__.py，那么它就是这个包的子包了。

由此可见，包是一种有层次的文件目录结构，它定义了由 n 个模块或 n 个子包组成的 Python 应用程序执行环境。通俗一点讲，包是一个包含__init__.py 文件的目录，该目录下一定得有__init__.py 文件和其他模块或子包。

8.3.2　包的导入

可以从包中导入单独的模块。导入方式包括以下 3 种。

(1) 使用全路径名导入包中的模块，语法格式如下：

```
import PackageA.SubPackageA.ModuleA
```

(2) 可以直接使用模块名而不用加上包前缀导入模块，语法格式如下：

```
from PackageA.SubPackageA import ModuleA
```

(3) 也可以直接导入模块中的函数或变量，语法格式如下：

```
from PackageA.SubPackageA.ModuleA import functionA
```

当使用 from package import item 时，item 可以是 package 的子模块或子包，或是其他定义在包中的函数、类或变量。Python 首先检查 item 是否定义在包中，如果没找到，就认为 item 是一个模块并尝试加载它，失败时会抛出 ImportError 异常。

当使用 import item.subitem.subsubitem 语法格式导入包中的模块时，subsubitem 之前的 subitem 必须是包，subsubitem 可以是模块或包，但不能是类、函数和变量。

当使用 from package import *导入模块时，如果包的__init__.py 文件中定义了一个名为__all__的列表变量，那么其中包含的模块名称列表将作为被导入的模块列表。如果没有定义__all__，那么这条语句不会导入 package 的所有子模块，而只保证 package 被导入，然后导入定义在包中的所有函数、类或变量。

8.3.3　包的组织

为了组织好模块，将多个模块分为一个包。包是 Python 模块文件所在的目录，且该目录下必须存在__init__.py 文件。常见的包结构如下：

```
package_a
├── __init__.py
├── module_a1.py
└── module_a2.py
package_b
├── __init__.py
├── module_b1.py
└── module_b2.py
```

假设有一个 main.py 文件，如果 main.py 想要引用 package_a 中的模块 module_a1，可以使用以下语句导入：

```
from package_a import module_a1
import package_a.module_a1
```

如果 package_a 中的 module_a1 需要引用 package_b，那么默认情况下，Python 是找不到 package_b。可以使用 sys.path.append('../')，在 package_a 中的 __init__.py 文件中添加这条语句，然后为 package_a 中的所有模块都添加* import __init__ 即可。

8.4　常用内建模块

Python 本身为用户提供了许多有用的内建模块，可以根据业务需要选用。本节介绍一些比较常用的内建模块。

8.4.1　collections

collections 是 Python 内建的集合模块，提供了许多有用的集合类，可以根据需要选用。下面介绍一些常用的集合类。

1. namedtuple

我们知道元组可以表示不变集合。例如，一个点的二维坐标就可以表示成：

```
>>> p = (1, 2)
```

但是，看到(1, 2)，很难看出这个元组是用来表示坐标的。但是，定义一个类又显得小题大做了，这时 namedtuple 就派上了用场，例如：

```
>>> from collections import namedtuple
>>> Point = namedtuple('Point',['x','y'])
>>> p = Point(1,2)
>>> p.x
1
>>> p.y
2
```

namedtuple 是一个函数，用来创建自定义的 tuple 对象，并且规定了 tuple 元素的个数，可以用属性而不是索引来引用 tuple 的某个元素。

这样一来，用 namedtuple 可以很方便地定义一种数据类型，既具备元组的不变性，又可以根据属性来引用，使用十分方便。

可以验证创建的 Point 对象是不是 tuple 的子类，示例如下：

```
>>> isinstance(p, Point)
True
```

```
>>> isinstance(p, tuple)
True
```

类似地，如果要用坐标和半径表示圆，也可以用 namedtuple 来定义，例如：

```
# namedtuple('名称', [属性 list]):
Circle = namedtuple('Circle', ['x', 'y', 'r'])
```

2. deque

使用列表存储数据时，按索引访问元素很快，但是插入和删除元素就很慢了，因为列表采用的线性存储方式，数据量大的时候，插入和删除效率很低。

deque 是用于高效实现插入和删除操作的双向列表，适合用于队列和栈。例如：

```
>>> from collections import deque
>>> q = deque(['a', 'b', 'c'])
>>> q.append('x')
>>> q.appendleft('y')
>>> q
deque(['y', 'a', 'b', 'c', 'x'])
```

deque 除了实现列表的 append() 和 pop() 方法外，还支持 appendleft() 和 popleft() 方法，这样就可以非常高效地往头部添加或删除元素。

3. defaultdict

使用字典时，如果引用的键不存在，就会抛出 KeyError 异常。如果希望键不存在时返回默认值，就可以使用 defaultdict，例如：

```
>>> from collections import defaultdict
>>> dd = defaultdict(lambda: 'N/A')
>>> dd['key1'] = 'abc'
>>> dd['key1'] # key1 存在
'abc'
>>> dd['key2'] # key2 不存在，返回默认值
'N/A'
```

注意，默认值是调用函数返回的，而函数在创建 defaultdict 对象时传入。除了在键不存在时返回默认值，defaultdict 的其他行为跟字典是完全一样的。

4. OrderedDict

使用字典时，键是无序的。在对字典做迭代时，我们无法确定键的顺序。如果要保持键的顺序，可以使用 OrderedDict。例如：

```
>>> from collections import OrderedDict
>>> d = dict([('a', 1), ('b', 2), ('c', 3)])
>>> d        # 字典中的键是无序的
```

```
{'a': 1, 'c': 3, 'b': 2}
>>> od = OrderedDict([('a', 1), ('b', 2), ('c', 3)])
>>> od    # OrderedDict 中的键是有序的
OrderedDict([('a', 1), ('b', 2), ('c', 3)])
```

注意，OrderedDict 中的键会按照插入的顺序排列，从以下示例程序可以看出：

```
>>> od = OrderedDict()
>>> od['z'] = 1
>>> od['y'] = 2
>>> od['x'] = 3
>>> od.keys()    # 按照插入的顺序返回
['z', 'y', 'x']
```

OrderedDict 可以实现先进先出(FIFO)的字典，当容量超出限制时，先删除最早添加的键。示例如下：

```
from collections import OrderedDict

class LastUpdatedOrderedDict(OrderedDict):

    def __init__(self, capacity):
        super(LastUpdatedOrderedDict, self).__init__()
        self._capacity = capacity

    def __setitem__(self, key, value):
        containsKey = 1 if key in self else 0
        if len(self) - containsKey >= self._capacity:
            last = self.popitem(last=False)
            print 'remove:', last
        if containsKey:
            del self[key]
            print 'set:', (key, value)
        else:
            print 'add:', (key, value)
        OrderedDict.__setitem__(self, key, value)
```

5. Counter

Counter 是一个简单的计数器，用于统计字符出现的个数，示例如下：

```
>>> from collections import Counter
>>> c = Counter()
>>> for ch in 'programming':
...     c[ch] = c[ch] + 1
...
>>> c
Counter({'g': 2, 'm': 2, 'r': 2, 'a': 1, 'i': 1, 'o': 1, 'n': 1, 'p': 1})
```

Counter 实际上也是 Dict 的子类，从上面的结果可以看出，字符'g'、'm'、'r'各出现了两次，其他字符各出现了一次。

8.4.2　base64

base64 是一种常见的可将任意二进制数据转换为文本字符串的编码方法，常用于在 URL、Cookie、网页中传输少量二进制数据。

当用记事本打开.exe、.jpg、.pdf 文件时，会看到一大堆乱码，这是因为二进制文件包含很多无法显示和打印的字符。所以，如果想要让记事本这样的文本处理软件能处理二进制数据，就需要一种转换方法。base64 是一种常见的二进制编码方法。

base64 编码的原理很简单，首先，准备一个包含 64 个字符的数组：

['A', 'B', 'C', ... 'a', 'b', 'c', ... '0', '1', ... '+', '/']

然后，对二进制数据进行处理，每 3 个字节一组，一共有 $3 \times 8=24$ 位，划为 4 组，每组正好 6 位，如图 8-1 所示。

图 8-1　base64 编码

这样就得到 4 个数字作为索引，然后查询编码表，获得相应的 4 个字符，这就是编码后的字符串。所以，base64 编码会把 3 字节的二进制数据编码为 4 字节的文本数据，长度增加 33%，好处是编码后的文本数据可以在邮件正文、网页是直接显示。

如果要编码的二进制数据不是 3 的倍数，怎么办？base64 编码用\x00 字节在末尾补足后，在编码的末尾加上一个或两个=符号，表示补了多少字节，解码的时候，会自动去掉=符号。

通过 Python 内置的 base64 模块可以直接进行编解码，示例如下：

```
>>> import base64
>>> base64.b64encode('binary\x00string')
'YmluYXJ5AHN0cmluZw=='
>>> base64.b64decode('YmluYXJ5AHN0cmluZw==')
'binary\x00string'
```

由于执行标准的 base64 编码后可能出现字符+和/，在 URL 中不能直接作为参数，因此又有了一种 url safe base64 编码，其实就是把字符+和/分别变成-和_：

```
>>> base64.b64encode('i\xb7\x1d\xfb\xef\xff')
'abcd++//'
>>> base64.urlsafe_b64encode('i\xb7\x1d\xfb\xef\xff')
'abcd--__'
>>> base64.urlsafe_b64decode('abcd--__')
'i\xb7\x1d\xfb\xef\xff'
```

还可以自己定义 64 个字符的排列顺序，这样就可以自定义 base64 编码，不过，通常情况下完全没有必要这么做。

base64 编码不能用于加密，即使使用自定义的编码表也不行。base64 适用于小段内容的编码，比如数字证书的签名、Cookie 的内容等。

由于=字符也可能出现在 base64 编码中，但=字符用在 URL、Cookie 中会造成歧义，因此，很多情况下在进行 base64 编码后会把=符号去掉：

```
# 标准 base64 编码:
'abcd' -> 'YWJjZA=='
# 自动去掉=符号:
'abcd' -> 'YWJjZA'
```

去掉=符号后怎么解码呢？因为 base64 编码是把 3 个字节变为 4 个字节，所以 base64 编码的长度永远是 4 的倍数。因此，需要加上=符号来把 base64 字符串的长度变为 4 的倍数，这样就可以正常解码了。

8.4.3　struct

准确来讲，Python 没有专门处理字节的数据类型。但由于 str 既表示字符串，又可以表示字节，因此字节数组＝str。而在 C 语言中，可以很方便地用 struct、union 处理字节，以及字节和 int、float 类型间的转换。在 Python 中，要把一个 32 位的无符号整数变成字节，也就是 4 字节长度的 str，得配合位运算符这么写：

```
>>> n = 10240099
>>> b1 = chr((n & 0xff000000) >> 24)
>>> b2 = chr((n & 0xff0000) >> 16)
>>> b3 = chr((n & 0xff00) >> 8)
>>> b4 = chr(n & 0xff)
>>> s = b1 + b2 + b3 + b4
>>> s
'\x00\x9c@c'
```

非常麻烦。换成浮点数就无能为力了。

Python 提供了 struct 模块来解决 str 和其他二进制数据类型间的转换。struct 模块的 pack 函数能把任意数据类型转换成字符串，例如：

```
>>> import struct
>>> struct.pack('>I', 10240099)
'\x00\x9c@c'
```

pack 函数的第一个参数是处理指令，'>I'表达式中，>表示字节顺序是 big-endian，也就是网络序，I 表示 4 字节的无符号整数。后面的参数个数要和处理指令一致。

unpack 函数能把 str 变成相应的数据类型，例如：

```
>>> struct.unpack('>IH', '\xf0\xf0\xf0\xf0\x80\x80')
(4042322160, 32896)
```

根据'>IH'，后面的 str 依次变为 I(4 字节的无符号整数)和 H(2 字节的无符号整数)。

所以，尽管 Python 不适合编写在底层操作字节流的代码，但在对性能要求不高的地方，利用 struct 模块就方便多了。

Windows 的位图文件(.bmp 文件)是一种非常简单的文件，在这里用 struct 模块分析一下。

首先找到一个.bmp 文件，然后读入前 30 个字节进行分析：

```
>>> s = '\x42\x4d\x38\x8c\x0a\x00\x00\x00\x00\x00\x36\x00\x00\x00\x28\x00\x00\x00\x80\x02\x00\x00\x68\x01\x00\x00\x01\x00\x18\x00'
```

BMP 格式采用小端方式存储数据，文件头的结构按顺序如下。

- 两个字节：'BM'表示 Windows 位图，'BA'表示 OS/2 位图。
- 一个 4 字节整数：表示位图大小。
- 一个 4 字节整数：保留位，始终为 0。
- 一个 4 字节整数：实际图像的偏移量。
- 一个 4 字节整数：文件头的字节数。
- 一个 4 字节整数：图像宽度。
- 一个 4 字节整数：图像高度。
- 一个 2 字节整数：始终为 1。
- 一个 2 字节整数：颜色数。

所以，组合起来就是使用 unpack 函数进行如下读取：

```
>>> struct.unpack('<ccIIIIIIHH', s)
('B', 'M', 691256, 0, 54, 40, 640, 360, 1, 24)
```

结果显示，'B'、'M'说明是 Windows 位图，位图大小为 640 像素×360 像素，颜色数为 24。

8.4.4　hashlib

摘要算法在很多地方都有广泛的应用。需要注意，摘要算法不是加密算法，不能用于加密(因为无法通过摘要反推明文)，只能用于防篡改，但是它的单向计算特性决定了可以在不存储明文口令的情况下验证用户口令。

Python 的 hashlib 模块提供了常见的摘要算法，如 MD5、SHA1 等。

什么是摘要算法呢？摘要算法又称哈希算法、散列算法。它通过一个函数，把任意长度的数据转换为长度固定的数据串(通常以十六进制的字符串表示)。

举个例子，有一篇文章，内容是一个字符串'how to use python hashlib - by Michael'，并附上这篇文章的摘要是'2d73d4f15c0db7f5ecb321b6a65e5d6d'。如果有人篡改这篇文章，并发表为'how to use python hashlib - by Bob'，那么可以一下子指出 Bob 篡改了自己的文章，因为根据'how to use python hashlib - by Bob'计算出的摘要不同于原始文章的摘要。

可见，摘要算法就是通过摘要函数 f 对任意长度的数据计算出固定长度的摘要，目的是发现原始数据是否被人篡改过。

摘要算法之所以能指出数据是否被篡改过，就是因为摘要函数是单向函数，计算 f(data)很容易，但通过摘要反推数据却非常困难。而且，哪怕只对原始数据的一位做修改，都会导致计算出的摘要完全不同。

这里以常见的摘要算法 MD5 为例，计算一个字符串的 MD5 值：

```
import hashlib

md5 = hashlib.md5()
md5.update('how to use md5 in python hashlib?')
print md5.hexdigest()
```

计算结果如下：

```
d26a53750bc40b38b65a520292f69306
```

如果数据量很大，可以分块多次调用 update 函数，最后计算的结果是一样的：

```
md5 = hashlib.md5()
md5.update('how to use md5 in ')
md5.update('python hashlib?')
print md5.hexdigest()
```

MD5 是最常见的摘要算法，速度很快，所生成结果的字节数固定，通常用一个 32 位的十六进制字符串表示。

另一种常见的摘要算法是 SHA1，调用 SHA1 和调用 MD5 完全类似：

```
import hashlib

sha1 = hashlib.sha1()
sha1.update('how to use sha1 in ')
sha1.update('python hashlib?')
print sha1.hexdigest()
```

生成的结果通常用一个 40 位的十六进制字符串表示。比 SHA1 更安全的算法是 SHA256 和 SHA512，不过越安全的算法越慢，而且摘要更长。

有没有可能让不同的数据通过某个摘要算法得到相同的摘要？完全有可能，因为任何摘要算法都是把无限的数据集合映射到有限的数据集合。发生这种情况称为碰撞，比如 Bob 试图根据摘要反推出一篇文章'how to learn hashlib in python - by Bob'，并且这篇文章的摘要恰好和他人的文章完全一致，这种情况也并非不可能出现，但是非常困难。

摘要算法能应用到什么地方？举个例子：任何允许用户登录的网站都会存储用户登录的用户名和口令。如何存储用户名和口令呢？方法是存放到数据库表中：

```
name      | password
--------+----------
michael   | 123456
bob       | abc999
alice     | alice2008
```

如果以明文保存口令，那么当数据库泄漏，所有口令就会落入黑客手中。此外，网站运维人员可以访问数据库，也就是能获取到所有用户的口令。

保存口令的正确方式是不存储用户的明文口令，而是存储口令的摘要，比如 MD5 值：

```
username | password
---------+--------------------------------
michael  | e10adc3949ba59abbe56e057f20f883e
bob      | 878ef96e86145580c38c87f0410ad153
alice    | 99b1c2188db85afee403b1536010c2c9
```

当用户登录时，首先计算用户输入的明文口令的 MD5 值，然后和数据库中存储的 MD5 值做对比。如果一致，说明口令输入正确；如果不一致，口令肯定错误。

8.4.5　itertools

itertools 模块提供的全部是用于处理迭代功能的函数，它们的返回值不是列表，而是迭代对象，只有用 for 循环迭代的时候才真正计算。

首先来看看 itertools 模块提供的几个"无限"迭代器：

```
>>> import itertools
>>> natuals = itertools.count(1)
>>> for n in natuals:
...       print n
...
1
2
3
...
```

因为 count() 会创建一个无限的迭代器，所以上述代码会打印出自然数序列，根本停不下来，只能按 Ctrl+C 组合键退出。

cycle() 会把传入的序列无限重复下去：

```
>>> import itertools
>>> cs = itertools.cycle('ABC') # 注意字符串也是序列的一种
>>> for c in cs:
...       print c
...
'A'
'B'
'C'
'A'
'B'
'C'
...
```

同样停不下来。

repeat() 负责把一个元素无限重复下去，不过，提供第二个参数就可以限定重复次数：

```
>>> ns = itertools.repeat('A', 10)
>>> for n in ns:
...        print n
...
```

结果打印 10 次'A'。

无限序列只有在执行 for 循环迭代时才会无限地迭代下去，如果只是创建一个迭代对象，就不会事先把无限个元素生成出来，事实上也不可能在内存中创建无限个元素。

无限序列虽然可以无限迭代下去，但是通常会通过 takewhile()等函数，根据条件判断来截取一个有限序列，例如：

```
>>> natuals = itertools.count(1)
>>> ns = itertools.takewhile(lambda x: x <= 10, natuals)
>>> for n in ns:
...        print n
...
```

结果将打印出 1~10。

下面介绍 itertools 模块提供的其他几个迭代器操作函数，它们更加有用。

1. chain()

chain()可以把一组迭代对象串联起来，形成一个更大的迭代器：

```
for c in itertools.chain('ABC', 'XYZ'):
    print c
# 迭代效果：'A' 'B' 'C' 'X' 'Y' 'Z'
```

2. groupby()

groupby()可以把迭代器中相邻的重复元素挑出来放在一起，例如：

```
>>> for key, group in itertools.groupby('AAABBBCCAAA'):
...        print key, list(group)   # 为什么这里要使用 list()函数呢？
...
A ['A', 'A', 'A']
B ['B', 'B', 'B']
C ['C', 'C']
A ['A', 'A', 'A']
```

挑选规则实际上是通过函数完成的，只要作用于函数的两个元素返回的值相等，这两个元素就被认为是一组的，并且把函数的返回值作为该组的键。如果我们要忽略大小写分组，就可以让元素'A'和'a'返回相同的键：

```
>>> for key, group in itertools.groupby('AaaBBbcCAAa', lambda c: c.upper()):
...        print key, list(group)
...
```

A ['A', 'a', 'a']
B ['B', 'B', 'b']
C ['c', 'C']
A ['A', 'A', 'a']

3. imap()

imap()和 map()的区别在于：imap()可以作用于无穷序列，并且如果两个序列的长度不一致，以短的那个序列为准。例如：

```
>>> for x in itertools.imap(lambda x, y: x * y, [10, 20, 30], itertools.count(1)):
...     print x
...
10
40
90
```

注意，imap()返回一个迭代对象，而 map()返回一个列表。当调用 map()时，已经计算完毕：

```
>>> r = map(lambda x: x*x, [1, 2, 3])
>>> r      #r 已经计算出来了
[1, 4, 9]
```

当调用 imap()时，并没有进行任何计算。例如：

```
>>> r = itertools.imap(lambda x: x*x, [1, 2, 3])
>>> r
<itertools.imap object at 0x103d3ff90>
#r 只是一个迭代对象
```

必须用 for 循环对 r 进行迭代，才会在每次循环过程中计算出下一个元素。例如：

```
>>> for x in r:
...     print x
...
1
4
9
```

这说明 imap()实现了"惰性计算"，也就是在需要获得结果的时候才计算。类似 imap()这样能够实现惰性计算的函数就可以处理无限序列：

```
>>> r = itertools.imap(lambda x: x*x, itertools.count(1))
>>> for n in itertools.takewhile(lambda x: x<100, r):
...     print n
...
```

结果是什么？把 imap()换成 map()去处理无限序列会有什么结果？

```
>>> r = map(lambda x: x*x, itertools.count(1))
```

不用多说，ifilter()就是filter()的惰性实现。

8.4.6 XML

XML虽然比JSON复杂，在Web中的应用也不如以前，不过仍有很多地方在用。所以，有必要了解如何操作XML。

操作XML有两种方法：DOM和SAX。DOM会把整个XML读入内存，解析为树，因此占用内存大，解析慢，优点是可以任意遍历树的节点。SAX是流模式，边读边解析，占用内存小，解析快，缺点是需要自己处理事件。

正常情况下，优先考虑SAX，因为DOM实在太占内存。

在Python中，使用SAX解析XML非常简洁，由于通常关心的事件是start_element、end_element和char_data，因此准备好相应的事件处理函数，然后就可以解析XML了。

举个例子，当SAX解析器读到一个节点时，会产生3个事件：

```
<a href="/">Python</a>
```

- start_element事件，在读取<a href="/">时产生。
- char_data事件，在读取Python时产生。
- end_element事件，在读取</a>时产生。

下面用代码实验一下：

```python
from xml.parsers.expat import ParserCreate

class DefaultSaxHandler(object):
    def start_element(self, name, attrs):
        print('sax:start_element: %s, attrs: %s' % (name, str(attrs)))

    def end_element(self, name):
        print('sax:end_element: %s' % name)

    def char_data(self, text):
        print('sax:char_data: %s' % text)

xml = r'''<?xml version="1.0"?>
<ol>
    <li><a href="/python">Python</a></li>
    <li><a href="/ruby">Ruby</a></li>
</ol>
'''
handler = DefaultSaxHandler()
parser = ParserCreate()
parser.returns_unicode = True
parser.StartElementHandler = handler.start_element
parser.EndElementHandler = handler.end_element
```

```
parser.CharacterDataHandler = handler.char_data
parser.Parse(xml)
```

当设置 returns_unicode 为 True 时，返回的所有元素名称和 char_data 都是 Unicode，处理国际化更方便。

需要注意的是，在读取一大段字符串时，CharacterDataHandler 可能被多次调用，所以需要自己保存起来，到了 EndElementHandler 中再合并。

除了解析 XML 外，如何生成 XML 呢？99% 的情况下，需要生成的 XML 结构都是非常简单的，因此，最简单也是最有效的生成 XML 的方法是拼接字符串，示例如下：

```
L = []
L.append(r'<?xml version="1.0"?>')
L.append(r'<root>')
L.append(encode('some & data'))
L.append(r'</root>')
return ''.join(L)
```

如果要生成复杂的 XML，建议不要使用 XML，最好使用 JSON。

由此可见，解析 XML 时，注意找出自己感兴趣的节点，响应事件时，把节点数据保存起来。解析完毕后，就可以处理数据。

8.4.7 HTMLParser

如果要编写一个搜索引擎，第一步是用网络爬虫把目标网站的页面抓取下来，第二步就是解析这些页面，看看里面的内容到底是新闻、图片还是视频。

假设第一步已经完成了，第二步应该如何解析 HTML 呢？HTML 本质上是 XML 的子集，但是 HTML 的语法没有 XML 那么严格，所以不能用标准的 DOM 或 SAX 来解析 HTML。

好在 Python 提供了 HTMLParser 来非常方便地解析 HTML，只需要简单几行代码即可：

```
from HTMLParser import HTMLParser
from htmlentitydefs import name2codepoint

class MyHTMLParser(HTMLParser):

    def handle_starttag(self, tag, attrs):
        print('<%s>' % tag)

    def handle_endtag(self, tag):
        print('</%s>' % tag)

    def handle_startendtag(self, tag, attrs):
        print('<%s/>' % tag)

    def handle_data(self, data):
        print('data')
```

```
    def handle_comment(self, data):
        print('<!-- -->')

    def handle_entityref(self, name):
        print('&%s;' % name)

    def handle_charref(self, name):
        print('&#%s;' % name)

parser = MyHTMLParser()
parser.feed('<html><head></head><body><p>Some <a href=\"#\">html</a>
tutorial...<br>END</p></body></html>')
```

feed()方法可以多次调用，也就是说，不一定非要一次性把整个 HTML 字符串塞进去，可以一部分、一部分地塞进去。

特殊字符有两种，一种是英文表示的 ，另一种是数字表示的Ӓ，这两种字符都可以通过 HTML Parser 解析出来。

8.5 本章实战

8.5.1 创建模块

到目前为止，本章讲述了创建模块时所需的全部要素。下面演示的模块使用了本章描述的技术。

本节将创建 meal 模块。meal 模块的功能并不十分庞杂，只是对一日三餐中的食物和饮料进行建模。

我们对 meal 模块中的代码刻意做了简化，目的不是完成有用的任务，而是演示如何组成模块。

输入下面的代码，并将文件命名为 meal.py:

```
"""
创建 meal 模块
接着导入模块，调用模块中的方法:
makeBreakfast()、makeDinner()或 makeLunch()
"""
__all__ = ['Meal','AngryChefException', 'makeBreakfast',
    'makeLunch', 'makeDinner', 'Breakfast', 'Lunch', 'Dinner']
# 辅助函数
def makeBreakfast():
    "' 创建一个 Breakfast 对象"'
    return Breakfast()

def makeLunch():
```

```
    '" 创建一个 Lunch 对象"
    return Lunch()

def makeDinner():
    '" 创建一个 Dinner 对象"
    return Dinner()

# 异常类
class SensitiveArtistException(Exception):
    pass

class AngryChefException(SensitiveArtistException):
    pass

class Meal:
    "盛放食物和饮料。在真正面向对象的结构中，这个类包括食物和饮料的设定方法
    "
    def __init__(self, food='omelet', drink='coffee'):
        "初始化默认值"
        self.name = '普通餐'
        self.food = food
        self.drink = drink

    def printIt(self, prefix="):
        "格式化输出"
        print(prefix,'A fine',self.name,'with',self.food,'and',self.drink)

    # 准备食物
    def setFood(self, food='omelet'):
        self.food = food

    # 准备饮料
    def setDrink(self, drink='coffee'):
        self.drink = drink

    # 准备名称
    def setName(self, name="):
        self.name = name

class Breakfast(Meal):
    "为早餐准备食物和饮料"
    def __init__(self):
        "煎蛋卷和咖啡"
        Meal.__init__(self, 'omelet', 'coffee')
        self.setName('breakfast')
```

```python
class Lunch(Meal):
    "午餐的食物和饮料"
    def __init__(self):
        "三明治和杜松子酒"
        Meal.__init__(self, 'sandwich', 'gin and tonic')
        self.setName('midday meal')

    # 覆盖方法 setFood().
    def setFood(self, food='sandwich'):
        if food != 'sandwich' and food != 'omelet':
            raise AngryChefException
        Meal.setFood(self, food)


class Dinner(Meal):
    "准备晚餐吃喝"
    def __init__(self):
        "准备牛排和梅洛"
        Meal.__init__(self, 'steak', 'merlot')
        self.setName('dinner')

    def printIt(self, prefix=''):
        "格式化输出"
        print(prefix,'A gourmet',self.name,'with',self.food,'and',self.drink)


def test():
    "测试方法"
    print('Module meal test.')
    # 通常没有参数
    print('Testing Meal class.')
    m = Meal()
    m.printIt("\t")
    m = Meal('green eggs and ham', 'tea')
    m.printIt("\t")
    # Test breakfast
    print('Testing Breakfast class.')
    b = Breakfast()
    b.printIt("\t")

    b.setName('breaking of the fast')
    b.printIt("\t")
    # Test dinner
    print('Testing Dinner class.')
    d = Dinner()
    d.printIt("\t")
```

```
# Test lunch
print('Testing Lunch class.')
l = Lunch()
l.printIt("\t")
print('Calling Lunch.setFood().')
try:
        l.setFood('hotdog')
except AngryChefException:
        print("\t",'The chef is angry. Pick an omelet.')
```

```
# 如果模块作为程序运行，就运行测试
if __name__ == '__main__':
    test()
```

meal 模块是根据本章描述的技术创建的，包含测试、文档、异常、类和函数。

构建了模块之后，可以将模块导入 Python 脚本中。例如，下面的脚本调用了 meal 模块中的类和函数：

```
import meal

print('Making a Breakfast')
breakfast = meal.makeBreakfast()

breakfast.printIt("\t")

print('Making a Lunch')
lunch = meal.makeLunch()

try:
    lunch.setFood('pancakes')
except meal.AngryChefException:
    print("\t",'Cannot make a lunch of pancakes.')
    print("\t",'The chef is angry. Pick an omelet.')
```

这个例子使用标准方式导入模块：

```
import meal
```

运行这个脚本时，将看到如下输出：

```
Making a Breakfast
        A fine breakfast with omelet and coffee
Making a Lunch
        Cannot make a lunch of pancakes.
        The chef is angry. Pick an omelet.
```

下一个脚本演示了导入模块的另一种方法：

```
from meal import *
```

全部脚本如下：

```
from meal import *

print('Making a Breakfast')
breakfast = makeBreakfast()

breakfast.printIt("\t")

print('Making a Lunch')
lunch = makeLunch()

try:
    lunch.setFood('pancakes')
except AngryChefException:
    print("\t",'Cannot make a lunch of pancakes.')
    print("\t",'The chef is angry. Pick an omelet.')
```

注意，使用这种导入形式时，不必使用模块名称 meal 作为前缀就可以调用 makeLunch 和 makeBreakfast 函数。

这个脚本的输出与上个脚本的输出应该是类似的。

```
Making a Breakfast
        A fine breakfast with omelet and coffee
Making a Lunch
        Cannot make a lunch of pancakes.
        The chef is angry. Pick an omelet.
```

你需要十分小心地使用变量的名称。示例模块的名称是 meal，这意味着不能在其他任何上下文中使用这个名称，例如不能作为变量的名称。如果那样做，就会覆盖 meal 模块的定义。

8.5.2 安装模块

Python 解释器在 sys.path 变量列出的目录中查找模块。sys.path 变量包括当前目录，所以总是可以使用当前路径中的模块。然而，如果希望在多个脚本或系统中使用编写的模块，那么需要将它们安装到 sys.path 变量列出的某个目录中。

大多数情况下，需要将 Python 模块放到 site-packages 目录中。查看 sys.path 变量列出的目录，找到以 site-packages 结尾的目录，这是一个用于从站点安装包的目录。

需要注意的是，除了模块，还可以创建模块的包，包是安装到相同目录中的相关模块的集合。

可以使用以下 3 种机制安装模块：

- 可以手动创建安装脚本或程序。
- 可以创建针对操作系统的安装程序，例如 Windows 上的 MSI 文件、Linux 上的 RPM 文件以及 Mac OS X 上的 DMG 文件。
- 可以使用便利的 Python distutils(代表 distribution utility，分发实用程序)包来创建基于 Python 的安装文件。

为使用 Python distutils 包，需要创建一个名为 setup.py 的安装脚本。最简单的安装脚本可以包括如下内容：

```
from distutils.core import setup

setup(name='NameOfModule',
      version='1.0',
      py_modules=['NameOfModule'],
      )
```

需要两次包括模块的名称。用自己的模块的名称替换 NameOfModule，例如本章例子中的 meal。

Name the script setup.py.

创建了 setup.py 脚本之后，可以使用下面的命令创建模块的发布版本：

```
python setup.py sdist
```

8.6　本章小结

本章将前几章的概念结合在一起，通过示例深入研究了如何创建模块。模块就是选择作为模块处理的 Python 源文件。尽管听起来很简单，但是创建模块时需要遵循下面的一些规则：

- 为模块和模块中的所有类、方法和函数建立文档。
- 测试模块并包含至少一个测试函数。
- 定义要导出模块中的哪些项，包括哪些类或函数等。
- 为使用模块时可能出现的问题创建需要的任何异常类。
- 处理模块本身作为 Python 脚本执行的情况。

Python 使得在模块内部定义类变得非常容易。

开发模块时，可以分别使用 help 和 reload 函数显示模块的文档以及重新加载改变的模块。

创建了模块之后，可以使用 Python distutils 包创建该模块的发布包。为此，需要创建 setup.py 脚本。

8.7　思考与练习

1. 如何访问模块提供的功能？
2. 如何控制模块的哪些项是公有的(公有项在其他 Python 脚本中是可用的)？
3. 如何查看模块的文档？
4. 如何找出系统中安装了哪些模块？
5. 什么类型的 Python 命令能放到模块中？

第 9 章

异常处理和程序调试

作为 Python 初学者，在刚刚学习 Python 编程时，经常会看到一些报错信息。这些报错信息包括：有的错误是程序编写有问题造成的，比如本来应该输出整数却输出了字符串，这种错误我们通常称为 bug，bug 是必须修复的；有的错误是用户输入造成的，比如让用户输入电子邮箱地址，结果得到一个空的字符串，这种错误可以通过检查用户输入来做相应的处理；还有一类错误是完全无法在程序运行过程中预测的，比如写入文件的时候，磁盘满了，写不进去，或者从网络抓取数据，网络突然断了。这类错误也称为异常，在程序中通常也是必须处理的，否则，程序会因为各种问题终止并退出。

Python 内置了一套异常处理机制来帮助我们进行错误处理。

此外，还需要跟踪程序的执行，查看变量的值是否正确，这个过程称为调试。Python 中的 pdb 可以让我们以单步方式执行代码。

最后，编写测试也很重要。有了良好的测试，就可以在程序修改后反复运行，确保程序输出符合我们编写的测试。

本章就来详细介绍错误和异常的处理，以及测试的编写与运行。

本章的学习目标：

- 了解 Python 中的两种错误(语法错误和异常)及其区别；
- 了解常用的内置异常以及异常继承关系；
- 掌握异常的处理方法 try…catch…finally…；
- 掌握 raise 语句主动抛出异常的方式；
- 掌握异常的追踪及记录；
- 掌握常用的程序调试方法；
- 了解测试的编写和运行方法。

9.1 异常

调试 Python 程序时，经常会报出一些异常，产生异常的原因有两个方面。一方面，可能是写程序时由于疏忽或考虑不全造成了错误，这时就需要根据异常追踪到出错点，进行分析改正；

另一方面，有些异常是不可避免的，但可以对异常进行捕获处理，防止程序终止。

9.1.1 错误与异常的概念

错误无法通过其他代码进行处理，如语法错误和逻辑错误。语法错误是单词或格式等写错，只能根据系统提示去修改相应的代码。逻辑错误是代码实现功能的逻辑有问题，系统不会报错，只能找到相应的代码进行修改。

异常是程序执行过程中出现的未知问题，这里语法和逻辑都是正确的，可以通过其他代码进行处理修复，比如可以通过 if 判定语句来避免对年龄进行赋值时因输入字符而出现异常的情况，使用捕捉异常可以避免除零异常，等等。

常见的系统异常如下。

- 除零异常(ZeroDivisionError)：被除数写成了 0。
- 名称异常(NameError)：变量未定义。
- 类型异常(TypeError)：对不同类型的数据进行相加。
- 索引异常(IndexError)：超出索引范围。
- 键异常(KeyError)：没有对应名称的键。
- 值异常(ValueError)：将字符型数据转换成整型数据。
- 属性异常(AttributeError)：对象没有对应名称的属性。
- 迭代器异常(StopIteration)：迭代次数超出迭代器中元素的个数。

9.1.2 Python 内置异常

Python 的异常处理能力是很强大的，它有很多内置异常，可向用户准确反馈出错信息。在 Python 中，异常也是对象，可对它们进行操作。BaseException 是所有内置异常的基类，但用户定义的类并不直接继承 BaseException，所有的异常类都从 Exception 继承，且都在 exceptions 模块中定义。Python 自动将所有异常名称放在内建的命名称空间中，所以程序不必导入 exceptions 模块即可使用异常。一旦引发并且没有捕捉 SystemExit 异常，程序执行就会终止。如果交互式会话遇到未被捕捉的 SystemExit 异常，会话就会终止。

内置异常类的层次结构如下：

```
BaseException              # 所有异常的基类
 +-- SystemExit            # 解释器请求退出
 +-- KeyboardInterrupt     # 用户中断执行(通常是输入^C)
 +-- GeneratorExit         # 生成器(generator)发生异常来通知退出
 +-- Exception             # 常规异常的基类
     +-- StopIteration     # 迭代器没有更多的元素可供迭代
     +-- StopAsyncIteration # 必须通过异步迭代器对象的__anext__()方法来停止迭代
     +-- ArithmeticError   # 各种算术错误引发的内置异常的基类
     |   +-- FloatingPointError # 浮点计算错误
     |   +-- OverflowError # 数值运算结果太大，无法表示
     |   +-- ZeroDivisionError # 除(或取模)零 (所有数据类型)
     +-- AssertionError    # 当 assert 语句失败时引发
     +-- AttributeError    # 属性引用或赋值失败
```

```
+-- BufferError     # 无法执行与缓冲区相关的操作时引发
+-- EOFError        # 当 input 函数在没有读取任何数据的情况下到达文件结束条件(EOF)时引发
+-- ImportError     # 导入模块/对象失败
|    +-- ModuleNotFoundError    # 无法找到模块或在 sys.modules 中找到 None
+-- LookupError                 # 映射或序列上使用的键或索引无效时引发的异常的基类
|    +-- IndexError             # 序列中没有此索引(index)
|    +-- KeyError               # 映射中没有这个键
+-- MemoryError     # 内存溢出错误(对于 Python 解释器不是致命的)
+-- NameError       # 未声明/初始化对象 (没有属性)
|    +-- UnboundLocalError      # 访问未初始化的本地变量
+-- OSError         # 操作系统错误，EnvironmentError、IOError、WindowsError、
                    # socket.error、select.error 和 mmap.error 已合并到 OSError 中，构造函数可能返回子类
|    +-- BlockingIOError        # 操作将阻塞对象(e.g. socket)设置为非阻塞操作
|    +-- ChildProcessError      # 子进程上的操作失败
|    +-- ConnectionError        # 与连接相关的异常的基类
|    |    +-- BrokenPipeError   # 另一端关闭时尝试写入管道或试图在已关闭写入的套接字上写入
|    |    +-- ConnectionAbortedError    # 连接尝试被对等方中止
|    |    +-- ConnectionRefusedError    # 连接尝试被对等方拒绝
|    |    +-- ConnectionResetError      # 连接由对等方重置
|    +-- FileExistsError        # 创建已存在的文件或目录
|    +-- FileNotFoundError      # 请求不存在的文件或目录
|    +-- InterruptedError       # 系统调用被输入信号中断
|    +-- IsADirectoryError      # 在目录上请求文件操作(例如 os.remove())
|    +-- NotADirectoryError     # 在不是目录的事物上请求目录操作(例如 os.listdir())
|    +-- PermissionError        # 尝试在没有足够访问权限的情况下执行操作
|    +-- ProcessLookupError     # 给定进程不存在
|    +-- TimeoutError           # 系统函数在系统级别超时
+-- ReferenceError  # weakref.proxy 函数创建的弱引用试图访问已被垃圾回收的对象
+-- RuntimeError    # 在检测到不属于任何其他类别的错误时触发
|    +-- NotImplementedError    # 在用户定义的基类中，抽象方法要求派生类重写该方法，或者正
                                # 在并开发的类指示仍然需要添加实际实现
|    +-- RecursionError         # 解释器检测到超出最大递归深度
+-- SyntaxError     # Python 语法错误
|    +-- IndentationError       # 缩进错误
|        +-- TabError           # Tab 和空格混用
+-- SystemError     # 解释器发现内部错误
+-- TypeError       # 操作或函数被应用于不适当类型的对象
+-- ValueError      # 操作或函数接收到具有正确类型但值不合适的参数
|    +-- UnicodeError           # 发生与 Unicode 相关的编码或解码错误
|        +-- UnicodeDecodeError # Unicode 解码错误
|        +-- UnicodeEncodeError # Unicode 编码错误
|        +-- UnicodeTranslateError # Unicode 转码错误
+-- Warning                     # 警告的基类
    +-- DeprecationWarning      # 有关已弃用功能的警告的基类
    +-- PendingDeprecationWarning# 有关不推荐使用功能的警告的基类
    +-- RuntimeWarning          # 有关可疑的运行时行为的警告的基类
```

```
    +-- SyntaxWarning    # 关于可疑语法警告的基类
    +-- UserWarning      # 用户代码生成警告的基类
    +-- FutureWarning    # 有关已弃用功能的警告的基类
    +-- ImportWarning    # 关于导入模块时可能出错的警告的基类
    +-- UnicodeWarning   # 与 Unicode 相关的警告的基类
    +-- BytesWarning     # 与 byte 和 bytearray 相关的警告的基类
    +-- ResourceWarning  # 与资源使用相关的警告的基类，被默认警告过滤器忽略
```

9.1.3 requests 模块的相关异常

在做网络爬虫时，requests 是一个十分好用的模块，这里专门探讨一下 requests 模块的相关异常。

要调用 requests 模块的内置异常，只要使用 "from requests.exceptions import xxx" 就可以了，例如：

```
from requests.exceptions import ConnectionError, ReadTimeout
```

写成以下方式也可以：

```
from requests import ConnectionError, ReadTimeout
```

requests 模块的内置异常类的层次结构如下：

```
IOError
  +-- RequestException  # 处理不确定的异常请求
      +-- HTTPError  # HTTP 错误
      +-- ConnectionError  # 连接错误
      |    +-- ProxyError  # 代理错误
      |    +-- SSLError  # SSL 错误
      |    +-- ConnectTimeout(+- - Timeout)  #(双重继承，余同)尝试连接到远程服务器时请求超时，
                                              #产生此错误的请求可以安全地重试
      +-- Timeout          # 请求超时
      |    +-- ReadTimeout  # 服务器未在指定的时间内发送任何数据
      +-- URLRequired      # 发出请求需要有效的 URL
      +-- TooManyRedirects  # 重定向太多
      +-- MissingSchema(+-- ValueError)  # 缺少 URL 架构(例如 HTTP 或 HTTPS)
      +-- InvalidSchema(+-- ValueError)   # 无效的架构，有效架构请参见 defaults.py
      +-- InvalidURL(+-- ValueError)      # 无效的 URL
      |    +-- InvalidProxyURL            # 无效的代理 URL
      +-- InvalidHeader(+-- ValueError)   # 无效的 Header
      +-- ChunkedEncodingError            # 服务器声明了 chunked 编码，但发送了无效的 chunk
      +-- ContentDecodingError(+-- BaseHTTPError)  # 无法解码响应内容
      +-- StreamConsumedError(+-- TypeError)   # 响应的内容已被使用
      +-- RetryError                      # 自定义重试逻辑失败
      +-- UnrewindableBodyError           # 尝试倒回正文时，请求遇到错误
      +-- FileModeWarning(+-- DeprecationWarning)  # 文件以文本模式打开，但 requests 确定的是二进制
                                                    #长度
```

```
    +-- RequestsDependencyWarning    # 导入的依赖项与预期的版本范围不匹配
```

```
Warning
 +-- RequestsWarning    # 请求的基本警告
```

下面的程序展示了 Python 内置的 ConnectionError 异常,这里不用再从 requests 模块导入了:

```python
import requests
from requests import ReadTimeout


def get_page(url):
    try:
        response = requests.get(url, timeout=1)
        if response.status_code == 200:
            return response.text
        else:
            print('Get Page Failed', response.status_code)
            return None
    except (ConnectionError, ReadTimeout):
        print('Crawling Failed', url)
        return None


def main():
    url = 'https://www.baidu.com'
    print(get_page(url))


if __name__ == '__main__':
    main()
```

9.1.4 用户自定义异常

此外,虽然 Python 提供了丰富的内置异常类,但由于实际的项目都有各自的业务背景,很多时候内置异常类无法完全满足业务需要。为此,Python 允许用户自定义异常。用户可以通过创建新的异常类拥有自己的异常。用户自定义异常时应该通过直接或间接的方式继承 Exception 类。下面创建了 MyError 类,基类为 Exception,用于在触发异常时输出更多的信息。

在 try 语句块中,抛出用户自定义异常后执行 except 部分,变量 e 是用于创建 MyError 类的实例。示例如下:

```python
class MyError(Exception):
    def __init__(self, msg):
        self.msg = msg

    def __str__(self):
```

```
        return self.msg

try:
    raise MyError('类型错误')
except MyError as e:
    print('My exception occurred', e.msg)
```

9.2 异常处理

当发生异常时，需要对异常进行捕获，然后进行相应的处理。进行异常捕获需要使用 try...except...结构，把可能发生错误的语句放在 try 语句块中，用 except 处理异常，每一个 try，都必须至少对应一个 except。此外，与 Python 异常相关的关键字如表 9-1 所示。

表 9-1　与 Python 异常相关的关键字

关键字	关键字说明
try/except	捕获异常并处理
pass	忽略异常
as	定义异常实例(except MyError as e)
else	如果 try 中的语句没有引发异常，则执行 else 中的语句
finally	无论是否出现异常都执行的代码
raise	抛出/引发异常

异常捕获有很多方式，下面分别进行讨论。

9.2.1 捕获所有异常

捕获所有异常，包括键盘中断和程序退出请求(用 sys.exit()就无法退出程序了，因为异常被捕获了)，因此慎用。语法格式如下：

```
try:
    <语句>
except:
    print('异常说明')
```

9.2.2 捕获指定异常

可以捕获指定的异常。语法格式如下：

```
try:
    <语句>
except <异常名>:
    print('异常说明')
```

示例如下：

```
try:
    f = open("file-not-exists", "r")
except IOError as e:
    print("open exception: %s: %s" %(e.errno, e.strerror))
```

捕获任意异常，语法格式如下：

```
try:
    <语句>
except Exception:
    print('异常说明')
```

9.2.3　捕获多个异常

捕获多个异常有两种方式。第一种是一个 except 同时处理多个异常，不区分优先级，语法格式如下：

```
try:
    <语句>
except (<异常名 1>, <异常名 2>, ...):
    print('异常说明')
```

第二种是区分优先级的，语法格式如下：

```
try:
    <语句>
except <异常名 1>:
    print('异常说明 1')
except <异常名 2>:
    print('异常说明 2')
except <异常名 3>:
    print('异常说明 3')
```

这种异常处理语法的规则是：

- 执行 try 中的语句，如果引发异常，则执行过程会跳到第一个 except 语句。
- 如果第一个 except 中定义的异常与引发的异常匹配，则执行该 except 中的语句。
- 如果引发的异常不匹配第一个 except，就搜索第二个 except，允许编写的 except 数量不受限制。
- 如果所有的 except 都不匹配，则异常会被传递到下一个调用该代码的最高层 try 中。

9.2.4　异常中的 else

判断完没有某些异常之后，如果还想做其他事，就可以使用下面这样的 else 语句。语法格式如下：

```
try:
    <语句>
```

```
except <异常名 1>:
        print('异常说明 1')
except <异常名 2>:
        print('异常说明 2')
else:
        <语句>   # try 语句中没有异常，则执行此段代码
```

9.2.5　异常中的 finally

对于 try...finally...语句，无论是否发生异常都将会执行最后的代码。语法格式如下：

```
try:
        <语句>
finally:
        <语句>
```

示例程序如下：

```
str1 = 'hello world'
try:
        int(str1)
except IndexError as e:
        print(e)
except KeyError as e:
        print(e)
except ValueError as e:
        print(e)
else:
        print('try 内没有异常')
finally:
        print('无论发生异常与否，都会执行我')
```

9.2.6　使用 raise 语句主动抛出异常

可以使用 raise 语句主动抛出异常，语法格式如下：

```
raise [Exception [, args [, traceback]]]
```

Exception 表示异常的类型(例如 ValueError)；args 参数是可选的，是异常的参数，如果不提供，异常的参数是"None"；最后一个参数 traceback 表示异常跟踪对象，也是可选的(在实践中很少使用)。示例程序如下：

```
def not_zero(num):
        try:
                if num == 0:
                        raise ValueError('参数错误')
                return num
        except Exception as e:
```

```
        print(e)

not_zero(0)
```

异常是类, 捕获异常就是捕获类的实例。因此, 异常并不是凭空产生的, 而是有意创建并抛出的。Python 的内置函数会抛出很多类型的异常, 我们自己编写的函数也可以抛出异常。

如果要抛出异常, 可以首先根据需要, 定义异常类, 选择好继承关系, 然后使用 raise 语句抛出异常类的实例:

```
# err.py
class FooError(StandardError):
    pass

def foo(s):
    n = int(s)
    if n==0:
        raise FooError('invalid value: %s' % s)
    return 10 / n
```

执行, 可以最后跟踪到定义的异常:

```
$ python err.py
Traceback (most recent call last):
  ...
__main__.FooError: invalid value: 0
```

只有在必要的时候才定义异常类。如果可以选择 Python 已有的内置异常类(比如 ValueError、TypeError), 就尽量使用 Python 的内置异常类。

最后, 我们来看另一种异常处理方式:

```
# err.py
def foo(s):
    n = int(s)
    return 10 / n

def bar(s):
    try:
        return foo(s) * 2
    except StandardError, e:
        print ('Error!')
        raise

def main():
    bar('0')

main()
```

在 bar 函数中，我们明明已经捕获了异常。但是，打印输出"Error!"后，又把异常通过 raise 语句抛出去了。

其实这种错误处理方式不但没有问题，而且相当常见。捕获异常目的只是记录一下，便于后续追踪。但是，由于当前函数不知道应该怎么处理异常，因此最恰当的方式是继续往上抛，让顶层调用者去处理。

raise 语句如果不带参数，就会把当前异常原样抛出。此外，还可以把一种类型的异常转换成另一种类型：

```
try:
    10 / 0
except ZeroDivisionError:
    raise ValueError('input error!')
```

只要转换逻辑合理就可以，但是，绝不应该把 IOError 转换成毫不相干的 ValueError。

9.2.7　使用 traceback 模块查看异常

发生异常时，Python 能"记住"引发的异常以及程序的当前状态。Python 还维护着跟踪对象，其中含有异常发生时与函数调用堆栈有关的信息。记住，异常可能在一系列嵌套较深的函数调用中引发。程序调用每个函数时，Python 会在"函数调用堆栈"的起始处插入函数名。一旦异常被引发，Python 就会搜索相应的异常处理程序。如果当前函数中没有异常处理程序，当前函数会终止执行，Python 会搜索当前函数的调用函数，并以此类推，直到发现匹配的异常处理程序，或者 Python 抵达主程序为止。这一查找合适的异常处理程序的过程就称为"堆栈辗转开解"(Stack Unwinding)。解释器一方面维护着与放置于堆栈中的函数有关的信息，另一方面也维护着与已从堆栈中"辗转开解"(Unwinding)的函数有关的信息。

语法格式如下：

```
try:
    block
except:
    traceback.print_exc()
```

示例程序如下：

```
try:
    1/0
except Exception as e:
    print(e)
```

如果这样写，程序只会报"division by zero"(除零)错误，但是并不知道是在哪个文件以及哪个函数的哪一行出了错。下面使用 traceback 模块，示例程序如下：

```
import traceback

try:
    1/0
```

```
except Exception as e:
    traceback.print_exc()
```

这样可以帮助我们追溯到出错位置：

```
Traceback (most recent call last):
    File "E:/PycharmProjects/ProxyPool-master/proxypool/test.py", line 4, in <module>
        1/0
ZeroDivisionError: division by zero
```

另外，traceback.print_exc()跟 traceback.format_exc()有什么区别呢？

区别就是，traceback.format_exc()返回字符串，traceback.print_exc()则直接打印出来。traceback.print_exc()与 print(traceback.format_exc())的效果是一样的。print_exc()还可以接收 file 参数，直接写入一个文件中。比如，可以像下面这样把相关信息写入 tb.txt 文件中。

```
traceback.print_exc(file=open('tb.txt','w+'))
```

9.3　程序调试

9.3.1　调试

程序能一次写完并正常运行的概率很小，基本不超过 1%。总会有各种各样的 bug 需要修正。有的 bug 很简单，看看错误信息就知道，有的 bug 很复杂，我们需要知道出错时，哪些变量的值是正确的，哪些变量的值是错误的。因此，需要有一整套调试程序的手段来修复 bug。

第一种方法简单、直接且有效，就是用 print 函数把可能有问题的变量打印出来：

```
# err.py
def foo(s):
    n = int(s)
    print '>>> n = %d' % n
    return 10 / n

def main():
    foo('0')

main()
```

执行后，在输出结果中查找打印的变量值：

```
$ python err.py
>>> n = 0
Traceback (most recent call last):
    ...
ZeroDivisionError: integer division or modulo by zero
```

使用 print 函数的最大坏处是将来还得删掉它们，否则程序里到处都是 print 函数，运行结果也会包含很多垃圾信息。

9.3.2 断言

凡是使用 print 函数辅助查看的地方，都可以用断言(assert)来替代：

```
# err.py
def foo(s):
    n = int(s)
    assert n != 0, 'n is zero!'
    return 10 / n

def main():
    foo('0')
```

assert 的意思是，表达式 n != 0 应该是 True，否则，后面的代码就会出错。

如果断言失败，assert 语句本身就会抛出 AssertionError 异常：

```
$ python err.py
Traceback (most recent call last):
  ...
AssertionError: n is zero!
```

程序中如果到处充斥着 assert，和使用 print 函数相比也好不到哪里去。不过，启动 Python 解释器时可以用-O 参数关闭 assert：

```
$ python -O err.py
Traceback (most recent call last):
  ...
ZeroDivisionError: integer division or modulo by zero
```

关闭后，就可以把所有的 assert 当成 pass 看。

9.3.3 logging

把 print 函数替换为 logging 是第 3 种方式，和 assert 相比，logging 不会抛出错误，而且可以输出到文件中：

```
# err.py
import logging

s = '0'
n = int(s)
logging.info('n = %d' % n)
print 10 / n
```

logging.info()就可以输出一段文本。运行，发现除了 ZeroDivisionError，没有任何信息。怎么回事？

别急，在 import logging 之后添加一行配置语句，再试试：

```
import logging
logging.basicConfig(level=logging.info)
```

输出如下：

```
$ python err.py
INFO:root:n = 0
Traceback(most recent call last):
  File "err.py", line 8, in <module>
    print 10 / n
ZeroDivisionError: integer division or modulo by zero
```

这就是 logging 的好处，它允许指定记录信息的级别，有 debug、info、warning、error 等几个级别，当我们指定 info 时，debug 就不起作用了。同理，指定 warning 后，debug 和 info 就不起作用了。这样一来，就可以放心地输出不同级别的信息，也不用删除，最后统一控制输出哪个级别的信息。

logging 的另一个好处是，通过简单的配置，一条语句可以同时输出到不同的地方，比如控制台和文件。

9.3.4　pdb

第 4 种方式是启动 Python 的 pdb 调试器，让程序以单步方式运行，可以随时查看运行状态。我们先准备好程序：

```
# err.py
s = '0'
n = int(s)
print 10 / n
```

然后启动：

```
$ python -m pdb err.py
> /Users/michael/Github/sicp/err.py(2)<module>()
-> s = '0'
```

以参数-m pdb 启动后，pdb 定位到下一步要执行的代码 "-> s = '0'"。输入命令 l 来查看代码：

```
(Pdb) l
  1     # err.py
  2  -> s = '0'
  3     n = int(s)
  4     print 10 / n
[EOF]
```

输入命令 n 可以单步执行代码：

```
 (Pdb) n
> /Users/michael/Github/sicp/err.py(3)<module>()
-> n = int(s)
(Pdb) n
> /Users/michael/Github/sicp/err.py(4)<module>()
-> print 10 / n
```

任何时候都可以输入命令"p 变量名"来查看变量：

```
 (Pdb) p s
'0'
(Pdb) p n
0
```

输入命令 q 结束调试，退出程序：

```
 (Pdb) n
ZeroDivisionError: 'integer division or modulo by zero'
> /Users/michael/Github/sicp/err.py(4)<module>()
-> print 10 / n
(Pdb) q
```

这种通过 pdb 在命令行进行调试的方法，在理论上是万能的，但实在是太麻烦了，如果有 1000 行代码，工作量太小了。还好，我们还有另一种调试方法。

9.3.5 pdb.set_trace()

这种方法虽然仍使用 pdb，但是不需要单步执行，我们只需要导入 pdb。然后，在可能出错的地方放上 pdb.set_trace()，就可以设置断点：

```
# err.py
import pdb

s = '0'
n = int(s)
pdb.set_trace()        # 运行到这里会自动暂停
print 10 / n
```

运行代码，程序会自动在 pdb.set_trace()处暂停并进入 pdb 调试环境，可以用命令 p 查看变量，或者用命令 c 继续运行：

```
$ python err.py
> /Users/michael/Github/sicp/err.py(7)<module>()
-> print 10 / n
(Pdb) p n
0
(Pdb) c
```

```
Traceback (most recent call last):
    File "err.py", line 7, in <module>
        print 10 / n
ZeroDivisionError: integer division or modulo by zero
```

这相比直接启动 pdb 进行单步调试，效率要高出很多。

9.3.6 IDE

如果想要快速地设置断点、单步执行，就需要支持调试功能的 IDE。目前比较好的 Python IDE 有 PyCharm。另外，为 Eclipse 添加 pydev 插件也可以调试 Python 程序。

写程序最痛苦的事情莫过于调试，程序往往会以意想不到的流程运行，期待执行的语句其实根本没有执行，这时候，就需要进行调试了。虽然用 IDE 调试起来比较方便，但是最后你会发现，logging 才是终极武器。

9.4 单元测试

如果听说过“测试驱动开发”(TDD，Test-Driven Development)，单元测试就不陌生。

9.4.1 单元测试

单元测试用来对模块、函数或类进行正确性检验。比如对于函数 abs()，我们可以编写出以下几个测试用例：

- 输入正数，比如 1、1.2、0.99，期待返回值与输入相同。
- 输入负数，比如 -1、-1.2、-0.99，期待返回值与输入相反。
- 输入 0，期待返回 0。
- 输入非数值类型，比如 None、[]、{}，期待抛出 TypeError。

把上面的测试用例放到一个测试模块里，就是一个完整的单元测试。

如果单元测试通过，说明我们测试的这个函数能够正常工作。如果单元测试不通过，要么函数有 bug，要么测试条件输入不正确。总之，需要修复使单元测试能够通过。

单元测试通过后有什么意义呢？如果我们对 abs() 函数做了修改，只需要再执行一遍单元测试。如果通过，说明修改不会对 abs() 函数原有的行为造成影响。如果测试不通过，说明修改与原有行为不一致，要么修改代码，要么修改测试。

这种以测试为驱动的开发模式，最大的好处就是确保程序模块的行为符合我们设计的测试用例。在将来修改的时候，可以极大程度上保证模块行为仍然是正确的。

我们来编写 Dict 类，这个类的行为和字典一致，但是可以通过属性来访问，用起来就像下面这样：

```
>>> d = Dict(a=1, b=2)
>>> d['a']
1
>>> d.a
```

1

mydict.py 中的代码如下：

```python
class Dict(dict):

    def __init__(self, **kw):
        super(Dict, self).__init__(**kw)

    def __getattr__(self, key):
        try:
            return self[key]
        except KeyError:
            raise AttributeError(r"'Dict' object has no attribute '%s'" % key)

    def __setattr__(self, key, value):
        self[key] = value
```

为了编写单元测试，我们需要引入 Python 自带的 unittest 模块，编写 mydict_test.py：

```python
import unittest

from mydict import Dict

class TestDict(unittest.TestCase):

    def test_init(self):
        d = Dict(a=1, b='test')
        self.assertEquals(d.a, 1)
        self.assertEquals(d.b, 'test')
        self.assertTrue(isinstance(d, dict))

    def test_key(self):
        d = Dict()
        d['key'] = 'value'
        self.assertEquals(d.key, 'value')

    def test_attr(self):
        d = Dict()
        d.key = 'value'
        self.assertTrue('key' in d)
        self.assertEquals(d['key'], 'value')

    def test_keyerror(self):
        d = Dict()
        with self.assertRaises(KeyError):
            value = d['empty']
```

```
def test_attrerror(self):
    d = Dict()
    with self.assertRaises(AttributeError):
        value = d.empty
```

编写单元测试时，我们需要编写一个测试类，该类从 unittest.TestCase 继承。

以 test 开头的方法就是测试方法，不以 test 开头的方法不被认为是测试方法，测试的时候不会被执行。

对每个类进行测试都需要编写一个 test_×××()方法。由于 unittest.TestCase 类提供了很多内置的条件判断，我们只需要调用这些方法就可以断言输出是否是我们所期望的。最常用的断言函数就是 assertEquals()：

```
self.assertEquals(abs(-1), 1)      # 断言函数返回的结果与 1 相等
```

另一种重要的断言就是期待抛出指定类型的错误，比如通过 d['empty']访问不存在的键时，断言会抛出 KeyError：

```
with self.assertRaises(KeyError):
    value = d['empty']
```

而通过 d.empty 访问不存在的键时，我们期待抛出 AttributeError：

```
with self.assertRaises(AttributeError):
    value = d.empty
```

9.4.2　运行单元测试

一旦编写好单元测试，就可以运行单元测试。最简单的运行方式是在 mydict_test.py 的最后加上两行代码：

```
if __name__ == '__main__':
    unittest.main()
```

这样就可以把 mydict_test.py 当作正常的 Python 脚本来运行：

```
$ python mydict_test.py
```

另一种更常见的方法是在命令行中通过参数-m unittest 直接运行单元测试：

```
$ python -m unittest mydict_test
.....
----------------------------------------------------------------------
Ran 5 tests in 0.000s

OK
```

这是推荐做法，因为这样可以一次性批量运行很多单元测试，并且有很多工具可以自动运行这些单元测试。

9.4.3 setUp()与tearDown()方法

可以在单元测试中编写两个特殊的setUp()和tearDown()方法,这两个方法会分别在每调用一个测试方法的前后执行。

setUp()和tearDown()方法有什么作用呢?设想你的测试需要启动一个数据库,这时,就可以在setUp()方法中连接数据库,在tearDown()方法中关闭数据库。这样,就不必在每个测试方法中重复相同的代码:

```
class TestDict(unittest.TestCase):

    def setUp(self):
        print 'setUp...'

    def tearDown(self):
        print 'tearDown...'
```

可以再次进行测试,看看每个测试方法在调用前后是否会打印出"setUp.. ."和"tearDown..."。

单元测试可以有效地测试某个程序模块的行为,是未来重构代码的信心保证。单元测试的测试用例要覆盖常用的输入组合、边界条件和异常。单元测试的代码要非常简单,如果测试代码太复杂,那么测试代码本身就可能有bug。而且,单元测试通过了并不意味着程序就没有bug,但是不通过的话程序肯定有bug。

9.5 文档测试

如果经常阅读Python的官方文档,那么可以看到很多文档都有示例代码。比如,re模块就带有很多示例代码:

```
>>> import re
>>> m = re.search('(?<=abc)def', 'abcdef')
>>> m.group(0)
'def'
```

可以在Python的交互式环境下输入并执行这些示例代码,结果与官方文档中的示例代码显示的一致。

这些代码与其他说明可以写在注释中,然后,由一些工具来自动生成文档。既然这些代码本身就可以粘贴出来直接运行,那么可不可以自动执行写在注释中的这些代码呢?答案是可以。

当我们编写注释时,如果写上这样的注释:

```
def abs(n):
    '''
    Function to get absolute value of number.

    Example:
```

```
>>> abs(1)
1
>>> abs(-1)
1
>>> abs(0)
0
'''
return n if n >= 0 else (-n)
```

无疑将更明确地告诉调用者函数的期望输入和输出。

此外，Python 内置的"文档测试"(doctest)模块可以直接提取注释中的代码并执行测试。

doctest 模块严格按照 Python 交互式命令行中的输入和输出来判断测试结果是否正确。只有测试异常的时候，可以用...表示中间的一大段输出。

下面用 doctest 模块测试上次编写的 Dict 类：

```
class Dict(dict):
    '''
    Simple dict but also support access as x.y style.

    >>> d1 = Dict()
    >>> d1['x'] = 100
    >>> d1.x
    100
    >>> d1.y = 200
    >>> d1['y']
    200
    >>> d2 = Dict(a=1, b=2, c='3')
    >>> d2.c
    '3'
    >>> d2['empty']
    Traceback (most recent call last):
        ...
    KeyError: 'empty'
    >>> d2.empty
    Traceback (most recent call last):
        ...
    AttributeError: 'Dict' object has no attribute 'empty'
    '''
    def __init__(self, **kw):
        super(Dict, self).__init__(**kw)

    def __getattr__(self, key):
        try:
            return self[key]
        except KeyError:
            raise AttributeError(r"'Dict' object has no attribute '%s'" % key)
```

```
    def __setattr__(self, key, value):
        self[key] = value

if __name__=='__main__':
    import doctest
    doctest.testmod()
```

运行 python mydict.py：

```
$ python mydict.py
```

什么输出也没有。这说明我们编写的代码都是正确的。如果程序有问题，比如把 __getattr__() 方法注释掉，再次运行就会报错：

```
$ python mydict.py
**********************************************************************
File "mydict.py", line 7, in __main__.Dict
Failed example:
    d1.x
Exception raised:
    Traceback (most recent call last):
      ...
    AttributeError: 'Dict' object has no attribute 'x'
**********************************************************************
File "mydict.py", line 13, in __main__.Dict
Failed example:
    d2.c
Exception raised:
    Traceback (most recent call last):
      ...
    AttributeError: 'Dict' object has no attribute 'c'
**********************************************************************
```

注意最后两行代码。当模块正常导入时，doctest 不会被执行。只有在命令行中运行时，才执行 doctest。所以，不必担心 doctest 会在非测试环境下执行。

由此可见，doctest 非常有用，不但可以用来测试，还可以直接作为示例代码。通过某些文档生成工具，就可以自动把包含 doctest 的注释提取出来。用户看文档的时候，同时也就看到了 doctest。

9.6 本章小结

处理异常和错误是程序调试必不可少的。任何一门编程语言都需要提供异常和错误处理机制，以便节省程序调试时间，使程序更健壮。Python 语言也不例外，它向开发人员提供了完善的异常和错误处理机制。本章首先介绍了错误和异常的概念，Python 的内置异常类的层次结构，

requests 模块相关异常，以及如何自定义异常。接着介绍了异常处理，如何捕获异常(捕获指定异常、多个异常或所有异常)，如何抛出异常，如何跳过异常，以及如何查看异常。接着介绍了一些实用的程序调试方法。最后介绍的是如何编写和使用单元测试和文档测试。

9.7　思考与练习

1. 编写一个除法程序，使之能够捕获到除零错误。

2. 定义函数 func(filename)，其中参数 filename 为文件的路径。func()函数的功能是：打开文件，并且返回文件的内容，最后关闭文件，用异常处理可能发生的错误。

3. 定义函数 func(listinfo)，其中参数 listinfo 为列表对象，例如：

listinfo=[133,88,33,22,44,11,44,55,33,22,11,11,444,66,555]

该函数返回一个包含小于 100 的偶数列表，并且用 assert 语句来断言返回结果和类型。

4. 自定义一个异常类，它继承于 Exception 类，捕获下面的过程：判断为 raw_input()输入的字符串长度是否小于 5，如果小于 5，比如输入长度为 3，就输出" The input is of length 3,expecting at least 5'，大于 5 的话输出"print success'。

5. 编写一个方法用于减法运算，当第一个数小于第二个数时，抛出指明"被减数不能小于减数"的异常。

第 10 章

目录和文件操作

我们目前的操作都是很直观地执行程序，要么在交互模式下执行，要么执行.py 文件，还没有涉及文件操作。

运行程序时，用变量保存数据是一种比较通用的方法。如果希望程序运行结束后数据仍然能够保存，就不能使用变量保存数据了，需要寻找其他方式来保存数据，文件就是不错的选择。在程序运行过程中将数据保存到文件中，程序运行结束后，相关数据就保存到文件中了。当然，这涉及文件操作。本章就来详细介绍常用的目录和文件操作。

本章的学习目标：

● 通过 Python 在硬盘上创建文件；
● 通过 Python 在硬盘上读取文件；
● 通过 Python 将需要保存的内容保存到硬盘上。

10.1 基本文件操作

操作文件和目录的函数一部分放在 os 模块中，另一部分放在 os.path 模块中。本节主要介绍文件操作。

10.1.1 打开和关闭文件

在 Python 中，打开文件使用的是 open()函数。open()函数用于打开文件，并返回文件对象，在对文件进行处理的过程需要使用这个函数。如果文件无法打开，会抛出 OSError 异常。

open()函数的常用形式是接收两个参数：文件名(file)和模式(mode)。语法格式如下：

```
open(file, mode='r')
```

在使用 open()函数的时候，除了 file 参数必填外，其他参数可以选用。此处为其他参数使用了默认值。需要注意的是，使用 open()函数时一定要保证关闭文件对象，即调用 close()函数。

open()函数的完整语法格式为：

```
open(file, mode='r', buffering= - 1, encoding=None, errors=None, newline=None, closefd=True, opener=None)
```

其中，各项参数说明如下。

- file：必需参数，带路径(相对或绝对路径)的文件名称。
- mode：可选参数，文件打开模式。
- buffering：用于设置缓冲策略。在二进制模式下，使用0来切换缓冲；在文本模式下，通过1表示行缓冲(固定大小的缓冲区)。在不指定参数值的情况下，二进制文件的缓冲区大小由底层设备决定，可以通过io.DEFAULT_BUFFER_SIZE获取，通常为4096或8192字节。文本文件则采用行缓冲。
- encoding：编码或解码方式。默认编码方式依赖平台，如果需要特殊设置，可以参考codecs模块，获取编码列表。一般使用utf-8。
- errors：报错级别。可选参数，并且不能用于二进制模式，它指定了编码错误的处理方式，可以通过codecs.Codec获得编码错误字符串。
- newline：换行控制，可取值有None、'\n'、'\r'、'\r\n'。输入时，如果参数值为None，那么行结束的标志符可以是'\n'、'\r'、'\r\n'中的任意一个，并且这三个标志符都会首先被转换为'\n'，然后才会被调用。
- closefd：传入的file参数类型。为False时，当文件关闭时底层文件描述符仍然为打开状态，这是不被允许的，所以，需要设置为True。
- opener：必须返回所打开文件的描述。可以将os.open作为*opener*的结果，在功能上，类似于设置opener为None。

操作文件的流程如下：

(1) 打开文件，得到文件句柄并赋值给一个变量。

(2) 通过句柄对文件进行操作。

(3) 关闭文件。

简单示例如下：

```python
#打开文件，得到文件句柄并赋值给一个变量
f=open('a.txt','r',encoding='utf-8')        #默认打开模式为r
#通过句柄对文件进行操作
data=f.read()
#关闭文件
f.close()
```

下面是一个使用open()函数操作文件的完整示例程序：

```python
filename = input("输入文件名：")
fd = open(filename, 'w')    #以写入模式打开文件
while 1:                    #使用while 1的形式，效率最高
    conttext = input("输入文件的内容(输入 EOF 结束写入)：")
    if conttext == 'EOF':
        fd.close()         #输入 EOF 就退出写入，关闭文件
        break
    else:                  #写入文件内容
        fd.write(conttext)
        fd.write('\n')     #写入换行，不然会写在一行上。写入的数据必须是字符串
```

```
fdread = open(filename)        #打开文件，默认是读模式
print("##############开始####################")
readconttxt = fdread.read()    #把读到的文件内容放到变量中打印
print(readconttxt)
print("##############结束####################")
```

10.1.2　文件模式

在 10.1.1 节中讲到，使用 open()函数时可以选择是否传入 mode 参数。在前面的示例中，mode 参数的值为 w，这是什么意思呢？mode 参数可以传入哪些值？具体如表 10-1 所示。

表 10-1　文件模式

模式	描述
t	文本模式(默认)
x	写模式，新建一个文件，如果该文件已存在，则会报错
b	二进制模式
+	打开一个文件进行更新(可读、可写)
U	通用换行模式(不推荐)
r	以只读方式打开文件。文件的指针将会放在文件的开头。这是默认模式
rb	以二进制格式打开一个文件用于只读。文件指针将会放在文件的开头。这是默认模式。一般用于非文本文件，如图片等
r+	打开一个文件用于读写。文件指针将会放在文件的开头
rb+	以二进制格式打开一个文件用于读写。文件指针将会放在文件的开头。一般用于非文本文件，如图片等
w	打开一个文件只用于写入。如果该文件已存在，则打开该文件，并从开头开始编辑，即原有内容会被删除。如果该文件不存在，则创建新文件
wb	以二进制格式打开一个文件只用于写入。如果该文件已存在，则打开该文件，并从开头开始编辑，即原有内容会被删除。如果该文件不存在，则创建新文件。一般用于非文本文件，如图片等
w+	打开一个文件用于读写。如果该文件已存在，则打开该文件，并从开头开始编辑，即原有内容会被删除。如果该文件不存在，则创建新文件
wb+	以二进制格式打开一个文件用于读写。如果该文件已存在，则打开该文件，并从开头开始编辑，即原有内容会被删除。如果该文件不存在，则创建新文件。一般用于非文本文件，如图片等
a	打开一个文件用于追加。如果该文件已存在，文件指针将会放在文件的结尾。也就是说，新的内容将会被写入已有内容之后。如果该文件不存在，则创建新文件进行写入
ab	以二进制格式打开一个文件用于追加。如果该文件已存在，文件指针将会放在文件的结尾。也就是说，新的内容将会被写入已有内容之后。如果该文件不存在，则创建新文件进行写入
a+	打开一个文件用于读写。如果该文件已存在，文件指针将会放在文件的结尾。文件在打开时会处于追加模式。如果该文件不存在，则创建新文件用于读写
ab+	以二进制格式打开一个文件用于追加。如果该文件已存在，文件指针将会放在文件的结尾。如果该文件不存在，则创建新文件用于读写

使用 open()函数时，明确指定读模式和什么模式都不指定的效果是一样的。使用写模式可以向文件写入内容。+参数可以用到其他任何模式中，以指明读写都是允许的。比如，w+可以在打开文件时用于文件的读写。

当参数带有字母 b 时，表示可以用来读取二进制文件。Python 在一般情况下处理的都是文本文件，当然有时也避免不了处理其他格式的文件。

open()函数默认为文本模式，如果要以二进制模式打开，加上字母 b。

10.1.3 缓冲

缓冲一般是指内存，计算机从内存中读取数据的速度远远大于从磁盘读取数据的速度，一般内存大小远小于磁盘大小，内存的速度比较快，但资源比较紧张，所以有必要对数据进行缓冲设置。

将文件内容写入硬件设备时，使用系统调用，这类 I/O 操作时间长，为了减少 I/O 操作，通常会使用缓冲区(有足够多的数据时才调用)。

比如打开浏览器，访问百度首页，浏览器需要通过网络 I/O 获取百度首页。浏览器首先会发送数据给百度服务器，以告告知想要访问百度首页，这个动作是往外发数据，叫 Output；随后百度服务器把百度首页发过来，这个动作是从外面接收数据，叫 Input。通常，程序完成 I/O 操作时会有 Input 和 Output 两个数据流。当然也有只使用一个数据流的情况，比如从磁盘读取文件到内存，只有 Input 操作；反过来，把数据写到磁盘文件里，只有 Output 操作。

文件缓冲行为分为全缓冲、行缓冲和无缓冲。当使用文件缓冲时，open()函数设置如下：

```
open(' ', ' ', buffering = a)      # 使用 buffering 设置缓冲行为
```

open()函数的第三个参数用于设置文件缓冲行为。对于每种文件缓冲行为的设置如下。

- 全缓冲：a 是正整数，当缓冲区大小达到 a 指定的大小时，写入磁盘。
- 行缓冲：设置 buffering = 1，缓冲区碰到 \n 换行符时就写入磁盘。
- 无缓冲：设置 buffering = 0，写多少，存多少。

示例程序如下：

```python
#!/usr/bin/python3

# 设置定长缓冲区
with open('test.text', 'w+', encoding='utf-8', buffering=20) as f:
    f.write('hello word!')
    f.write('定个小目标，挣一个亿')
    f.write('are you ok')

# 设置行缓冲
with open('test_1.text', 'w+', encoding='utf-8', buffering=1) as f:
    f.write('hello word!\n')
    f.write('定个小目标，挣一个亿\n')
    f.write('are you ok\n')

# 设置无缓冲
```

```
# 注意，对于 text 文件类型必须写缓冲区
with open('test_2.text', 'wb+', buffering=0) as f:
    f.write(b'hello word!\n')
    f.write(b'are you ok')
```

10.2　基本文件方法

10.1 节介绍了用于打开文件的 open()函数，也做了一些简单操作。在使用 open()函数时，会创建文件对象，Python 针对文件对象封装了一些常用的方法，如表 10-2 所示。

表 10-2　文件对象的常用方法

方法	描述
file.close()	关闭文件。关闭后文件不能再进行读写操作
file.flush()	刷新文件内部缓冲区，直接把内部缓冲区的数据立刻写入文件，而不是被动等待写入输出缓冲区
file.fileno()	返回一个整型的文件描述符，可以用在 os 模块的 read()方法等一些底层操作上
file.isatty()	如果文件连接到终端设备，就返回 True，否则返回 False
file.next()	返回文件中的下一行
file.read([size])	从文件读取指定的字节数，如果未给定或为负，则读取所有内容
file.readline([size])	读取整行，包括\n 字符
file.readlines([sizeint])	读取所有行并返回列表，若给定 sizeint>0，返回总和大约为 sizeint 字节的行，实际读取值可能比 sizeint 大，因为需要填充缓冲区
file.seek(offset[, whence])	设置文件当前位置
file.tell()	返回文件当前位置
file.truncate([size])	从文件的首行中的首字符开始截断，截断文件为 size 个字符，不指定 size 的话，表示从当前位置截断；截断之后，后面的所有字符被删除，其中 Windows 系统下的换行代表两个字符大小
file.write(str)	将字符串写入文件，返回的是写入的字符长度
file.writelines(sequence)	向文件写入一个序列，如果需要换行，就自己加入每行的换行符

在对文件对象的常用方法进行学习之前，首先来了解一下流的概念，进而了解文件操作的原理。I/O 编程中，Stream(流)是一个很重要的概念。可以把流想象成一根水管，数据就是水流中的水，但是只能单向流动。输入流就是数据从外面(磁盘、网络)流入内存，输出流就是数据从内存流到外面去。浏览网页时，浏览器和服务器之间至少需要建立"两根水管"(输入流和输出流)，才能既发送数据又接收数据。

10.2.1　读和写

文件对象提供了一组访问方法。最基本的文件操作就是文件读写。文件对象主要通过使用 read()和 write()方法来读取和写入文件。

1. read()

read()方法用于从文件读取指定的字节数，如果未给定或为负，则读取所有内容。语法格式如下：

```
fileObject. read([size]);
```

其中，参数 size 指定从文件中读取的字节数。read()方法返回的是从字符串中读取的字节。read([size])方法从文件当前位置起读取 size 字节，如果不指定参数 size，则表示读取至文件结束为止，范围为字符串对象，输出结果是字符串，在使用时需要对这个字符串进行分隔处理后才能使用。

下面通过示例来讲解如何通过 read()方法读取文件内容。假设有一个文件 test.txt，内容如下：

```
这是第一行
这是第二行
这是第三行
这是第四行
这是第五行
```

下面通过 read()方法读取该文件，示例程序如下：

```
#!/usr/bin/python3

# 打开文件
fo = open("test.txt", "r+")
print ("文件名为： ", fo.name)
line = fo.read(10)
print ("读取的字符串： %s" % (line))
# 关闭文件
fo.close()
```

执行以上程序，输出结果如下：

```
文件名为： test.txt
读取的字符串：这是第一行
这是第二
```

2. readline()

readline()方法用于从文件读取整行，包括\n 字符。如果指定 size 参数为一个非负数，则返回指定大小的字节数，包括\n 字符。语法格式如下：

```
fileObject.readline(size);
```

其中，size 参数指定从文件中读取的字节数。readline()方法返回的是从字符串中读取的字节。从字面意思可以看出，readline()方法每次读出一行内容，所以，读取时占用内存小，比较适合大文件。readline()方法返回一个字符串对象。

下面通过示例来说明 readline()方法的使用。假设有如下网址列表文件 urls.txt：

```
http://www.baidu.com/
http://www.baidu.com/
http://www.baidu.com/
http://www.baidu.com/
http://www.baidu.com/
```

下面通过 readline()方法循环读取这个文件的内容，示例程序如下：

```
#!/usr/bin/python
# -*- coding: UTF-8 -*-

# 打开文件
fo = open("urls.txt", "r+")
print ("文件名为：", fo.name)
line = fo.readline()
print ("读取第一行%s" % (line))
line = fo.readline(5)
print ("读取的字符串为：%s" % (line))

# 关闭文件
fo.close()
```

执行以上程序，输出结果如下：

```
文件名为：urls.txt
读取第一行 http://www.baidu.com/

读取的字符串为：http:
```

3. readlines()

readlines()方法用于读取所有行(直到文件结束符 EOF)并返回一个列表，该列表可以由 Python 的 for... in ... 结构进行处理。如果碰到文件结束符 EOF，则返回空字符串。语法格式如下：

```
fileObject.readlines( );
```

readline()方法返回一个列表，里面包含所有的行。例如，使用 readlines()方法读取前面的 urls.txt 文件，示例程序如下：

```
#!/usr/bin/python3

# 打开文件
fo = open("urls.txt", "r")
print ("文件名为：", fo.name)
```

```
    for line in fo.readlines():                          #依次读取每行
        line = line.strip()                              #去掉每行头尾空白
        print ("读取的数据为：%s" % (line))

# 关闭文件
fo.close()
```

执行以上程序，输出结果如下：

```
文件名为：urls.txt
读取的数据为：http://www.baidu.com/
读取的数据为：http://www.baidu.com/
读取的数据为：http://www.baidu.com/
读取的数据为：http://www.baidu.com/
读取的数据为：http://www.baidu.com/
```

由此可见，read()、readline()和 readlines()方法之间的区别如下：

- read()方法逐个读取字符，处理比较烦琐。
- readline()方法每次读出一行内容，所以，读取时占用内存小，比较适合大文件，它返回一个字符串对象。
- readlines()方法读取整个文件的所有行，保存在一个列表中，每行作为一个元素，但读取大文件会比较占内存。

4. write()

write()方法用于向文件中写入指定的字符串。在文件关闭前或缓冲区刷新前，字符串内容存储在缓冲区中，这时在文件中看不到写入的内容。

如果文件打开模式带有字母 b，那么写入文件内容时，str 参数要用编码方法转换为字节形式，否则报错：TypeError: a bytes-like object is required, not 'str'。

write()方法的语法格式如下：

```
fileObject.write([ str ])
```

str 参数为要写入文件的字符串。write()方法返回的是写入的字符长度。以 urls.txt 文件为例写入内容，示例程序如下：

```
#!/usr/bin/python3

# 打开文件
fo = open("urls.txt", "r+")
print ("文件名：", fo.name)

str = "6:www.csdn.com"
# 在文件末尾写入一行
fo.seek(0, 2)
line = fo.write( str )
```

```
# 读取文件所有内容
fo.seek(0,0)
for index in range(6):
    line = next(fo)
    print ("文件行号%d - %s" % (index, line))

# 关闭文件
fo.close()
```

执行以上程序，输出结果如下：

```
文件名：urls.txt
文件行号 0 - http://www.baidu.com/

文件行号 1 - http://www.baidu.com/

文件行号 2 - http://www.baidu.com/

文件行号 3 - http://www.baidu.com/

文件行号 4 - http://www.baidu.com/

文件行号 5 - 6:www.csdn.com
```

5. close()

close()方法用于关闭已打开的文件。关闭后的文件不能再进行读写操作，否则会触发 ValueError 错误。close()方法允许调用多次。

当文件对象被引用到操作另一个文件时，Python 会自动关闭之前的文件对象。使用 close() 方法关闭文件是一个好的习惯。

close()方法的语法格式如下：

```
fileObject.close();
```

close()方法没有参数，也没有返回值。执行后会直接关闭调用的文件对象。

以下示例演示了 close()方法的使用：

```
#!/usr/bin/python3

# 打开文件
fo = open("urls.txt", "wb")
print("关闭的文件名为：", fo.name)

# 关闭文件
fo.close()
```

执行以上程序，输出结果如下：

关闭的文件名为：urls.txt

10.2.2　重命名

Python 的 os 模块提供了文件和目录的重命名方法 os.rename()，用于命名文件或目录。在对文件或目录进行重命名时，如果指定的新文件名或目录名在相同路径下已存在，将抛出 OSError 错误。os.rename()方法的语法格式如下：

```
os.rename(src, dst)
```

os.rename()方法没有返回值。以下示例演示了 os.rename()方法的使用：

```
#!/usr/bin/python3

import os, sys

# 列出目录
print ("目录为：%s"%os.listdir(os.getcwd()))

# 重命名
os.rename("test","test2")

print ("重命名成功")

# 列出重命名后的目录
print ("目录为：%s" %os.listdir(os.getcwd()))
```

执行以上程序，输出结果如下：

```
目录为：
[ 'a1.txt','resume.doc','a3.py','test' ]
重命名成功
[ 'a1.txt','resume.doc','a3.py','test2' ]
```

10.2.3　序列化和反序列化

每种编程语言都有各自的数据类型，其中面向对象编程语言还允许开发者自定义数据类型(如自定义类)，Python 也一样。很多时候我们会有下面这样的需求：

- 把内存中的各种数据类型的数据通过网络传送给其他机器或客户端。
- 把内存中的各种数据类型的数据保存到本地磁盘以持久化。

如果要将一个系统中的数据通过网络传输给其他系统或客户端，通常需要先把这些数据转换为字符串或字节串，而且需要规定一种统一的数据格式才能让数据接收端正确解析并理解这些数据的含义。XML 是早期被广泛使用的数据交换格式，在早期的系统集成论文中经常可以看到 XML 的身影；如今大家使用更多的数据交换格式是 JSON(JavaScript Object Notation)，它是一种轻量级的数据交换格式。JSON 相对于 XML 而言，更加简单、易于阅读和编写，同时也易于机器解析和生成。除此之外，我们也可以自定义内部使用的数据交换格式。

如果想把数据持久化到本地磁盘，这部分数据通常只供系统内部使用，因此数据转换协议以及转换后的数据格式也就不再要求是标准、统一的，只要系统内部能够正确识别即可。但是，系统内部的转换协议通常会随着编程语言版本的升级而发生变化(改进算法、提高效率)，因此通常会涉及转换协议与编程语言的版本兼容问题。

将对象转换为可通过网络传输或可以存储到本地磁盘的数据格式(如 XML、JSON 或特定格式的字节串)的过程称为序列化；反之，则称为反序列化。

Python 语言内置了用于进行数据序列化的模块，如表 10-3 所示。

表 10-3 序列化模块

模块名称	描述	接口
json	用于实现 Python 数据类型与通用(JSON)字符串之间的转换	dumps()、dump()、loads()、load()
pickle	用于实现 Python 数据类型与 Python 特定二进制格式之间的转换	dumps()、dump()、loads()、load()
shelve	专门用于将 Python 数据类型的数据持久化到磁盘，shelve 类似于字典，操作十分便捷	open()

1. json 模块的序列化和反序列化

大部分编程语言都会提供处理 JSON 数据的接口，Python 2.6 开始加入 json 模块，并且把它作为内置模块提供，无须下载即可使用。

json 模块的序列化与反序列化的过程分别叫作 encoding 和 decoding。

● encoding：把 Python 对象转换成 JSON 字符串。
● decoding：把 JSON 字符串转换成 Python 对象。

json 模块提供了以下两个方法来进行序列化和反序列化操作：

```
# 序列化：将 Python 对象转换成 JSON 字符串
dumps(obj, skipkeys=False, ensure_ascii=True, check_circular=True, allow_nan=True, cls=None, indent=None, separators=None, default=None, sort_keys=False, **kw)
# 反序列化：将 JSON 字符串转换成 Python 对象
loads(s, encoding=None, cls=None, object_hook=None, parse_float=None, parse_int=None, parse_constant=None, object_pairs_hook=None, **kw)
```

除此之外，json 模块还提供了两个额外的方法，它们允许我们直接将序列化后得到的 JSON 数据保存到文件中，以及直接读取文件中的 JSON 数据进行反序列化操作：

```
#序列化：将 Python 对象转换成 JSON 字符串并存储到文件中
dump(obj, fp, skipkeys=False, ensure_ascii=True, check_circular=True, allow_nan=True, cls=None, indent=None, separators=None, default=None, sort_keys=False, **kw)
# 反序列化：读取指定文件中的 JSON 字符串并转换成 Python 对象
load(fp, cls=None, object_hook=None, parse_float=None, parse_int=None, parse_constant=None, object_pairs_hook=None, **kw)
```

在序列化和反序列化操作过程中，JSON 与 Python 之间数据类型的对应关系如表 10-4 和表 10-5 所示。

表 10-4　Python 转 JSON

Python	JSON
字典	对象
列表、元组	数组
字符串	字符串
int、float、派生于 int 和 float 类型的枚举	数字
True	True
False	False
None	Null

表 10-5　JSON 转 Python

JSON	Python
对象	字典
数组	列表
字符串	字符串
数字(整型)	int
数字(实数)	float
True	True
False	False
Null	None

需要注意的是：

● Python 字典中的键(非字符串)在转换成 JSON 字符串时都会被转换为小写字符串。

● Python 中的元组在序列化时会被转换为数组，但在反序列化时，数组会被转换为列表。

由以上两点可知，当 Python 对象中包含元组数据或字典，且字典中存在非字符串形式的键时，反序列化后得到的结果与原来的 Python 对象是不一致的。

对于 Python 内置的数据类型(如字符串、Unicode、int、float、bool、None、列表、元组、字典)，json 模块可以直接进行序列化/反序列化处理；对于自定义类的对象进行序列化和反序列化时，需要我们自定义方法来完成对象和字典之间的转换。

下面是使用 json 模块序列化 stu 对象的示例：

```
>>> import json
>>> obj2dict(stu)
{'sno': 1, '__module__': '__main__', 'age': 19, '__class__': 'Student', 'name': 'Tom'}
>>> json.dumps(obj2dict(stu))
'{"sno": 1, "__module__": "__main__", "age": 19, "__class__": "Student", "name": "Tom"}'
>>> json.dumps(stu, default=obj2dict)
'{"sno": 1, "__module__": "__main__", "age": 19, "__class__": "Student", "name": "Tom"}'
```

下面是一个反序列化示例：

```
>>> json.loads('{"sno": 1, "__module__": "__main__", "age": 19, "__class__": "Student", "name": "Tom"}')
{u'sno': 1, u'__module__': u'__main__', u'age': 19, u'name': u'Tom', u'__class__': u'Student'}
>>> dict2obj(json.loads('{"sno": 1, "__module__": "__main__", "age": 19, "__class__": "Student", "name": "Tom"}'))
Student [name: Tom, age: 19, sno: 1]
>>> json.loads('{"sno": 1, "__module__": "__main__", "age": 19, "__class__": "Student", "name": "Tom"}', object_hook=dict2obj)
Student [name: Tom, age: 19, sno: 1]
```

2. pickle 模块的序列化和反序列化

pickle 模块实现了用于对 Python 对象进行序列化和反序列化的二进制协议，与 json 模块不同的是，pickle 模块的序列化和反序列化过程分别叫作 pickling 和 unpickling。

● pickling 是将 Python 对象转换为字节流的过程。

● unpickling 是将字节流或字节对象转换回 Python 对象的过程。

1) pickle 模块与 json 模块对比

● JSON 是一种文本序列化格式(输出的是 Unicode 文件，大多数时候会被编码为 utf-8)，而 pickle 是一种二进制序列化格式。

● JOSN 是人们可以读懂的数据格式，而 pickle 是二进制格式，人们无法读懂。

● JSON 是与特定的编程语言或系统无关，且在 Python 生态系统之外被广泛使用，而 pickle 使用的数据格式特定于 Python。

● 默认情况下，JSON 只能表示 Python 的内建数据类型，对于自定义数据类型需要做一些额外的工作；pickle 可以直接表示大量的 Python 数据类型，包括自定义数据类型。

(2) pickle 模块使用的数据流格式

上面提到，pickle 使用的数据格式特定于 Python。这使得 pickle 不受限于诸如 JSON 或 XDR 的外部标准，但是这也意味着非 Python 程序可能无法重建 pickled Python 对象。默认情况下，pickle 数据格式使用相对紧凑的二进制表示形式。如果需要最佳大小特征，可以有效地压缩 pickled 数据。pickletools 模块包含可以用于对 pickle 生成的数据流进行分析的工具。目前有 5 种不同的协议可以用于 pickle。使用的协议越高，就需要越新的 Python 版本以读取 pickle 产生的数据：

● 协议 v0 是原始的"人类可读"协议，并且向后兼容早期的 Python 版本。

● 协议 v1 是一种旧的二进制格式，也与早期版本的 Python 兼容。

● 协议 v2 在 Python 2.3 中引入，能提供更高效的 pickling 操作。

● 协议 v3 在 Python 3.0 引入，明确支持字节对象，且不能被 Python 2.x 进行 unpickling 操作；这是默认协议，也是当需要兼容其他 Python 3.x 版本时推荐使用的协议。

● 协议 v4 在 Python 3.4 中引入，添加了对极大对象的支持，能对更多种类的对象执行 pickling 操作，并且支持对一些数据格式进行优化。

(3) pickle 模块提供的相关函数

pickle 模块提供的几个序列化/反序列化函数与 json 模块基本一致，这些函数如下：

```
# 将指定的 Python 对象通过 pickle 序列化后作为字节对象返回，而不是写入文件
dumps(obj, protocol=None, *, fix_imports=True)
# 对通过 pickle 序列化后得到的字节对象进行反序列化，转换为 Python 对象并返回
loads(bytes_object, *, fix_imports=True, encoding="ASCII", errors="strict")
# 将指定的 Python 对象通过 pickle 序列化后写入打开的文件对象，等价于`Pickler(file, protocol).dump(obj)`
dump(obj, file, protocol=None, *, fix_imports=True)
# 从打开的文件对象中读取 pickled 对象表现形式并返回通过 pickle 反序列化后得到的 Python 对象
load(file, *, fix_imports=True, encoding="ASCII", errors="strict")
```

序列化与反序列化到文件的示例程序如下：

```
>>> import pickle
>>>
>>> var_a = {'a':'str', 'c': True, 'e': 10, 'b': 11.1, 'd': None, 'f': [1, 2, 3], 'g':(4, 5, 6)}
# 序列化
>>> var_b = pickle.dumps(var_a)
>>> var_b
b'\x80\x03}q\x00(X\x01\x00\x00\x00eq\x01K\nX\x01\x00\x00\x00aq\x02X\x03\x00\x00\x00strq\x03X\x01\x00\
x00\x00fq\x04]q\x05(K\x01K\x02K\x03eX\x01\x00\x00\x00gq\x06K\x04K\x05K\x06\x87q\x07X\x01\x00\x00\x00bq\
x08G@&333333X\x01\x00\x00\x00cq\t\x88X\x01\x00\x00\x00dq\nNu.'
# 反序列化
>>> var_c = pickle.loads(var_b)
>>> var_c
{'e': 10, 'a': 'str', 'f': [1, 2, 3], 'g': (4, 5, 6), 'b': 11.1, 'c': True, 'd': None}
```

将对象内容序列化或持久化到文件中，以及从文件反序列化到程序中，示例程序如下：

```
>>> import pickle
>>>
>>> var_a = {'a':'str', 'c': True, 'e': 10, 'b': 11.1, 'd': None, 'f': [1, 2, 3], 'g':(4, 5, 6)}

# 持久化到文件
>>> with open('pickle.txt', 'wb') as f:
...         pickle.dump(var_a, f)
...

# 从文件中读取数据
>>> with open('pickle.txt', 'rb') as f:
...         var_b = pickle.load(f)
...
>>> var_b
{'e': 10, 'a': 'str', 'f': [1, 2, 3], 'g': (4, 5, 6), 'b': 11.1, 'c': True, 'd': None}
>>>
```

4. shelve 模块

shelve 是一种简单的数据存储方案，类似于 key-value 数据库，可以很方便地保存 Python

对象，在内部通过 pickle 协议来实现数据的序列化。Shelve 模块中只有一个 open()函数，这个函数用于打开指定的文件(一个持久的字典)，然后返回一个 shelf 对象。Shelf 对象是一种持久的、类似于字典的对象。它与 dbm 对象的不同之处在于，value 可以是任意的基本 Python 对象——pickle 模块可以处理的任何数据，这包括大多数类实例、递归数据类型和包含很多共享子对象的对象；但 key 还是普通的字符串。

```
open(filename, flag='c', protocol=None, writeback=False)
```

flag 参数表示以何种模式打开数据存储文件，可取值与 dbm.open()函数一致，如表 10-7 所示。

表 10-7　JSON 转 Python

模式	描述
r	以只读模式打开一个已经存在的数据存储文件
w	以读写模式打开一个已经存在的数据存储文件
c	以读写模式打开一个数据存储文件，如果不存在，则创建一个
n	总是创建一个新的、空的数据存储文件，并以读写模式打开

protocol 参数表示序列化数据时使用的协议版本，默认是 pickle 协议 v3；writeback 参数表示是否开启回写功能。

可以把 shelf 对象当作字典使用——存储、更改、查询某个键对应的数据，当操作完毕后，调用 shelf 对象的 close()函数即可。当然，也可以使用上下文管理器(with 语句)，避免每次都要手动调用 close()函数。

下面是对自定义类型的序列化和反序列化操作：

```
# 自定义类型
class Student(object):
    def __init__(self, name, age, sno):
        self.name = name
        self.age = age
        self.sno = sno

    def __repr__(self):
        return 'Student [name: %s, age: %d, sno: %d]' % (self.name, self.age, self.sno)

# 保存数据
tom = Student('Tom', 19, 1)
jerry = Student('Jerry', 17, 2)

with shelve.open("stu.db") as db:
    db['Tom'] = tom
    db['Jerry'] = jerry

# 读取数据
```

```
with shelve.open("stu.db") as db:
    print(db['Tom'])
    print(db['Jerry'])
```

执行以上程序，输出结果如下：

```
Student [name: Tom, age: 19, sno: 1]
Student [name: Jerry, age: 17, sno: 2]
```

这里总结一下：

- json 模块常用于编写 Web 接口，将 Python 数据转换为通用的 JSON 格式，传递给其他系统或客户端；也可以用于将 Python 数据保存到本地文件中，缺点是明文保存，保密性差。另外，如果想保存非内置数据类型，则需要编写额外的转换函数或类。
- pickle 模块和 shelve 模块由于使用特有的序列化协议，序列化之后的数据只能被 Python 识别，因此只能用于 Python 系统内部。另外，Python 2.x 和 Python 3.x 默认使用的序列化协议也不同，如果想要互相兼容，则需要在序列化时通过 protocol 参数指定协议版本。除了上面这些缺点外，pickle 模块和 shelve 模块相对于 json 模块的优点在于，对于自定义类型可以直接序列化和反序列化，不需要编写额外的转换函数或类。
- shelve 模块可以看作 pickle 模块的升级版，因为 shelve 使用的就是 pickle 的序列化协议，但是 shelve 比 pickle 提供的操作方式更加简单、方便。shelve 模块相对于其他两个模块在将 Python 数据持久化到本地磁盘时有一个很明显的优点，就是允许我们可以像操作字典一样操作序列化的数据，而不必一次性保存或读取所有数据。

建议：

需要与外部系统交互时使用 json 模块；需要将少量、简单的 Python 数据持久化到本地磁盘时可以考虑使用 pickle 模块；需要将大量 Python 数据持久化到本地磁盘或者需要一些简单的类似数据库的增删改查功能时，可以考虑使用 shelve 模块。

10.3 目录操作

Windows、Linux、UNIX 和 Mac OS X 中的文件系统有许多共同点，但是它们的某些规则、约定和功能略有不同。例如，Windows 使用反斜杠将路径中的目录名称隔开，而 Linux 和 UNIX(Mac OS X 是 UNIX 的一种)使用正斜杠。除此之外，Windows 使用驱动器名称，而其他系统则不用。这些不同之处是编写跨平台程序的障碍。Python 将路径和目录操作的烦琐细节隐藏在 os 模块中，以方便程序员使用。然而，使用 os 模块并不能解决所有移植问题，os 模块中的一些函数并不是在所有平台上都可用。本节仅描述在所有平台上都可用的函数。

即使打算仅在一个平台上使用程序，并且预计能够避免大多数这样的问题，但如果程序很有用，也很可能某天有人会在其他平台上尝试运行程序。因此，最好使用 os 模块，它提供了许多有用的服务。不要忘记，首先要导入 os 模块，然后才能使用。

os 模块中的函数在失败时会抛出 OSError 异常。如果希望程序在出错时行为友好，那么必须处理这个异常。与 IOError 一样，异常的字符串表示描述了遇到的问题。

10.3.1　路径

模块 os 包含另一个模块 os.path，它提供了操作路径的函数。由于路径也是字符串，因此可以使用普通的字符串操作方法组合和分解文件路径。但是如果这样，代码可能不易移植，也不能处理 os.path 知道的一些特殊情形。使用 os.path 操作路径，可使程序易于移植，且可以处理一些特殊情形。

使用 os.path.join 可将目录名称组合成路径。Python 使用适合操作系统的路径分隔符。在使用之前不要忘记导入 os.path 模块。例如，输入如下代码：

```
>>> import os.path
>>> os.path.join("snakes", "Python")
'snakes\\Python'
```

在 Linux 系统上，在 os.path.join 中使用相同的参数会得到如下不同结果：

```
>>> import os.path
>>> os.path.join("snakes", "Python")
'snakes/Python'
```

可以指定多于两个的名称。

函数 os.path.split() 具有相反的功能，它将路径的最后一个组件提取出来。该函数返回包含两项的元组：父目录的路径以及最后一个路径组件。示例如下：

```
>>> os.path.split("C:\\Program Files\\Python37\\Lib")
('C:\\Program Files\\Python37', 'Lib')
```

在 UNIX 或 Linux 系统上的结果如下：

```
>>> os.path.split("/usr/bin/python")
('/usr/bin', 'python')
```

自动分解序列在这里派上了用场。os.path.split() 函数返回一个元组，该元组可分成几个部分，分别赋予等号左边的组件：

```
>>> parent_path, name = os.path.split("C:\\Program Files\\Python30\\Lib")
>>> print(parent_path)
C:\Program Files\Python37
>>> print(name)
Lib
```

尽管 os.path.split() 函数仅将路径的最后部分隔开，但是有时候也许希望将一个路径完全分解为若干目录的名称。编写一个这样的函数并不困难，只需要对该路径调用 os.path.split() 函数，之后对父目录的路径再次调用 os.path.split() 函数，依此类推，直到得到根目录。实现该功能的一种得体方式是使用递归函数，形式如下：

```
def split_fully(path):
```

```
            parent_path, name = os.path.split(path)
            if name == "":
                return (parent_path, )
            else:
                return split_fully(parent_path) + (name, )
```

最关键的是最后一行，此处，函数调用自身将父目录分解成各个组件。路径的最后一个组件 name 被添加到完全分解的父路径后面。split_fully 中间的行阻止函数无限次地调用自身。当 os.path.split()函数不能继续分解一个路径时，它返回的第二个组件为空，split_fully 注意到这一点并只返回父路径，而不再调用自身。

函数可以安全地调用自身，因为 Python 记录了函数的每一个运行实例的参数和局部变量，即使运行实例是从另一个运行实例中调用的。在这种情形下，当 split_fully 调用自身时，即使内部(第二个)实例给 name 赋予了一个不同的值，外部(第一个)实例也不会丢失 name 的值，因为每个函数的运行实例都有自己的变量 name 的副本。当内部实例返回后，外部实例继续使用它在进行递归调用时拥有的 name 变量的值。

编写递归函数时，要确保它不会无限次调用自身。无限次调用自身是很糟糕的，因为永远都不会返回结果(实际上，这种情形下，Python 会用完记录所有调用的空间，并抛出异常)。split_fully 不会无限次调用自身，因为最终的路径足够短，并且 name 会变成一个空的字符串，此时 split-fully 不会再调用自身，而是直接返回。

split-fully 中有两处使用单个元素的元组，注意必须在圆括号中包含一个逗号。没有逗号，Python 会将圆括号解释为普通的分组圆括号，就像数学表达式中那样: (name,)是一个包含单个元素的元组，但(name)与 name 完全相同。

这里有一个可以运行的函数:

```
>>> split_fully("C:\\Program Files\\Python37\\Lib")
('C:\\', 'Program Files', 'Python37', 'Lib')
```

当有一个文件名称时，可以使用 os.path.splitext()函数分解出它的扩展名:

```
>>> os.path.splitext("image.jpg")
('image', '.jpg')
```

对 splitext()函数的调用会返回一个包含两个元素的元组，因此可以用上面的方式提取出扩展名:

```
>>> parts = os.path.splitext("image.jpg")
>>> extension = parts[1]
```

实际上，并不需要变量 parts。可以从 splitext()函数的返回值直接提取出第二个组件 extension:

```
>>> extension = os.path.splitext("image.jpg")[1]
```

os.path.normpath()函数也能派上用场，它可以规范化或"清理"路径:

```
>>> print(os.path.normpath(r"C:\\Program Files\Perl\..\Python37"))
```

C:\Program Files\Python37

注意如何通过备份目录组件去掉"..", 以及如何修复双分隔符。函数 os.path.abspath()与os.path.normpath()类似, 它将相对路径(相对于当前目录的路径)转变为绝对路径(从驱动器或文件系统的根目录开始):

```
>>> print(os.path.abspath("other_stuff"))
C:\Program Files\Python37\other_stuff
```

输出取决于调用 os.path.abspath()函数时的当前路径。也许你已经注意到, 即使在 Python 目录下没有名为 other_stuff 的文件或目录存在, 这个函数也仍然可以正常工作。os.path 下的所有路径操作函数都不检查正在操作的路径是否真正存在。

可以使用 os.path.exists()函数判断某个路径是否真正存在, 它仅简单地返回 True 或 False:

```
>>> os.path.exists("C:\\Windows")
True
>>> os.path.exists("C:\\Windows\\reptiles")
False
```

当然, 如果使用的不是 Windows, 或者 Windows 安装在另一个目录(例如 C:\WinNT)中, 这两个调用都会返回 False!

10.3.2 目录内容

现在你知道了如何构造任意路径并且将它们分开, 但是如何才能找出硬盘上实际存在哪些内容呢? os.listdir 模块会返回一个目录下所有的条目, 包括文件和子目录等内容。下面的代码将得到一个目录下的条目列表。在 Windows 系统中, 可以列出 Python 安装目录下的内容:

```
>>> os.listdir("C:\\Python37")
['Chapter 5', 'Chapter 6', 'Chapter 7', 'DLLs', 'Doc', 'ham', 'include', 'Lib', 'libs', 'LICENSE.txt', 'maybe', 'NEWS.txt',
'python.exe', 'pythonw.exe', 'README.txt', 'tcl', 'Test', 'Test.py', 'test.txt', 'test2.txt', 'test6.txt', 'tester.py', 'test.txt', 'Tools',
'w9xpopen.exe']
```

注意, 在不同机器上的运行结果有可能不同, 因为显示的结果取决于目录下的文件。

如果使用其他操作系统, 或者在其他目录下安装 Python, 请将示例中的路径替换为其他路径。使用"."可以列出当前目录。当然, 如果使用不同的目录, 将会得到不同的条目列表。

无论哪种情况, 都应该注意一些重要的事情。首先, 返回的结果是条目的名称而不是完整路径。如果需要某个条目的完整路径, 就必须使用 os.path.join 进行构造。其次, 结果中既有文件名称也有目录名称, 从 os.listdir 的结果中无法区分两者。最后, 注意结果中不包含"."和"..", 它们代表当前目录及其父目录的特殊目录名称。

编写一个函数, 列出某个目录中的内容, 但是需要打印出完整路径, 而不是仅打印文件和子目录的名称, 并且要求每行打印一个条目, 示例程序如下:

```
def print_dir(dir_path):
    for name in os.listdir(dir_path):
        print(os.path.join(dir_path, name))
```

在 os.listdir 返回的列表上循环调用该函数，并且对每个条目调用 os.path.join，在打印之前构造完整路径。尝试下面的代码：

```
>>> print_dir("C:\\Python30")
C:\Python37\DLLs
C:\Python37\Doc
C:\Python37\ham
C:\Python37\include
C:\Python37\Lib
C:\Python37\libs
C:\Python37\LICENSE.txt...
```

以上代码并不能保证 os.listdir 返回的条目列表以某种特定的方式排序，也就是说，顺序是任意的。可能希望条目以某种特定顺序排序，以满足应用需求。由于是字符串列表，因此可以使用 sorted()函数进行排序。

默认情况下，得到的结果按字母表排序，并区分大小写：

```
>>> sorted(os.listdir("C:\\Python37"))
['DLLs', 'Doc', 'LICENSE.txt', 'Lib', 'NEWS.txt', 'README.txt', 'Removepywin32.exe', 'Scripts', 'Tools', 'include',
'libs', 'py.ico', 'pyc.ico', 'python.exe', 'pythonw.exe', 'pywin32-wininst.log', 'tcl', 'w9xpopen.exe']
```

10.3.3　获取文件信息

可以很容易地判断出路径是指向文件还是指向目录。如果指向文件，os.path.isfile 将返回 True；如果指向目录，os.path.isdir 将返回 True。如果路径不存在，它们都返回 False，例如：

```
>>> os.path.isfile("C:\\Windows")
False
>>> os.path.isdir("C:\\Windows")
True
```

在某些平台上，一个目录也许包含许多其他类型的条目，例如符号链接、套接字、设备等。这些条目的具体含义取决于特定的平台，相关内容比较复杂，这里不进行讨论。然而，os 模块为检查这些条目提供了支持，请查阅文档以了解与平台有关的细节。

递归目录列表

可以将 os.path.isdir 和 os.listdir 结合起来实现一些有用的操作，例如，递归地处理子目录。为此，编写递归函数很有用。当函数找到子目录时，函数调用自身，列出子目录的内容：

```python
def print_tree(dir_path):
    for name in os.listdir(dir_path):
        full_path = os.path.join(dir_path, name)
        print(full_path)
        if os.path.isdir(full_path):
            print_tree(full_path)
```

注意上面的函数与之前编写的 print_dir()函数十分类似。然而，这个函数为每个条目构造了完整路径 full_path，因为这既符合打印的需求，也考虑到了子目录的需求。最后两行代码检查是否是子目录，如果是，该函数就在继续运行之前通过调用自身列出子目录的内容。确保没有对一棵非常大的目录树调用该函数，否则，将不得不等待打印出树中每个子目录和文件的完整路径。

模块 os.path 中的其他函数提供了关于文件的信息。例如，os.path.getsize 在不必打开和扫描某个文件的情况下以字节为单位返回该文件的大小。使用 os.path.getmtime 可以得到文件上次被修改的时间。返回的值是从 1970 年起到文件上次被修改的时间之间的秒数，而这不是用户喜欢的日期格式。必须调用另一个函数 time.ctime()，将结果转换为易于理解的形式(不要忘了首先要导入 time 模块)。以下示例输出了 Python 安装目录上次被修改的时间，这可能是在计算机上安装 Python 的日期和时间：

```
>>> import time
>>> mod_time = os.path.getmtime("C:\\Python37")
>>> print(time.ctime(mod_time))
Thu Mar 15 01:36:26 2009
```

现在你知道了如何修改 print_dir()函数来打印目录的内容，包括每个文件的大小和修改时间。为了简单，下面的版本只打印条目的名称，而不打印它们的完整路径：

```
def print_dir_info(dir_path):
    for name in os.listdir(dir_path):
        full_path = os.path.join(dir_path, name)
        file_size = os.path.getsize(full_path)
        mod_time = time.ctime(os.path.getmtime(full_path))
        print("%-32s: %8d bytes, modified %s" % (name, file_size, mod_time))
```

最后一条语句使用了前面介绍的 Python 内置的字符串格式化方法，以产生整洁的输出。如果希望输出其他文件信息，请浏览 os.path 模块的文档，以学习如何获取这些信息。

10.3.4 重命名、移动、复制和删除文件

模块 shutil 中包含操作文件的函数。可以使用函数 shutil.move 重命名文件：

```
>>> import shutil
>>> shutil.move("server.log", "server.log.backup")
```

也可以使用它将一个文件移动到另一个目录下：

```
>>> shutil.move("old mail.txt", "C:\\data\\archive\\")
```

从上文可知，os 模块也包含一个可以重命名和移动文件的函数 os.rename。一般应当使用 shutil.move，因为使用 os.rename 可能无法指定一个目录名称作为目标，而且在某些系统上，os.rename 不能将文件移动到另一个磁盘或文件系统中。

shutil 模块还提供了 copy()函数，用于将一个文件复制为具有新名称的另一个文件，或者复制到新目录下。可以简单地使用如下代码：

```
>>> shutil.copy("important.dat", "C:\\backups")
```

删除文件是最简单的操作，只需要调用 os.remove 即可：

```
>>> os.remove("junk.dat")
```

UNIX 黑客可能更喜欢 os.unlink，它能完成相同的操作。

10.3.5 创建和删除目录

创建空目录甚至比创建空文件容易。只需要调用 os.mkdir 就可以实现该操作。然而，要创建的目录的父目录首先要存在。如果父目录 C:\photos\zoo 不存在，下面的代码将引发异常：

```
>>> os.mkdir("C:\\photos\\zoo\\snakes")
```

可以使用 os.mkdir 函数创建父目录，但一种更简单的方法是使用 os.makedirs 函数，该函数可以创建不存在的父目录。例如，下面的代码将在必要的时候创建 C:\photos 和 C:\photos\zoo：

```
>>> os.makedirs("C:\\photos\\zoo\\snakes")
```

使用函数 os.rmdir 删除目录。该函数仅对空目录有效，如果要删除的目录不为空，首先需要删除该目录中的内容。

```
>>> os.rmdir("C:\\photos\\zoo\\snakes")
```

上面的代码仅会删除子目录 snakes。

有一种方法可以在目录包含其他文件和子目录的情况下将该目录删除。函数 shutil.rmtree 可以实现该操作。然而，使用该函数时要谨慎。如果犯了编程或输入错误，向该函数传入错误的路径，它将删除一整组文件，你甚至不知道发生了什么情况！例如，下面的代码会删除完整的图片集：

```
>>> shutil.rmtree("C:\\photos")
```

10.3.6 文件通配符

如果使用过 Windows 系统的命令行提示符，或者使用过 GUN/Linux、UNIX、Mac OS X 的命令行 shell，可能看到过通配符模式。通配符是一些特殊字符，例如*和?，可以使用它们匹配许多名称类似的文件。例如，使用模式 P*可以匹配名称以 P 开头的所有文件，使用*.txt 可以匹配所有后缀名为.txt 的文件。

通配(globbing)是黑客们的行话，用来表示在文件名称模式中展开通配符。Python 在模块 glob 中提供了名称也为 glob 的函数，实现了对目录内容进行通配的功能。glob.glob 函数接收模式作为输入，并返回所有匹配的文件名和路径名列表，这与 os.listdir 类似。

注意：

在 Windows 操作系统中，模式 M*可以匹配名称以 m 和 M 开头的所有文件，因为文件名称和文件名称通配是不区分大小写的。在大多数其他操作系统中，通配是区分大小写的。

例如，试着使用下面的命令，列出 C:\Program Files 目录下名称以 M 开头的所有条目：

```
>>> import glob
>>> glob.glob("C:\\Program Files\\M*")
['C:\\Program Files\\Messenger', 'C:\\Program Files\\Microsoft Office', 'C:\\Program Files\\Mozilla Firefox']
```

由于计算机可能安装了不同的软件，因此输出可能与上面的不同。可以看到 glob.glob 返回了符合模式的包含磁盘驱动符和目录名称的路径，这与 os.listdir 不同，后者只返回指定目录下的名称。

表 10-6 列出了通配模式中可以使用的通配符。这些通配符与操作系统的命令 shell 中的通配符并不一定完全一致，但是 Python 的 glob 模块在所有的平台上都使用相同的语法。注意，通配模式的语法与正则表达式的语法类似但不相同。

表 10-6　通配符

通配符	匹配	示例
*	零个或多个任意字符	*.m*匹配扩展名以 m 开头的名称
?	任意单个字符	???匹配恰好包含 3 个字符的名称
[...]	方括号中列出的任意单个字符	[AEIOU]*匹配以大写的元音字母开头的名称
[!...]	不在方括号中出现的任意单个字符	*[!s]匹配不以 s 结尾的名称

也可以在方括号之间使用某个范围内的字符。例如，[m-p]匹配 m、n、o、p 中的任意单个字符，[!0-9]匹配数字以外的任意字符。

通配是为文件操作选择一组相似文件的较为便捷的方法。例如，要删除目录 C:\source\中所有扩展名为.bak 的备份文件，只需要执行如下两行代码：

```
>>> for path in glob.glob("C:\\source\\*.bak"):
...     os.remove(path)
```

通配相比 os.listdir 的功能强大得多，因为可以在目录或子目录的名称中指定通配符。对于这样的模式，glob.glob 可以返回多个目录下的路径。例如，下面的代码返回当前目录的所有子目录中扩展名为.txt 的文件：

```
>>> glob.glob("*\\*.txt")
```

10.4　轮换文件

下面处理更难完成的文件管理任务。假设需要保留一个文件的多个老版本。例如，系统管理员要保留老版本的系统日志文件。通常，旧版文件的名称中会有一个数字后缀，例如 web.log.1、web.log.2 等，其中较大的数字代表较老的版本。为了给文件的新版本预留空间，这些老版本被轮换：目前的版本 web.log 变成了 web.log.1，而 web.log.1 则变成了 web.log.2，依此类推。

手动实现该功能非常乏味，但是 Python 却可以很快地实现。有几个棘手的问题需要考虑。

首先，文件的当前版本与老版本的命名方式不同：老版本有一个数字后缀，而当前版本没有。解决这个问题的一个方法是将当前版本作为版本0。函数make_version_path()负责为当前版本和老版本构造正确的路径。

另一个不易注意的地方是必须确保首先要重命名老版本。例如，如果在重命名 web.log.2之前将 web.log.1 重命名为 web.log.2，后者将被重写，之前的内容就会丢失，这并不是我们希望的结果。递归函数将再次伸出援手。递归函数可以调用自身，在重写下一个老版本的日志文件之前轮换：

```python
import os
import shutil

def make_version_path(path, version):
    if version == 0:
        # No suffix for version 0, the current version.
        return path
    else:
        # Append a suffix to indicate the older version.
        return path + "." + str(version)

def rotate(path, version=0):
    # Construct the name of the version we're rotating.
    old_path = make_version_path(path, version)
    if not os.path.exists(old_path):
        # It doesn't exist, so complain.
        raise IOError("'%s' doesn't exist" % path)
    # Construct the new version name for this file.
    new_path = make_version_path(path, version + 1)
    # Is there already a version with this name?
    if os.path.exists(new_path):
        # Yes.   Rotate it out of the way first!
        rotate(path, version + 1)
    # Now we can rename the version safely.
    shutil.move(old_path, new_path)
```

花几分钟时间研究一下上面的代码和注释。rotate()函数使用了递归函数的通用技术：第二个参数用于处理递归情形，在这个示例中，文件的版本号被轮换。该参数的默认值为 0，表示文件的当前版本。当调用 rotate()函数时(与函数调用自己的情况不同)，不需要指定第二个参数的值。例如，可以直接调用 rotate("web.log")。

rotate()函数检查正在被轮换的文件是否确实存在，如果不存在，则引发异常。假设希望轮换一个不确定是否存在的系统日志文件。解决该问题的一种可能方法是在该系统日志文件不存在时，创建一个空的系统日志文件。回忆一下，当以写方式打开一个并不存在的文件时，Python会自动创建它。如果没有向新文件中输入内容，新文件将是空的。下面是一个用于轮换可能存在的日志文件的函数，如果不存在，则首先要创建系统日志文件。

```
def rotate_log_file(path):
    if not os.path.exists(path):
        # The file is missing, so create it.
        new_file = file(path, "w")
        # Close the new file immediately, which leaves it empty.
        del new_file
    # Now rotate it.
    rotate(path)
```

10.5　本章小结

在编程过程中，文件既可以作为要处理信息的来源，也可以作为处理结果的存储目的地。因此，文件及文件路径——目录的操作尤为重要。

Python 提供了一套良好的文件管理模块。本章首先介绍的是基本文件操作，包括打开文件、关闭文件、文件读写模式、文件读写过程中用到的缓冲。然后介绍了基本文件方法，如读文件、写文件、重命名、对数据进行序列化，以及对持久化到文件中的信息进行反序列化以读入 Python 程序等。最后介绍目录操作，内容包括路径、目录内容、获取目录中的文件信息；目录和文件的重命名、移动、复制和删除操作；文件通配符的使用。

通过本章的学习，大家应能了解文件和目录在编程过程中主要用于存储什么样的信息，能够熟练掌握文件及目录操作。

10.6　思考与练习

1. 举例说明 Python 编程中的文件读写及相关的文件对象方法。
2. 编写程序，使用不同编码读写 .txt 文件。
3. 编写程序，通过传入需要遍历的目录，列出目录下的所有文件并统计文件数。
4. 编写程序，实现创建文件和追加文件内容。
5. 编写程序，删除空的文件和文件夹。

第 11 章

多线程编程

多进程和多线程是操作系统中的重要概念，主要是为了在同一时刻同时执行多个任务，以提高系统的吞吐量，提高资源利用率。

多线程编程技术可以实现代码并行，优化处理能力，同时可以将代码划分为功能更小的模块，使代码的可重用性更好。本章介绍 Python 中的多线程编程。多线程一直是 Python 学习中的重点和难点，同学们需要反复实践和研究。

本章的学习目标：

- 了解进程和线程的概念，以及多线程和多进程的概念；
- 了解 Python 中的线程模块；
- 掌握 _thread 模块的使用；
- 掌握 threading 模块的使用；
- 掌握线程同步的方法；
- 掌握线程优先级队列；
- 了解线程和进程的比较；
- 掌握 Python 多线程编程技术的应用。

11.1 进程和线程

在学习多线程的使用之前，需要先了解任务、进程、线程、多进程和多线程的概念。

11.1.1 进程

进程(Process)是计算机中的程序在某数据集合上的一次运行活动，是系统进行资源分配和调度的基本单位，是操作系统结构的基础，有时候也称为重量级进程。在早期面向进程设计的计算机结构中，进程是程序的基本执行实体；在当代面向线程设计的计算机结构中，进程是线程的容器(有关线程的内容在 11.1.2 节介绍)。程序是指令、数据及其组织形式的描述，进程是程序的实体。

每个进程都有自己的地址空间、内存、数据栈以及记录运行轨迹的辅助数据，操作系统管理运行的所有进程，并为这些进程公平分配时间。进程可以通过 fork 和 spawn 操作完成其他任务。因为各个进程都有自己的内存空间、数据栈等，所以只能使用进程间通信(IPC)，而不能直接共享信息。

11.1.2　线程

线程(Thread，有时也称为轻量级进程)跟进程有些相似，不同的是，所有线程运行在同一个进程中，共享运行环境。

线程有开始、顺序执行和结束三部分，有自己的指令指针，记录运行到了什么地方。线程在运行中可能出现抢占(中断)情况或暂时被挂起(睡眠)，从而让其他线程运行，这称为让步。一个进程中的各个线程之间共享同一块数据空间，所以线程之间可以比进程之间更方便地共享数据和相互通信。

线程一般是并发执行的。正是由于这种并行和数据共享机制，使得多个任务的合作变得可能。实际上，在单 CPU 系统中，真正的并发并不可能，每个线程会被安排成每次只运行一小会儿，然后就把 CPU 让出来，让其他线程运行。

在进程的整个运行过程中，每个线程都只做自己的事，需要时再跟其他线程共享运行结果。多个线程共同访问同一块数据空间并不是完全没有危险，由于数据访问的顺序不一样，因此可能导致数据结果不一致，这叫作竞态条件。大多数线程库中都有一系列不同原语，用于控制线程的执行和数据的访问。

11.1.3　多进程和多线程

很多同学都听说过，现代操作系统，比如 Mac OS X、UNIX、Linux、Windows 等，都是支持"多任务"的操作系统。

什么叫"多任务"呢？简单地说，就是操作系统可以同时运行多个任务。打个比方，一边用浏览器上网，一边听 MP3，一边用 Word 赶作业，这就是多任务，至少同时有 3 个任务正在运行。还有很多任务悄悄地在后台同时运行，只是桌面上没有显示而已。

现在，多核 CPU 已经非常普及，但是，即使过去的单核 CPU，也可以执行多任务。由于 CPU 执行代码时都是顺序执行的，单核 CPU 怎么执行多任务呢？

答案就是操作系统轮流让各个任务交替执行，任务 1 执行 0.01 秒，切换到任务 2，任务 2 执行 0.01 秒，再切换到任务 3，执行 0.01 秒……这样反复执行下去。表面上看，每个任务都是交替执行的，但是，由于 CPU 的执行速度实在太快了，我们感觉就像所有任务都在同时执行一样。

真正的并行执行多任务只能在多核 CPU 上实现，但是，由于任务数量远远多于 CPU 的核心数量，因此操作系统会自动把很多任务轮流调度到每个核心上执行。

对于操作系统来说，任务就是进程，比如打开一个浏览器就启动一个浏览器进程，打开一个记事本就启动了一个记事本进程，打开两个记事本就启动了两个记事本进程，打开一个 Word 就启动了一个 Word 进程。

有些进程还不止同时干一件事，比如 Word，可以同时进行打字、拼写检查、打印等事情。在进程内部，要同时干多件事，就需要同时运行多个"子任务"，我们把进程内的这些"子任务"称为线程。

由于每个进程至少要干一件事，因此，一个进程至少有一个线程。当然，像 Word 这种复杂的进程可以有多个线程，多个线程可以同时执行，多线程的执行方式和多进程是一样的，也由操作系统在多个线程之间快速切换，让每个线程都短暂地交替运行，看起来就像同时执行一样。当然，真正地同时执行多线程需要多核 CPU 才可能实现。

前面编写的所有 Python 程序，都是执行单任务的进程，也就是只有一个线程。如果要同时执行多个任务，怎么办？通常有两种解决方案：一种是启动多个进程，每个进程虽然只有一个线程，但多个进程可以一块执行多个任务；另一种是启动一个进程，在一个进程内启动多个线程，这样，多个线程也可以一块执行多个任务。

还有第三种解决方案，就是启动多个进程，每个进程再启动多个线程，这样同时执行的任务就更多了，当然这种模型更复杂，实际很少采用。

总而言之，多任务的实现有 3 种方式：多进程模式、多线程模式、多进程+多线程模式。

同时执行多个任务时，通常各个任务之间并不是没有关联的，而是需要相互通信和协调。有时，任务 1 必须暂停，等待任务 2 完成后才能继续执行；有时，任务 3 和任务 4 又不能同时执行。所以，使用多进程和多线程的程序的复杂度要远远高于前面写的使用单进程和单线程的程序。

由以上介绍可知，线程是最小的执行单元，而进程由至少一个线程组成。如何调度进程和线程，完全由操作系统决定，程序自己不能决定什么时候执行以及执行多长时间。

使用多进程和多线程的程序涉及同步、数据共享的问题，编写起来更复杂。Python 既支持多进程，又支持多线程。

11.2　使用线程

如何使用线程，线程中有哪些比较值得学习的模块呢？本节将对线程的使用做概念性讲解，稍后再给出一些具体示例以供参考。

11.2.1　全局解释器锁

Python 代码的执行由 Python 虚拟机(解释器主循环)控制。Python 在设计之初就考虑到在主循环中只能有一个线程执行，虽然 Python 解释器中可以"运行"多个线程，但是在任意时刻只有一个线程在 Python 解释器中运行。

Python 虚拟机的访问由全局解释器锁(GIL)控制，这个锁能保证同一时刻只有一个线程运行。

在多线程环境中，Python 虚拟机按以下方式执行：

(1) 设置 GIL。

(2) 切换到一个线程并运行。

(3) 运行指定数量的字节码指令或线程主动让出控制(可以调用 time.sleep(0))。

(4) 把线程设置为睡眠状态。

(5) 解锁 GIL。

(6) 再次重复以上所有步骤。

在调用外部代码(如 C/C++扩展函数)时，GIL 将被锁定。直到这个函数结束为止(由于在此期间没有运行 Python 的字节码，因此不会做线程切换)，编写扩展函数的程序员可以主动解锁 GIL。

11.2.2　退出线程

当一个线程结束计算后，它就退出了。线程可以调用_thread.exit()等退出函数，也可以使用 Python 退出进程的标准方法(如调用 sys.exit()或抛出 SystemExit 异常，不过不可以直接"杀掉" (kill)线程。

不建议使用_thread 模块。很明显的一个原因是，当主线程退出时，其他线程没有清除就会 退出。另一个模块 Threading 能确保所有"重要的"子线程都退出后，进程才会结束。

11.2.3　Python 的线程模块

Python 提供了几个用于多线程编程的模块，包括_thread、threading 和 Queue 等。_thread 和 threading 模块允许程序员创建和管理线程。_thread 模块提供对基本线程和锁的支持，threading 模块提供更高级别、功能更强的线程管理功能。Queue 模块允许用户创建可以用于多个线程之 间共享数据的队列数据结构。

请避免使用_thread 模块，原因有 3 个。首先，更高级别的 threading 模块更为先进，对线程 的支持更完善，而且使用_thread 模块里的属性时可能与 threading 模块发生冲突；其次，低级别 的_thread 模块的同步原语很少(实际上只有一个)，而 threading 模块有很多；最后，在主线程结 束时，_thread 模块中的所有线程都会被强制结束，既没有警告，也不会有正常的清除工作，至 少 threading 模块能确保在重要子线程退出后进程才退出。

11.3　_thread 模块

start_new_thread()函数是_thread 模块的一个关键函数。在 Python 中，可调用_thread 模块中 的 start_new_thread()函数以产生新线程。语法如下：

```
_thread.start_new_thread(function,args[,kwargs])
```

其中，function 为线程函数；args 为传递给线程函数的参数，必须是元组类型；kwargs 为 可选参数。

_thread 模块除了产生线程外，还提供锁对象(lock object，也叫原语锁、简单锁、互斥锁、 互斥量、二值信号量)。同步原语与线程管理是密不可分的。

_thread 模块中常用的线程模块函数如表 11-1 所示。

表 11-1　_thread 模块中常用的线程模块函数

线程模块函数	描述
start_new_thread(function, args kwargs=None)	产生一个新的线程，在新的线程中用指定的参数和可选的 kwargs 来调用该 函数
allocate_lock()	分配一个 LockType 类型锁对象
exit()	让线程退出

其中，LockType 类型锁对象的常用方法如表 11-2 所示。

表 11-2　LockType 类型锁对象的常用方法

方法	描述
acquire(wait=None)	尝试获取锁对象
locked()	如果获取了锁对象，返回 True，否则返回 False
release()	释放锁

_thread 模块的示例程序如下：

```python
#!/usr/bin/python
# -*-coding:UTF-8-*-

import _thread
from time import sleep
from datetime import datetime

date_time_format='%y-%M-%d %H:%M:%S'

def date_time_str(date_time):
    return datetime.strftime(date_time,date_time_format)

def loop_one():
    print('+++线程一开始于：',date_time_str(datetime.now()))
    print('+++线程一休眠 4 秒')
    sleep(4)
    print('+++线程一休眠结束，结束于：',date_time_str(datetime.now()))

def loop_two():
    print('***线程二开始于：',date_time_str(datetime.now()))
    print('***线程二休眠 2 秒')
    sleep(2)
    print('***线程二休眠结束，结束于：',date_time_str(datetime.now()))

def main():
    print('-----所有线程开始时间：',date_time_str(datetime.now()))
    _thread.start_new_thread(loop_one,())
    _thread.start_new_thread(loop_two,())
    sleep(6)
    print('-----所有线程结束时间：',date_time_str(datetime.now()))

if __name__=='__main__': # __name__是所有模块的内建属性
        main()
```

执行以上程序，输出结果如下：

```
-----所有线程开始时间：18-44-30 21:44:09
+++线程一开始于：***线程二开始于：18-44-30 21:44:0918-44-30 21:44:09

+++线程一休眠 4 秒***线程二休眠 2 秒

***线程二休眠结束，结束于：18-44-30 21:44:11
+++线程一休眠结束，结束于：18-44-30 21:44:13
-----所有线程结束时间：18-44-30 21:44:15
```

_thread 模块提供了简单的多线程机制，两个循环并发执行，总的运行时间为最慢那个线程的运行时间，即 6 秒钟，而不是所有线程的运行时间之和。start_new_thread()要求至少传入两个参数，即使想要运行的函数不需要参数，也要传入一个空的元组。

sleep(6)负责让主线程停下来。主线程一旦运行结束，就关闭运行的其他两个线程。这可能造成主线程过早或过晚退出，这时就要使用线程锁，主线程可在两个子线程都退出后立即退出。示例程序如下：

```python
import _thread
from time import sleep
import datetime

loops=[4,2]

def date_time_str():
    return datetime.datetime.now().strftime('%Y-%m-%d %H:%M:%S')

def loop(n_loop,n_sec,lock):
    print('线程(',n_loop,')开始执行：',date_time_str(),',先休眠(',n_sec,')秒')
    sleep(n_sec)
    print('线程(',n_loop,')休眠结束，结束于：',date_time_str())
    lock.release()

def main():
    print('...所有线程开始执行...')
    locks=[]
    n_loops=range(len(loops))
    for i in n_loops:
        lock=_thread.allocate_lock()
        lock.acquire()
        locks.append(lock)
    for i in n_loops:
        _thread.start_new_thread(loop,(i,loops[i],locks[i]))
    for i in n_loops:
        while locks[i].locked():
            pass
    print('...所有线程执行结束：',date_time_str())
```

```
if __name__ =='__main__':
    main()
```

执行以上程序，输出结果如下：

```
…所有线程开始执行…
线程(线程(01)开始执行：)开始执行：2018-12-30 21:49:322018-12-30 21:49:32,先休眠(,先休眠( 4 )秒 2)秒
线程(1)休眠结束，结束于：2018-12-30 21:49:35
线程(0)休眠结束，结束于：2018-12-30 21:49:37
…所有线程执行结束：2018-12-30 21:49:38
```

可以看到，以上程序使用了线程锁。

11.4　threading 模块

threading 模块不仅提供了 Thread 类，还提供了各种非常好用的同步机制。表 11-3 所示为 threading 模块里所有的对象。

表 11-3　threading 模块里所有的对象

threading 模块里的对象	描述
Thread	表示执行线程的对象
Lock	锁原语对象(跟 thread 模块里的锁对象相同)
RLock	可重入锁对象。使单线程可以再次获得已经获得的锁(递归锁定)
Condition	条件变量对象，能让一个线程停下来，等待其他线程满足某个"条件"，如状态或值的改变
Event	通用的条件变量。多个线程可以等待某个时间的发生，在事件发生后，所有的线程都被激活
Semaphore	为等待锁的线程提供类似于"等候室"的结构
BoundedSemaphore	与 Semaphore 对象类似，只是不允许超过初始值
Timer	与 Thread 对象类似，只是要等待一段时间后才开始运行

11.4.1　守护线程

_thread 模块需要避免使用的一个原因是：它不支持守护线程。当主线程退出时，所有的子线程不论是否还在工作，都会被强行退出。有时我们并不期望这种行为，这就引入了守护线程的概念。

threading 模块支持守护线程，工作流程如下：守护线程一般是等待客户请求的服务器，如果没有客户提出请求，它就在那里等着。如果设定一个线程为守护线程，就表示这个线程不重要，在进程退出时，不用等待这个线程退出，正如网络编程中服务器线程运行在无限循环中，一般是不会退出的。

主线程要退出的时候，不用等待那些子线程完成，但需要设定这些子线程的 daemon 标志。换言之，线程开始(调用 thread.start())之前，如果调用 setDaemon()函数来设定线程的 daemon 标

志(thread.setDaemon(True))，就表示这个线程"不重要"。

如果想要等待子线程完成再退出，那就什么都不用做，或者显式地调用thread.setDaemon(False)以保证其 daemon 标志为 False。可以调用 thread.isDaemon()函数来判断daemon 标志的值。

新的子线程会继承父线程的 daemon 标志，整个 Python 在所有的非守护线程退出后才会结束，也就是进程中没有非守护线程存在的时候才结束。

11.4.2 Thread 对象

threading 模块的 Thread 对象是主要的运行对象，它有很多 thread 模块里没有的函数，这些函数如表 11-4 所示。

表 11-4　Thread 对象提供的函数

函数	描述
start()	开始执行线程
run()	定义线程的功能(一般会被子类重写)
join(timeout=None)	程序被挂起，直到线程结束；如果指定了 timeout，则最多阻塞用 timeout 指定的秒数
getName()	返回线程名称
setName(name)	设置线程名称
isAlive()	布尔标志，表示线程是否还在运行中
isDaemon()	返回线程的 daemon 标志
setDaemon(daemonic)	把线程的 daemon 标志设为 daemonic(一定要在调用 start()函数前调用)

借助 Thread 对象，可以用多种方法创建线程。现在介绍 3 种方法(通常选择最后一种)：

(1) 创建一个 Thread 对象，传给它一个函数。

(2) 创建一个 Thread 对象，传给它一个可调用的类对象。

(3) 从 Thread 类派生一个子类，创建该子类的一个实例。

下面分别介绍这几种方法。

1. 创建一个 Thread 对象，传给它一个函数

这种方法把函数及其参数像 11.3 节的例子那样传进去，主要变化包括：添加了一些 Thread 对象；在实例化每个 Thread 对象时，把函数(target)和参数(args)都传进去，得到返回的 Thread 对象。

实例化一个 Thread 对象后调用 threading.Thread()方法，与调用 thread.start_new_thread()之间的最大区别是：新的线程不会立即开始。当创建了线程，但不想马上开始运行线程的时候，这是一个很有用的同步特性。

threading 模块的 Thread 类有一个 join()函数，允许主线程等待其他线程结束。示例程序如下：

```
#coding=utf-8
```

```
import threading
from time import sleep, ctime

loops = [4,2]                          #睡眠时间

def loop(nloop, nsec):
    print('开始循环', nloop, '开始时间：', ctime())
    sleep(nsec)
    print('循环', nloop, '完成时间：', ctime())


def main():
    print('开始时间于：', ctime())
    threads = []
    nloops = range(len(loops))          #列表[0,1]

    #创建线程
    for i in nloops:
        t = threading.Thread(target=loop,args=(i,loops[i]))
        threads.append(t)

    #开始线程：所有的线程都创建之后，再一起调用 start()函数来启动线程
    for i in nloops:
        threads[i].start()

    #等待所有结束线程
    for i in nloops:
        threads[i].join()

    print('所有线程结束时间：', ctime())

if __name__ == '__main__':
    main()
```

执行以上程序，输出结果如下：

开始时间于：Sun Dec 30 22:36:04 2018
开始循环开始循环　01　开始时间：开始时间：Sun Dec 30 22:36:04 2018 Sun Dec 30 22:36:04 2018

循环 1 完成时间：Sun Dec 30 22:36:06 2018
循环 0 完成时间：Sun Dec 30 22:36:08 2018
所有线程结束时间：Sun Dec 30 22:36:08 2018

运行结果中，循环 0 和循环 1 并行执行，循环 1 先结束，共执行 2 秒，循环 0 后结束，执行 4 秒，总共运行 4 秒。

所有线程都创建之后，再一起调用 start()函数来启动线程，而不是创建一个就启动一个。而且，不用再管理一堆锁(分配锁、获得锁、释放锁、检查锁的状态等)，只要简单地对每个线

程调用 join()函数就可以了。

join()会等到线程结束，或者在指定了 timeout 参数时，等到超时为止。使用 join()比使用等待锁释放的无限循环更清楚一些(也称"自旋锁")。

join()的另一种比较重要的用法是可以完全不用调用。一旦线程启动后，就会一直运行，直到线程所在的函数结束，退出为止。

如果主线程除了等线程结束外，还有其他事情要做(如处理或等待其他的客户请求)，那就不用调用 join()，仅在需要等待线程结束的时候才调用 join()。

2. 创建一个 Thread 对象，传给它一个可调用的类对象

与前面传一个函数的方法相似，但这种方法传一个可调用的类对象供线程启动时执行，这是多线程编程的一种更为面向对象的方法。相对于一个或几个函数来说，由于类对象里可以使用类的功能，因此可以保存更多的信息，这种方法更为灵活。

示例程序如下：

```
#coding=utf-8
import threading
import pandas
from time import sleep, ctime


loops = [4,2]

class ThreadFunc(object):

    def __init__(self,func,args,name=''):
        self.name=name
        self.func=func
        self.args=args


    def __call__(self):
        self.func(*self.args)

def loop(nloop,nsec):
    print ("开始循环",nloop,'循环时间：',ctime())
    sleep(nsec)
    print('循环',nloop,'完成时间：',ctime())

def main():
    print('开始时间于：',ctime())
    threads=[]
    nloops = range(len(loops))

    for i in nloops:
        #调用 ThreadFunc 的实例化对象，创建所有线程
```

```
            t = threading.Thread(
                target=ThreadFunc(loop,(i,loops[i]),loop.__name__))
        threads.append(t)

    #开始线程
    for i in nloops:
        threads[i].start()

    #等待所有结束线程
    for i in nloops:
        threads[i].join()

    print('所有线程结束时间：', ctime())

if __name__ == '__main__':
    main()
```

执行以上程序，输出结果如下：

```
开始时间于：Sun Dec 30 23:02:52 2018
开始循环开始循环　01　循环时间：循环时间：Sun Dec 30 23:02:52 2018 Sun Dec 30 23:02:52 2018

循环 1 完成时间：Sun Dec 30 23:02:54 2018
循环 0 完成时间：Sun Dec 30 23:02:56 2018
所有线程结束时间：Sun Dec 30 23:02:56 2018
```

以上程序中，传递的是一个可调用的类，而不是一个函数。创建 Thread 对象时会实例化一个可调用类 ThreadFunc 的类对象。这个类保存了函数的参数、函数本身以及函数的名字字符串。构造函数 __init__()用于初始化赋值工作。

对于特殊函数 __call__()，由于已经有要使用的参数，因此不用再传给 Thread()构造函数。

3. 从 Thread 类派生一个子类，创建该子类的一个实例

这种方法的关键在于如何子类化 Thread 类，与前面的第二种方法类似。其中，创建子类方法和调用类对象方法的最重要改变是：

(1) MyThread 子类的构造函数一定要先调用基类的构造函数。

(2) 之前的特殊函数 __call__()在子类中，名字要改为 run()。

示例程序如下：

```
import threading
from time import sleep, ctime

loops = [4,2]                       #睡眠时间

class MyThread(threading.Thread):

    def __init__(self, func, args, name=''):
```

```
            threading.Thread.__init__(self)
            self.name=name
            self.func=func
            self.args=args

        def run(self):                    #run()函数
            self.func(*self.args)

def loop(nloop, nsec):
    print("开始循环", nloop, '循环时间:', ctime())
    sleep(nsec)
    print('循环', nloop, '完成时间:', ctime())

def main():
    print('开始时间于: ', ctime())
    threads=[]
    nloops = range(len(loops))      #列表[0,1]

    for i in nloops:
        #将子类 MyThread 实例化，创建所有线程
        t = MyThread(loop, (i,loops[i]), loop.__name__)
        threads.append(t)

    #开始线程
    for i in nloops:
        threads[i].start()

    #等待所有结束线程
    for i in nloops:
        threads[i].join()

    print('所有线程完成时间:', ctime())

if __name__ == '__main__':
    main()
```

执行以上程序，输出结果如下：

```
开始时间于:   Sun Dec 30 23:14:43 2018
开始循环开始循环    01    循环时间：循环时间：Sun Dec 30 23:14:43 2018Sun Dec 30 23:14:43 2018

循环 1 完成时间：Sun Dec 30 23:14:46 2018
循环 0 完成时间：Sun Dec 30 23:14:48 2018
所有线程完成时间：Sun Dec 30 23:14:48 2018
```

除了各种同步对象和线程对象外，threading 模块还提供了一些函数，如表 11-5 所示。

表 11-5　threading 模块提供的其他函数

函数	描述
activeCount()	当前活动的线程对象的数量
currentThread()	返回当前线程对象
enumerate()	返回当前活动线程的列表
settrace(func)	为所有线程设置一个跟踪函数
setprofile(func)	为所有线程设置一个配置函数

11.5　线程同步

如果多个线程共同对某个数据进行修改，则可能出现不可预料的结果，为了保证数据的正确性，需要对多个线程进行同步。

使用 Lock 和 Rlock 对象可以实现简单的线程同步，这两个对象都有 acquire() 和 release() 方法，对于那些需要每次只允许一个线程操作的数据，可以操作放到 acquire() 和 release() 方法之间。

多线程的优势在于可以同时运行多个任务(至少感觉是这样)。但是当线程需要共享数据时，可能存在数据不同步的问题。

考虑这样一种情况：一个列表里所有元素都是 0，线程 set 从后向前把所有元素改成 1，而线程 print 负责从前往后读取列表并打印。那么，可能线程 set 刚开始改的时候，线程 print 便打印列表了，输出就成了一半 0、一半 1，这就导致数据的不同步。为了避免这种情况，引入了锁的概念。

锁有两种状态——锁定和未锁定。每当一个线程(比如 set)要访问共享数据时，必须先获得锁定；如果已有别的线程(比如 print)获得锁定了，那么就让线程 set 暂停，也就是同步阻塞；等到线程 print 访问完毕，释放锁以后，再让线程 set 继续。

经过这样的处理，打印列表时要么全部输出 0，要么全部输出 1，不会再出现一半 0、一半 1 的尴尬场面。

示例程序如下：

```
#coding=utf-8
#!/usr/bin/python

import threading
import time

class myThread (threading.Thread):

    def __init__(self, threadID, name, counter):
        threading.Thread.__init__(self)
        self.threadID = threadID
        self.name = name
        self.counter = counter
```

```python
    def run(self):
        print("开始  " + self.name)
        # 获得锁，成功获得锁定后返回 True
        # 可选的 timeout 参数不填时将一直阻塞直到获得锁定
        # 否则超时后将返回 False
        threadLock.acquire()
        print_time(self.name, self.counter, 3)
        # 释放锁
        threadLock.release()

def print_time(threadName, delay, counter):
    while counter:
        time.sleep(delay)
        print("%s: %s" % (threadName, time.ctime(time.time())))
        counter -= 1

threadLock = threading.Lock()
threads = []

# 创建新线程
thread1 = myThread(1, "Thread-1", 1)
thread2 = myThread(2, "Thread-2", 2)

# 开启新线程
thread1.start()
thread2.start()

# 添加线程到线程列表
threads.append(thread1)
threads.append(thread2)

# 等待所有线程完成
for t in threads:
    t.join()
print("退出主线程")
```

执行以上程序，输出结果如下：

```
开始  Thread-1 开始  Thread-2

Thread-1: Sun Dec 30 23:24:26 2018
Thread-1: Sun Dec 30 23:24:27 2018
Thread-1: Sun Dec 30 23:24:28 2018
Thread-2: Sun Dec 30 23:24:31 2018
Thread-2: Sun Dec 30 23:24:33 2018
Thread-2: Sun Dec 30 23:24:35 2018
退出主线程
```

由执行结果可以看到，程序的执行得到了正确的同步。

11.6　Queue 模块

Queue 模块可以用来进行线程间的通信，让各线程之间共享数据。

Python 的 Queue 模块提供了同步、线程安全的队列类，包括 FIFO(先入先出)队列 Queue、LIFO(后入先出)队列 LifoQueue 和优先级队列 PriorityQueue。这些队列都实现了锁原语，能够在多线程中直接使用。可以使用队列实现线程间的同步。

Queue 模块中的常用方法如表 11-6 所示。

表 11-6　Queue 模块中的常用方法

方法	描述
queue.qsize()	返回队列的大小
queue.empty()	如果队列为空，返回 True，否则返回 False
queue.full()	如果队列满了，返回 True，否则返回 False
queue.get([block[, timeout]])	获取队列，timeout 为等待时间
queue.get_nowait()	相当于 queue.get(False)
queue.put(item)	写入队列，timeout 为等待时间
queue.put_nowait(item)	相当于 queue.put(item, False)
queue.task_done()	在完成一项工作之后，queue.task_done()方法向任务已经完成的队列发送一个信号
queue.join()	实际上意味着等到队列为空再执行别的操作

单向队列的示例程序如下：

```
import queue

q=queue.Queue(5)      #如果不设置长度，默认为无限长
print(q.maxsize)      #注意里面没有圆括号
q.put(123)
q.put(456)
q.put(789)
q.put(100)
q.put(111)
q.put(233)
print(q.get())
print(q.get())
```

打印时会阻塞，为什么呢？因为创建了 5 个元素长度的队列，但放进去 6 个元素，所以就阻塞了。如果少写一个元素，就能显示出正确的 123。

后进先出队列的示例程序如下：

```
q = queue.LifoQueue()
```

```
q.put(12)
q.put(34)
print(q.get())
```

优先级队列的示例程序如下：

```
q = queue.PriorityQueue()
q.put((3,'aaaaa'))
q.put((3,'bbbbb'))
q.put((1,'ccccc'))
q.put((3,'ddddd'))
print(q.get())
print(q.get())
```

执行以上程序，输出结果如下：

```
(1, 'ccccc')
(3, 'aaaaa')
```

双向队列的示例程序如下：

```
q = queue.deque()
q.append(123)
q.append(456)
q.appendleft(780)
print(q.pop())
print(q.popleft())
```

执行以上程序，输出结果如下：

```
456
780
```

11.7　线程与进程的比较

多进程和多线程是实现多任务最常用的两种方式。下面通过线程切换、计算密集情况和异步 I/O 三方面来讨论这两种方式的优缺点。

首先，要实现多任务，通常会设计 Master-Worker 模式，Master 负责分配任务，Worker 负责执行任务。因此，在多任务环境下，通常是一个 Master、多个 Worker。

如果用多进程实现 Master-Worker 模式，主进程就是 Master，其他进程就是 Worker。

如果使用多线程实现 Master-Worker 模式，主线程就是 Master，其他线程就是 Worker。

多进程模式最大的优点就是稳定性高，因为一个子进程崩溃了，不会影响主进程和其他子进程。当然，主进程挂了所有进程也就全挂了，但是 Master 进程只负责分配任务，挂的概率低。著名的 Apache 最早就是采用多进程模式。

多进程模式的缺点是创建进程的代价大，在 UNIX/Linux 系统下，使用 fork()调用还行，在

Windows 下创建进程的开销巨大。另外，操作系统能同时运行的进程数也是有限的，在内存和 CPU 的限制下，如果有几千个进程同时运行，操作系统连调度都会成问题。

多线程模式通常比多进程模式快一点，但是也快不到哪里去，而且，多线程模式致命的缺点就是任何一个线程挂掉都可能直接造成整个进程崩溃，因为所有线程共享进程的内存。在 Windows 系统下，如果一个线程执行的代码出了问题，经常可以看到这样的提示："该程序执行了非法操作，即将关闭"，其实往往是某个线程出了问题，但是操作系统会强制结束整个进程。

11.7.1　线程切换

无论是多进程还是多线程，数量太多，效率肯定会降低。

打个比方，你正在准备中考，每天晚上需要做语文、数学、英语、物理和化学 5 科作业，每科作业耗时 1 小时。

如果先花 1 小时做语文作业，接着花 1 小时做数学作业，这样依次全部做完，一共花 5 个小时，这种方式称为单任务模型或批处理任务模型。

如果打算切换到多任务模型，可以先做 1 分钟语文作业，切换到数学作业做 1 分钟，再切换到英语作业做 1 分钟，依此类推，只要切换速度足够快，这种方式就和单核 CPU 执行多任务一样了。

不过切换作业是有代价的，比如从语文切换到数学，要先收拾桌子上的语文课本和钢笔(保存现场)，然后打开数学课本，找出圆规、尺子(准备新环境)，才能开始做数学作业。操作系统在切换进程或线程时也一样，需要先保存当前执行的现场环境(CPU 寄存器状态、内存页等)，然后把新任务的执行环境准备好(恢复上次 CUP 寄存器状态、切换内存页等)，才能开始执行。这个切换过程虽然很快，但是也需要耗费时间。如果有几千个任务同时进行，操作系统可能主要忙着切换任务，根本没有多少时间执行任务。这种情况最常见的就是硬盘狂响，单击窗口无反应，系统处于假死状态。

所以，多任务一旦达到某个限度，就会消耗系统所有资源，导致效率急剧下降，所有任务都做不好。

11.7.2　计算密集型与 IO 密集型

是否采用多任务的另一考虑是任务的类型。我们可以把任务分为计算密集型和 IO 密集型任务两种。

计算密集型任务的特点是要进行大量的计算，消耗 CPU 资源，比如计算圆周率、对视频进行高清解码，等等，全靠 CPU 的运算能力。这种计算密集型任务虽然也可以用多任务完成，但是任务越多，花在任务切换上的时间就越多，CPU 执行任务的效率就越低。所以，要最高效地利用 CPU，计算密集型任务同时进行的数量应当等于 CPU 的核心数。

计算密集型任务由于主要消耗 CPU 资源，因此代码运行效率至关重要。Python 这样的脚本语言运行效率很低，完全不适合计算密集型任务。对于计算密集型任务，最好用 C 语言编写。

涉及网络、磁盘 IO 的任务都是 IO 密集型任务，这类任务的特点是 CPU 消耗很少，任务的大部分时间都在等待 IO 操作完成(因为 IO 的速度远远低于 CPU 和内存的速度)。对于 IO 密集型任务，任务越多，CPU 效率越高，但也有限度。常见的大部分任务都是 IO 密集型任务，比如 Web 应用。

IO 密集型任务执行期间，99%的时间都花在 IO 上，花在 CPU 上的时间很少。因此，用运行速度极快的 C 语言替换 Python 这样运行速度极低的脚本语言，完全无法提升运行效率。对于 IO 密集型任务，最合适的语言就是开发效率最高(代码量最少)的语言，脚本语言是首选，C 语言最差。

11.7.3　异步 IO

考虑到 CPU 和 IO 之间巨大的速度差异，一个任务在执行的过程中大部分时间都在等待 IO 操作，单进程或单线程模型会导致别的任务无法并行执行，因此，我们才需要多进程或多线程模型来支持多任务并发执行。

现代操作系统对 IO 操作已经做了巨大改进，最大的特点就是支持异步 IO。如果能充分利用操作系统提供的异步 IO 支持，就可以用单进程或单线程模型来执行多任务，这种全新的模型被称为事件驱动模型，Nginx 就是支持异步 IO 的 Web 服务器，它在单核 CPU 上采用单进程模型就可以高效地支持多任务。在多核 CPU 上，可以运行多个进程(数量与 CPU 核心数相同)，充分利用多核 CPU。由于系统总的进程数量十分有限，因此操作系统调度非常高效。用异步 IO 编程模型来实现多任务是主要的趋势。

11.8　本章实战

本节将通过一些稍微复杂的应用实例，介绍 Python 中常用的多线程编程技术。

11.8.1　斐波那契数列、阶乘和加和

下面主要通过多线程的方式来演示如何求斐波那契数列、阶乘和加和。首先声明 threading.Thread 的子类 MyThread，在 MyThread 类中加入输出信息，除了使用 apply()函数运行斐波那契数列、阶乘和加和函数外，还把结果保存到 self.res 属性中，并创建函数 getResult()以得到结果。程序如下：

```
#coding=utf-8
import threading
from time import sleep, ctime

class MyThread(threading.Thread):

    def __init__(self, func, args, name=''):
        threading.Thread.__init__(self)
        self.name=name
        self.func=func
        self.args=args

    def getResult(self):
        return self.res
```

```
    def run(self):                      #run()函数
        print("Starting", self.name, 'at:', ctime())
        self.res = self.func(*self.args)
        print(self.name, 'finished at:', ctime())
```

将以上程序保存为 myThread.py。

然后创建 threadfunc.py 文件，调用前面定义的 myThread.py 中的 MyThread 类。由于这些函数运行得很快(斐波那契数列函数运行慢些)，使用 sleep()函数比较它们的时间。实际工作中不需要添加 sleep()函数。程序如下：

```
#coding=utf-8
from myThread import MyThread      #myThread.py 文件中的 MyThread 类
from time import sleep, ctime

#斐波那契数列函数
def fib(x):
    sleep(0.005)
    if x < 2:
        return 1
    return (fib(x-2) + fib(x-1))

#阶乘函数
def fac(x):
    sleep(0.1)
    if x < 2:
        return 1
    return (x * fac(x-1))

#加和函数
def sum(x):
    sleep(0.1)
    if x < 2:
        return 1
    return (x + sum(x-1))

funcs = [fib, fac, sum]
n = 14

def main():
    nfuncs = range(len(funcs))

    print('*****单线程方法*****')
    for i in nfuncs:
        print('Starting', funcs[i].__name__, 'at:', ctime())
        print(funcs[i](n))
        print('Finished', funcs[i].__name__, 'at:', ctime())
```

```
        print('*****结束单线程*****')

        print(' ')
        print('*****多线程方法*****')
        threads = []
        for i in nfuncs:
            #调用 MyThread 类的实例化对象，创建所有线程
            t = MyThread(funcs[i], (n,), funcs[i].__name__)
            threads.append(t)

        #开始线程
        for i in nfuncs:
            threads[i].start()

        #等待所有结束线程
        for i in nfuncs:
            threads[i].join()
            print(threads[i].getResult())

        print('*****结束多线程*****')

if __name__ == '__main__':
    main()
```

执行以上程序，输出结果如图 11-1 所示。可以看出，单线程运行 10 秒，多线程运行 6 秒。

图 11-1　程序运行结果

11.8.2　使用队列解决生产者/消费者模型

Queue 模块实现了多生产者、多消费者的队列。当要求信息必须在多线程间安全交换时，Queue 模块在进行线程编程时非常有用。Queue 模块实现了所有要求的锁机制。总而言之，Queue 模块主要是多线程，可保证线程的安全使用。下面就来介绍如何使用 Queue 模块解决生产者/

消费者模型。

如图 11-2 所示，可以发现生产者和消费者之间用中间类似队列的东西串起来。可将队列想象成存放产品的"仓库"，生产者只需要关心"仓库"，并不需要关心具体的消费者，对于生产者而言甚至都不知道这些消费者存在。对于消费者而言，他们也不需要关心具体的生产者以及到底有多少生产者，而只关心"仓库"中还有没有东西。这是一种松耦合模型。这样可以回答上面提出的第一个问题。这个模型的产生就是为了复用和解耦，比如常见的消息框架(非常经典的一种生产者/消费者模型的使用场景)ActiveMQ。发送端和接收端用 Topic 进行关联。Topic 可以理解为"仓库"的地址，这样就可以使用点对点和广播两种方式进行消息的分发。

图 11-2　生产者/消费者模型

下面解决程序解耦，以较少的资源解决高并发问题。程序如下：

```python
import queue,threading,time

q=queue.Queue()

def product(arg):
    while True:
        q.put(str(arg)+'包子')

def consumer(arg):
    while True:
        print(arg,q.get())
        time.sleep(2)

def main():
    for i in range(3):
        t=threading.Thread(target=product,args=(i,))
        t.start()
    for j in range(20):
        t=threading.Thread(target=consumer,args=(j,))
        t.start()
```

```
if __name__ == '__main__':
    main()
```

可以执行以上程序，查看生产者/消费者模型的模拟输出。

11.8.3 子进程的使用

在 Python 中，可以通过 multiprocessing 模块中的功能来模拟子进程的执行。在使用的时候，需要引入该模块中的 Process：

```
from multiprocessing import Process
```

可以通过 Process 来构造子进程，语法格式如下：

```
p = Process(target=fun,args=(args))
```

接着通过 p.start()来启动子进程，然后通过 p.join()使得子进程运行结束后执行父进程。示例程序如下：

```
from multiprocessing import Process
import os

# 子进程要执行的代码
def run_proc(name):
    print('Run child process %s (%s)...' % (name, os.getpid()))

if __name__ == '__main__':
    print('Parent process %s.' % os.getpid())
    p = Process(target=run_proc, args=('test',))
    print('Process will start.')
    p.start()
    p.join()
    print('Process end.')
```

执行以上程序，输出结果如下：

```
Parent process 16564.
Process will start.
Process end.
```

11.8.4 进程池的使用

如果需要多个子进程，可以考虑使用进程池来管理。进程池可以提供指定数量的进程供用户调用，当有新的请求提交到进程中时，如果进程池还没有满，就会创建一个新的进程来执行该请求；但如果进程池中的进程数已经达到规定的最大值，该请求就会等待，直到进程池中有进程结束，才会创建新的进程。

要使用进程池，需要引入 multiprocessing 模块中的 Pool：

```
from multiprocessing import Pool
```

创建进程池的语法格式如下：

```
Pool([numprocess [,initializer [, initargs]]])
```

其中各项参数的含义如下。

- numprocess：要创建的进程数，如果省略，将默认使用 CPU 核心数。
- initializer：每个工作进程启动时要执行的可调用对象，默认为 None。
- initargs：要传给 initializer 的参数组。

关于进程池的使用，有以下常用方法。

- p.apply(func [, args [, kwargs]])：在一个池工作进程中执行 func(*args,**kwargs)，然后返回结果。需要强调的是：此操作不会在所有池工作进程中执行 func()函数。如果要通过不同参数并发地执行 func() 函数，就必须从不同线程调用 p.apply()或者使用 p.apply_async()。
- p.apply_async(func [, args [, kwargs]])：在一个池工作进程中执行 func(*args,**kwargs)，然后返回结果。返回结果是 AsyncResult 类的实例。
- p.close()：关闭进程池，防止进一步操作。如果所有操作持续挂起，它们将在池工作进程终止前完成。
- p.join()：等待所有池工作进程退出，只能在 close()或 terminate()之后调用。

通过 p.apply()使用进程池的示例程序如下：

```
from multiprocessing import Pool
import os,time
def work(n):
    print('%s run' %os.getpid())
    time.sleep(3)
    return n**2

if __name__ == '__main__':
    p=Pool(3) #在进程池中从无到有创建三个进程，以后一直是这三个进程在执行任务
    res_l=[]
    for i in range(10):
        res=p.apply(work,args=(i,)) #同步运行，阻塞，直到本次任务执行完毕拿到res
        res_l.append(res)
print(res_l)
```

通过 p. apply_async()使用进程池的示例程序如下：

```
from multiprocessing import Pool
import os, time

def long_time_task(name):
    print('Run task %s (%s)...' % (name, os.getpid()))
    start = time.time()
```

```
        time.sleep(3)
        end = time.time()
        print('Task %s runs %0.2f seconds.' % (name, (end - start)))

if __name__=='__main__':
        print('Parent process %s.' % os.getpid())
        p = Pool()
        for i in range(5):
          p.apply_async(long_time_task, args=(i,))
        print('Waiting for all subprocesses done.')
        p.close()
        p.join()
        print('All subprocesses done.')
```

执行上面的程序，输出结果如下：

```
Parent process 4996.
Waiting for all subprocesses done.
All subprocesses done.
```

使用 Pool 创建子进程的方法与前面的 Process 不同，是通过 p.apply_async(func,args=(args)) 实现的，进程池中能同时运行的任务数量取决于计算机的 CPU 核心数，如果计算机中有 4 个 CPU，那子进程 task0、task1、task2、task3 可以同时启动，task4 则在之前的某个子进程结束后才开始。

代码中的 p.close()用于关闭进程池，不再向里面添加进程，对 Pool 对象调用 join()会等待所有子进程执行完毕，调用 join()之前必须先调用 close()，调用 close()之后就不能继续添加新的进程了。

在上面的程序中，也可以在实例化 Pool 的时候定义子进程数，如果上面代码中的 p=Pool(5)，那么所有的子进程就可以同时进行。

11.8.5 多个子进程间的通信

进程之间是需要通信的，操作系统提供了很多机制来实现进程间的通信。Python 的 multiprocessing 模块包装了底层的机制，提供 Queue、Pipes 等多种方式来交换数据。

这里以 Queue 为例，在父进程中创建两个子进程，一个往 Queue 中写数据，另一个从 Queue 中读数据。示例程序如下：

```
from multiprocessing import Process, Queue
import os, time, random

# 写数据进程执行的代码
def write(q):
    print('Process to write: %s' % os.getpid())
    for value in ['A', 'B', 'C']:
        print('Put %s to queue...' % value)
        q.put(value)
```

```
        time.sleep(random.random())

# 读数据进程执行的代码
def read(q):
    print('Process to read: %s' % os.getpid())
    while True:
        value = q.get(True)
        print('Get %s from queue.' % value)


if __name__=='__main__':
    # 父进程创建 Queue，并传给各个子进程
    q = Queue()
    pw = Process(target=write, args=(q,))
    pr = Process(target=read, args=(q,))
    # 启动子进程 pw，写入:
    pw.start()
    # 启动子进程 pr，读取
    pr.start()
    # 等待 pw 结束
    pw.join()
    # pr 进程中是死循环，不能等待其结束，只能强行终止
    pr.terminate()
```

执行以上程序，输出结果如下：

```
Process to write: 50563
Put A to queue...
Process to read: 50564
Get A from queue.
Put B to queue...
Get B from queue.
Put C to queue...
Get C from queue.
```

11.9　本章小结

　　默认情况下，Python 代码都是在单进程或单线程中执行的。当 CPU 空闲时，这会极大浪费资源，降低作业吞吐量。Python 语言提供了多线程处理机制。多线程编程技术可以实现代码并行，优化处理能力，同时可以将代码划分为功能更小的模块，使代码的可重用性更好。本章首先介绍了进程和线程、多进程和多线程的概念。接着介绍了在 Python 中如何使用线程。然后介绍了如何使用_thread、threading、Queue 三大模块处理线程。最后仔细对线程和进程进行了比较。通过本章的学习，大家应能在 Python 编程过程中熟练使用线程技术进行多任务处理。

11.10 思考与练习

1. 已知列表 info = [1,2,3,4,55,233]，生成与列表中元素个数相同的线程对象，每个线程输出一个值，最后输出"the end"。

2. 已知列表 urlinfo = ['http://www.sohu.com','http://www.163.com','http://www.sina.com']，用多线程的方式实现以下功能：

(1) 分别打开列表里的 URL，并且输出对应网页的标题和内容。

(2) 分别打开列表里的 URL，输出网页的 HTTP 状态码。

3. 使用多线程技术测试代码的执行时间。

4. 使用多线程技术，从线程中不断取出偶数。

5. 编程实现锁的添加和释放。

6. 编程实现以下功能：有 10 个刷卡机，代表建立 10 个线程，每个刷卡机每次扣除用户一块钱，计入总账，每个刷卡机每天一共被刷 100 次。账户中原有 500 块钱，所以当天最后的总账应该为 1500 块钱。

7. 建立生成器对象，并且用生成器对象的 next() 和 send() 方法输出结果。

8. 计算 1~100 000 之间所有素数的和，要求如下：

● 编写函数来判断一个数字是否为素数。

● 使用内置函数 sum() 统计所有素数的和。

第 12 章

数据库编程

几乎所有的大规模商业系统都使用数据库来存储数据。例如,在线零售商 Amazon 就需要用数据库来存储销售的每件产品的信息。Python 要想证明自己能够处理这类企业级应用程序,就必须能够访问和操纵数据库。

幸运的是,Python 提供了一套数据库 API(实现数据库编程的方法),这是一套通用 API,使开发人员可以访问大多数数据库,而不必考虑这些数据库本身的那些互不相同的本地 API。这些数据库的 API 并没有定义使用数据库的所有方面,因此它们存在一些细微的差别。然而,在大多数情形下,可以从 Python 脚本访问一些数据库,例如 Oracle 或 MySQL,而不必过分担心特定数据库的细节。

拥有一套通用的数据库 API 是非常有用的,在需要切换数据库或者让应用程序使用多种数据库,同时又不希望对代码的主要部分进行修改时特别有用。Python 对数据库开发方面的支持可以完全胜任这一工作。

即使不是在编写网站,数据库也提供了一种便捷的方法,使数据的存在时间比正在运行的程序更久(这样,如果希望重新启动程序,那么用户已经输入的数据将不会丢失),并且使查询数据和以一种安全的方式修改数据变得更简单。

本章将介绍 Python 支持的两个主要数据库系统:dbm 持久字典和使用 DB API 的关系数据库。另外,本章还将描述如何安装数据库。

本章的学习目标:

- 熟练使用 dbm 库创建持久字典。
- 了解关系数据库的概念,掌握 SQLite 和 MySQL 的安装。
- 使用 Python 的 DB API。
- 掌握访问数据库的相关操作,包括创建数据库连接、使用游标访问数据、查询及修改数据等。
- 了解事务操作和错误处理。
- 了解其他数据库工具的使用。

12.1 使用 dbm 创建持久字典

在很多情况下，由于应用需求比较简单，并不需要成熟的关系数据库。在这种情况下，使用 dbm 创建持久字典就足够了。

持久字典的行为正如开发人员预期的一样，可以用来存储键/值对。它们被保存在磁盘上，因此在程序的多次运行中，它们的数据得以保持。如果将数据存储到 dbm 支持的字典中，那么当下一次启动程序时，一旦加载 dbm 文件，就可以再次读取存储于指定键下的值。这些字典和标准的 Python 字典对象非常类似，主要的区别在于数据是在磁盘上写入和读取的，另一个不同之处是键和值都必须是字符串类型。

dbm 是 database manager 的缩写，是原来在 UNIX 系统中创建的许多 C 语言库的通用名称。这些库的名称有 dbm、gdbm、ndbm、sdbm 等。这些名称与 Python 中已有的、可提供必要功能的模块密切对应。

12.1.1 选择 dbm 模块

Python 支持很多 dbm 模块。每个 dbm 模块都支持相似的接口，并使用一个特定的 C 语言库向磁盘存储数据，主要的差别在于磁盘上各个数据文件的底层二进制格式。遗憾的是，每个 dbm 模块创建的文件是不兼容的。也就是说，如果使用某个 dbm 模块创建 dbm 持久字典，那么必须使用相同的模块来读取数据。其他任何模块都不能处理该数据文件。表 12-1 所示的是这些 dbm 模块。

表 12-1 dbm 模块

模块	说明
dbm	选择最好的 dbm 模块
dbm.dumb	使用 dbm 库的一种简单但可移植的实现
dbm.gnu	使用 GNU dbm 库

由于 dbm 库的历史原因，产生了这些 dbm 模块。起初，dbm 库只在商用版本的 UNIX 上提供。UNIX 免费版和之后的 Linux、Windows 等系统都不能使用 dbm 库。这导致各种替代库的产生，例如 Berkeley UNIX 库和 GNU dbm 库。

由于这些文件格式不兼容，过多的库非常令人痛苦。然而，dbm 模块是一种方便的选择，可以避免自己选择特定的 dbm 模块。可以让 dbm 模块替自己做出选择。一般而言，在创建新的持久字典时，dbm 模块将选择系统上已有的、最好的实现方式。当读取文件时，dbm 模块会使用 whichdb()函数针对哪个库创建了数据文件做出有根据的猜测。

12.1.2 创建持久字典

所有的 dbm 模块都支持使用 open()函数创建新的 dbm 对象。一旦成功打开，便可以在字典中存储数据、读取数据、关闭 dbm 对象(以及相关联的数据文件)、移除项、检查字典中是否存在某个键，等等。

如果要打开 dbm 持久字典，可使用所选择模块的 open()函数。例如，可以使用 dbm 模块创建持久字典，输入如下代码，并将文件命名为 dbmcreate.py：

```
import dbm

db = dbm.open('websites','c')

db['www.baidu.com'] = 'baidu home page'
print(db['www.baidu.com'])
#关闭并保存到磁盘上
db.close()
```

执行以上程序，输出结果如下：

```
'baidu home page'
```

这个示例中使用了 dbm 模块。其中，open()函数需要字典的名称以创建新的字典。这个名称被转换为可能已经存在于磁盘上的数据文件的名称(dbm 模块可能创建两个文件，通常一个文件用于数据，另一个文件用于键的索引)。字典的名称被视为基本的、包括路径的文件名称。通常，底层的 dbm 库将为数据附加后缀，如.dat。可以通过查找以 websites 命名的文件来找到此类文件，它们可能就位于当前的工作目录中。

除了关键字外，还需要传递可用标志，表 12-2 所示的是 open()函数可用标志。

表 12-2　dbm 模块中 open()函数的可用标志

标志	用法
C	打开文件以便对其进行读写，必要时创建该文件
N	打开文件以便对其进行读写，但总是创建一个新的空文件。如果该文件已经存在，它将被覆盖，已有的内容将会丢失
W	打开文件以便对其进行读写，但如果该文件不存在，那么不会创建它

dbm 模块的 open()函数会返回一个新的 dbm 对象，可以使用该对象存储和检索数据。打开一个持久字典之后，可以像写入普通的 Python 字典那样写入值，例如：

```
db['www.baidu.com'] = 'baidu home page'
```

键和值都必须是字符串，而不能是其他对象，比如数值或 Python 对象。然而，如果想保存一个对象，可以使用 pickle 模块对它进行序列化。

上述示例的最后一行执行 close()以关闭文件，并将数据保存到磁盘上。

12.1.3　访问持久字典

使用 dbm 模块时，可以将 open()函数返回的对象视作字典对象，通过如下语法形式实现值的获取和设置：

```
db['key'] = 'value'
value = db['key']
```

可以使用 del 删除字典中的值，语法如下：

```
del db['key']
```

keys()方法会返回包含所有键的一个列表，方式与处理标准字典时相同，语法格式如下：

```
for key in db.keys():
# do something...
```

注意:

如果文件中包含大量的键，那么 keyskeys()方法的执行可能会占用很长时间。另外，对于较大的文件，keys()方法可能需要大量的内存来存储为这些文件创建的较大列表。

下面的示例展示了如何使用 dbm 持久字典进行编程：

```
import dbm

db = dbm.open('websites','w')
#添加另一个字典
db['www.longleding.com'] = 'longleding home page'

#验证前一个字典是否还在
if db['www.baidu.com'] != None:
    print('发现字典 www.baidu.com')
else:
    print('www.baidu.coom 不存在')

#遍历字典对象
for key in db.keys():
    print("Key = ",key," value = ",db[key])

del db['www.longleding.com']
print("删除 www.longleding.com 之后的字典")

for key in db.keys():
    print("Key = ",key," value = ",db[key])

#关闭并保存到磁盘上
db.close()
```

将以上程序保存为 dbmaccess.py。执行以上程序，输出结果如下：

```
发现字典 www.baidu.com
Key = b'www.baidu.com'    value = b'baidu home page'
Key = b'www.longleding.com'    value = b'longleding home page'
```

> 删除 www.longleding.com 之后的字典：
> Key = b'www.baidu.com'　　value = b'baidu home page'

以上程序处理一个包含一些网站的 URL 及其描述的小型数据库。首先要运行前面的 dbmcreate.py 程序。该例创建了 dbm 文件，并在 dbm 文件中存储数据。dbmaccess.py 程序随后会打开已经存在的 dbm 文件。

dbmaccess.py 以读/写模式打开持久字典 websites。如果磁盘上的当前目录中没有包含必要的数据文件，那么对 open()函数的调用将产生错误。

在 dbmcreate.py 中，字典中会有一个值，以 www.baidu.com 为键。本例添加网站 www.longleding.com 作为另一个键。

该程序使用如下代码验证键 www.baidu.com 是否存在于字典中：

```
if db['www.baidu.com'] != None:
    print('发现字典 www.baidu.com')
else:
    print('www.baidu.coom 不存在')
```

然后打印出字典中的所有键与值：

```
for key in db.keys():
    print("Key = ",key," value = ",db[key])
```

从输出结果可以发现，此时字典中只包含两个条目。

在打印出所有条目之后，使用 del 删除其中一个条目：

```
del db['www.longleding.com']
```

然后再次打印出所有的键与值，这时字典中只包含一个条目。

最后，使用 close()关闭这个字典，将对字典的所有修改保存到磁盘上。因此，在下次打开此文件时，它将处于关闭它时所处的状态。

可以看到，处理持久字典的 API 极其简单，因为它的工作原理与文件和字典非常类似。

12.1.4　dbm 与关系数据库的适用场合

当实际项目中需要存储一些键/值对时，dbm 模块十分有用。如果要在键/值对中存储更复杂的数据，例如，对于字典中的键和值部分，通过创建格式化的字符串，使用逗号或其他字符来划定字符串中各项的边界，可能非常难以维护，并且因为数据是以一种不灵活的方式存储的，所以处理起来会受到诸多限制。另一种限制是：一些 dbm 库对可以用于值的空间总数进行了限制(有时达到最大值 1024 字节，但这仍显得非常小)。

因此，对于数据存储的选型，可以参照以下原则：

- 如果数据需求很简单，使用 dbm 持久字典。
- 如果计划只存储少量的数据，使用 dbm 持久字典。
- 如果需要支持事务，那么使用关系数据库。
- 如果需要一些复杂的数据结构或多个用于连接数据的表，那么使用关系数据库。

- 如果需要与一个已有的系统协作，那么显然使用该系统。这个系统是关系数据库的可能性很大。

相对于 dbm 模块的简洁来说，关系数据库提供了更加丰富而复杂的 API。

其实还有另一种数据库可供使用，虽然这超出了本章的讨论范围。这种数据库是 ORM 或对象-关系数据库，它允许数据在不与关系数据库兼容的各个类型系统间相互转换。

如果希望使用 ORM，Python 提供了几种选择，例如 SQL Object、SOLAlchemy 甚至 Django ORM。

12.2 关系数据库与 SQL

关系数据库已经产生几十年了，因此它们是一种非常成熟和知名的技术。关系数据库是进行复杂数据存储时的首选技术。

在关系数据库中，数据存储在各个表(又称数据表，可简称"表")中，表可以看作二维数据结构。每一列，或者说二维矩阵中垂直的部分，都具有相同的数据类型，比如字符串、数值、日期等，这些列又称为字段。表的每个水平部分由一些行组成，这些行也称为记录。每行又由列组成。通常，每条记录保存与一个条目有关的信息，例如一张音频 CD、一个人、一个订单、一辆汽车等。

例如，表 12-3 所示的就是简单的雇员表。

表 12-3   雇员表

empid	firstname	lastname	department	manager	phone
105	Peter	Tosh	2	45	555-5555
201	Bob	Marley	1	36	555-5551

雇员表包含 6 列: empid 为雇员 ID 号, firstname 为雇员的名, lastname 为雇员的姓, department 为雇员所在工作部门的 ID 号, manager 为部门经理的雇员 ID 号, phone 为办公电话号码。

在现实生活中，一家公司可能会保存关于雇员的一些更多的信息，例如税务机关识别号码(在美国是社会安全号码)、家庭住址等，但原理上没有什么区别。

在此例中，empid 是雇员 ID 号，用作主键。主键是表的唯一索引，其中每个元素必须是唯一的，因为数据库可能使用那个元素作为给定行的键以及作为引用该行中数据的方式，这是一种与 Python 字典中的键和值类似的方式。因此，每个雇员需要有唯一的 ID 号，而且一旦有了 ID 号，便可以查找任何雇员。因此，empid 将作为表中内容的键。

department 列保存部门的 ID 号，这是另一个表中一行的 ID 号。因为这个 ID 作为另一个表的键，所以可以将这个 ID 看作外键。

例如，表 12-4 所示的是部门表的可能布局。

表 12-4　部门表

departmentid	name	manager
1	Development	47
2	QA	32

在大公司中，数据库中可能有数百个表，某些表中有数千条甚至数百万条记录。

12.2.1　SQL 语言

结构化查询语言(Structured Query Language，SQL)定义了用于查询和修改数据库的一种标准语言。SQL 支持如表 12-5 所示的基本操作。

表 12-5　SQL 基本操作

操作	用法
Select	执行一个查询，以在数据库中搜索指定的数据
Update	修改一行或若干行，通常根据特定的条件进行修改
Insert	在数据库中创建新行
Delete	从数据库中删除行

一般将这些基本的操作称为 QUID(Query、Update、Insert 和 Delete 的缩写)或 CRUD(Create、Read、Update 和 Delete 的缩写)。虽然 SQL 还提供了其他操作，但这些操作使用最多。

SQL 是非常重要的，因为当使用 Python 的 DB API 访问数据库时，必须先创建一些 SQL 语句，才能通过数据库对它们执行这些语句。

CRUD 操作的基本 SQL 语法如下：

```
SELECT columns FROM tables WHERE condition ORDER BY columns
ascending_or_descending
UPDATE table SET new values WHERE condition
INSERT INTO table(columns)VALUES(values)
DELETE FROM table WHERE condition
```

除了这种基本写法之外，每个操作还有其他很多可选的参数和说明符。如果熟悉 SQL，那么仍然可以通过 Python 的 DB API 使用它们。

以前面的雇员表为例，为了在雇员表中插入新行，可以使用如下类似 SQL 语句：

```
insert into employee(empid, firstname, lastname, manager, dept, phone)
values(3, 'Bunny', 'Wailer', 2, 2, '555-5553')
```

在此例中，第一个元组顺序列出要插入的数据的列名(即字段名)；第二个元组在关键字 values 之后，给出第一个元组中对应列名的值列表。注意，SQL 使用单引号限定字符串，数值则直接书写。

对于查询，使用*表示希望使用表中的所有列执行某个操作。例如，要查询部门表中的所有行，并显示每行的所有列，可以使用类似下面的查询语句：

```
select * from department
```

注意：

SQL 对关键字是不区分大小写的，例如 SELECT 和 FROM。

上述 SQL 语句省略了要读取的列名以及可以缩减返回的数据量的任何条件。因此，此查询将会返回所有的列(通过*)和行(因为没有 where 子句)。

对于 select 命令，可以通过执行连接来实现从多个表中查询数据，但是将数据显示在响应中。因为将会返回来自两个表的数据，就仿佛是从单个表中查询到的，所以称为连接。例如，对于每个雇员，要提取其所在部门的名称，可以执行类似下面的查询语句(作为单一查询，此语句的所有部分需要包含在一个字符串中)：

```
select employee.firstname, employee.lastname, department.name
from employee, department
where employee.dept =    department.departmentid
order by lastname desc
```

在此例中，select 语句请求来自雇员表的两列(firstname 和 lastname 列，但是按照指定表中表名和列名的约定，这些列被指定为来自于雇员表)和来自部门表的一列(department.name)。语句的 order by 部分向数据库表明按照 lastname 列中的值对结果集进行降序排列。

为了简化这些查询，可以使用表的别名。例如，要使用 e 作为雇员表的别名，查询语句如下：

```
select e.firstname, e.lastname
from employee e
...
```

可见，在 from 子句部分，必须将别名 e 放置于表的名称之后。也可以使用可选关键字 as 并采用如下格式，这样更有助于理解：

```
select e.firstname, e.lastname
from employee as e
...
```

使用如下 SQL 语句修改(或更新)一行：

```
update employee set manager=55 where empid=3
```

这里对 ID 为 3 的雇员进行修改，将此雇员的经理设置为 ID 为 55 的雇员。与其他查询一样，数值的周围不需要有引号。然而，字符串需要放在单引号内。

使用如下 SQL 语句删除一行：

```
delete employee where empid=42
```

以上语句会删除 ID 为 42 的雇员。

12.2.2　建立数据库

在大多数情况下，开发人员都有已启动和运行的数据库，或是所在机构提供的数据库。例如，如果在提供诸如数据库等附属配件的网站托管公司托管网站，托管程序包可能包括对 MySQL 数据库的访问。如果受雇于某个大型组织，那么 IT 部门可能已经对使用的数据库进行了标准化，例如统一采用 Oracle、DB2、Sybase 或 Informix 等。如果使用 Python 创建企业级应用程序，那么在工作区中后面的这些程序包可能已经有了。

如果还没有任何数据库，但仍然希望继续运行本章的示例，那么使用 SQLite 数据库将是不错的选择。SQLite 的主要优点是随 Python 一起安装，简单、轻便、实用。

使用 SQLite 创建数据库是非常简单的。例如，以下程序创建了一个数据库：

```python
import os
import sqlite3
conn=sqlite3.connect('sample_database')
cursor=conn.cursor()
# Create tables
cursor.execute("""
create table employee
(empid integer,
firstname varchar,
lastname varchar,
dept integer,
manager integer,
phone varchar)
""")
cursor.execute("""
create table department
    (departmentid integer,
    name varchar,
    manager integer)
""")
cursor.execute("""
create table user
    (userid integer,
    username varchar,
    employeeid integer)
""")
# Create indices
cursor.execute("""create index userid on user (userid)""")
cursor.execute("""create index empid on employee (empid)""")
cursor.execute("""create index deptid on department (departmentid)""")
cursor.execute("""create index deptfk on employee (dept)""")
cursor.execute("""create index mgr on employee (manager)""")
cursor.execute("""create index emplid on user (employeeid)""")
cursor.execute("""create index deptmgr on department (manager)""")
```

```
conn.commit()
cursor.close()
conn.close()
```

将以上程序保存为 createdb.py，运行后即可创建一个数据库。若创建失败，将会产生错误。

除了标准的 Python 的 DB API 外，SQLite 还具有自身的 API。上述脚本使用 SQLite API，但是请注意，这个 API 与 Python 的 DB API 非常类似。本节主要描述 createdb.py 脚本中的 SQLite 特有代码。

如下语句使用 SQLite 创建了一个 connection 对象：

```
conn=sqlite3.connect('sample_database')
```

这里得到一个 cursor 对象。cursor 对象用于创建 3 个表，并定义这些表上的索引。

createdb.py 脚本调用该连接的 commit() 方法以将所有修改保存到磁盘上。

SQLite 将所有数据保存到文件 sample_database 中。在运行 createdb.py 脚本之后，可在 Python 目录中看到该文件。

12.2.3　定义表

第一次建立一个数据库时，需要定义一些表及其之间的关系。为此，可以使用 SQL 中称为数据定义语言(Data Definition Language，DDL)的部分。DDL 使用 create 操作创建表，使用 drop 操作删除它们。语法格式如下：

```
create table tablename (column, type column type, ... )
drop table tablename
```

另外，alter table 命令用于修改已有的表。这里不再赘述。

遗憾的是，SQL 并不是完全标准的语言，而且每个数据库对各自的某些部分的处理是不同的。DDL 就属于还没有被标准化的 SQL 部分。因此，当定义表时，尽管基本概念是相同的，但不同的数据库所支持的 SQL 还是有所区别。

12.3　使用 Python 的 DB API

Python 对关系数据库的支持开始于一些特定的解决方案，每种解决方案与每个特定的数据库(例如 Oracle)建立连接。每个数据库模块创建自身的 API，这些 API 对数据库而言是高度特有的，因为每个数据库提供商都根据自己的需要发展自身的 API。在把为一个数据库编写的代码移植到另一个数据库时，需要完全重新编写以及重新测试全部代码，这给程序员带来极大的痛苦，也使对每个数据库的支持变得更加困难。

但是，多年来 Python 已经成熟到可以提供通用的数据库 API，称为 DB API。一些特有的模块使 Python 脚本能够与不同的数据库进行通信，例如 DB2、PostgreSQL 等。然而，所有这些模块都支持通用的 DB API，当编写一些访问数据库的脚本时，这使得工作变得更加容易。本节将介绍这种通用的 DB API。

DB API 提供了使用数据库的最低标准，并尽可能使用 Python 的结构和语法。这种 API 包括如下几方面：

- 连接，包含如何连接到数据库的指导原则。
- 执行语句和存储过程，使用游标查询、更新、插入和删除数据。
- 事务，支持提交和回滚事务。
- 检查数据库模块以及数据库和表结构的元数据。
- 定义一些错误的类型。

下面将详细介绍 Python 的 DB API。

12.3.1　下载 DB API 模块

针对每个需要访问的数据库，必须下载相应的、单独的 DB API 模块。例如，如果需要访问 Oracle 和 MySQL 数据库，那么必须先下载 Oracle 和 MySQL 的数据库模块。

除了 SQL Server 之外，大多数主流数据库的相应模块都是存在的。然而，也可以使用 ODBC 模块访问 SQL Server。实际上，通过在 Windows 上使用 ODBC，或者在 UNIX(包括 Mac OS X) 或 Linux 上使用 ODBC 桥，mxODBC 模块可以与大多数数据库进行通信。如果需要这样做，可以通过在线搜索关于这些术语的更多信息来看一看其他人的做法。

请下载需要的模块。按照各个模块自带的操作指南安装它们。

对于某些数据库，例如 Oracle，需要从很多彼此间稍微有些差别的模块中做出选择。应该选择那种看起来最能满足需求的模块。一旦确认所有必要的模块，便可以开始使用连接了。

12.3.2　创建连接

connection 对象提供了一种在脚本与数据库程序间进行通信的方法。注意，这里假设数据库在单个进程(或若干进程)中运行。各个 Python 数据库模块连接到数据库，但不包括数据库程序本身。

每个数据库模块需要提供一个连接函数，它返回一个 connection 对象。传递给连接函数的各个参数随着模块以及与数据库通信的需要而变化。表 12-6 所示是最常见的参数。

表 12-6　连接函数的最常见参数

参数	用法
dsn	数据源名称，来自于 ODBC 术语，通常包括数据库的名称及其运行时所在的服务器名称
host	运行数据库的主机或网络系统名称
database	数据库的名称
user	连接到数据库的用户名
password	给定用户名的密码

例如，可以使用如下代码作为指导：

```
conn = dbmodule.connect(dsn='localhost:MYDB',user='tiger',password='scott')
```

有了 connection 对象之后，就可以使用事务了(本章稍后会介绍这方面的内容)。关闭连接以释放系统资源，特别是数据库资源，然后获取一个游标。

12.3.3 数据库的 CRUD 操作

游标是一种 Python 对象，它使开发人员能够操纵数据库。在数据库术语中，游标位于数据库中某个或若干表中的特定位置，有点类似于编辑文档时屏幕上的光标，不同的是光标被定位于某个像素位置。

为了获取一个游标，需要调用 connection 对象的 cursor()方法：

```
cursor = conn.cursor()
```

一旦获取一个游标，就可以对数据库执行各种操作了，例如插入一些记录。

输入如下脚本，并将文件命名为 insertdata.py：

```
import os
import sqlite3

conn=sqlite3.connect('sample_database')
cursor = conn.cursor()

# Create employees
cursor.execute("""
insert into employee(empid,firstname,lastname,manager,dept,phone)
values(1,'Eric','Foster-Johnson',1,1,'555-5555')""")

cursor.execute("""
insert into employee(empid,firstname,lastname,manager,dept,phone)
values(2,'Peter','Tosh',2,3,'555-5554')""")

cursor.execute("""
insert into employee(empid,firstname,lastname,manager,dept,phone)
values(3,'Bunny','Wailer',2,2,'555-5553')""")

# Create departments
cursor.execute("""
insert into department (departmentid,name,manager)
values(1,'development',1)""")

cursor.execute("""
insert into department(departmentid,name,manager)
values(2,'qa',2)""")

cursor.execute("""
insert into department(departmentid,name,manager)
values(3,'operations',2)""")
```

```
# Create users
cursor.execute("""
insert into user(userid,username,employeeid)
values(1,'ericfj',1)""")

cursor.execute("""
insert into user(userid,username,employeeid)
values(2,'tosh',2)""")

cursor.execute("""
insert into user(userid,username,employeeid)
values(3,'bunny',3)""")

conn.commit()

cursor.close()

conn.close()
```

当运行上述脚本时，除非产生错误，否则将不会看到任何输出。

上述脚本的前几行建立了数据库连接，并创建了一个 cursor 对象：

```
import os
import sqlite3
conn=sqlite3.connect('sample_database')
cursor = conn.cursor()
```

注意连接到 SQLite 数据库的方式。如果要连接到另一个不同的数据库，可以根据需要，用数据库特有的模块代替此模块，并修改调用，使其使用该数据库模块的 connect()函数。

接下来的几行执行一些 SQL 语句，将几行数据插入之前创建的 3 个表中：雇员表、部门表和用户表。cursor 对象的 execute()方法执行了如下 SQL 语句：

```
cursor.execute("""
insert into employee(empid,firstname,lastname,manager,dept,phone)
values(2,'Peter','Tosh',2,3,'555-5554')""")
```

此例根据需要使用一个三引号字符串实现了对一些行的跨越。如果可以在多行中格式化命令，一些 SQL 命令，特别是那些嵌入 Python 脚本中的命令，将变得更容易理解。

必须提交该事务，以将所有的修改保存到数据库中：

```
conn.commit()
```

注意，要对 connection 对象而不是 cursor 对象调用 commit()方法。

当脚本完成时，关闭游标和连接以释放资源。在像这样的很简短的脚本中，这一点可能看起来并不重要，但这有助于数据库程序和 Python 脚本释放它们的资源。

```
    cursor.close()
    conn.close()
```

现在已经具备一些少量的样本数据，可以通过 DB API 的其他部分(如数据查询)使用它们了。下面的脚本实现了一个简单的查询，它在雇员表和部门表上执行连接操作。

```
import os
import sqlite3
conn=sqlite3.connect('sample_database')
cursor = conn.cursor()
cursor.execute("""
select employee.firstname, employee.lastname, department.name
from employee, department
where employee.dept = department.departmentid
order by employee.lastname desc
""")
for row in cursor.fetchall():
    print(row)
cursor.close()
conn.close()
```

将这段脚本保存为 simplequery.py。当运行此脚本时，可以看到类似下面的输出：

```
('Bunny', 'Wailer', 'qa')
('Peter', 'Tosh', 'operations')
('Eric', 'Foster-Johnson', 'development')
```

此脚本采用与之前的脚本相同的方式对 connection 和 cursor 对象进行初始化。然而，此脚本向 cursor 对象的 execute()方法传递了一个简单的连接查询。此查询从雇员表中选择两列，从部门表中选择一列。

注意：

这确实是一个简单的查询，但是，即使如此，也应该像此处显示的一样，对查询语句进行格式化，以便它们是可读的。

当处理一些用户界面时，经常需要将数据库中存储的各个 ID 扩展成人类可读的值。例如，在本例中，查询语句扩展了部门的 ID 来查询部门名称。不要期望人们能记住这些数值 ID 的意义。

该查询语句还按照雇员的姓对结果集进行了降序排列(这意味着以字母表的起点作为开始，正符合人们的习惯。然而，也可以使它们以升序排列)。

在调用 execute()方法之后，对于能够找到的那些数据，将它们存储到 cursor 对象中。可以使用 fetchall()方法提取这些数据。

注意：

也可以使用 fetchone()方法从结果集中一次获取一行。

注意，这些数据显示为 Python 的元组：

```
('Bunny', 'Wailer', 'qa')
('Peter', 'Tosh', 'operations')
('Eric', 'Foster-Johnson', 'development')
```

可以将此例作为创建其他查询的模板。输入以下脚本，并将文件命名为 finduser.py：

```
import sqlite3
conn=sqlite3.connect('sample_database')
cursor = conn.cursor()
username = 'bunny'
query = """
select u.username,e.firstname,e.lastname,m.firstname,m.lastname, d.name
from user u, employee e, employee m, department d where username=?
and u.employeeid = e.empid
and e.manager = m.empid
and e.dept = d.departmentid
"""
cursor.execute(query, (username,))
for row in cursor.fetchall():
    (username,firstname,lastname,mgr_firstname,mgr_lastname,dept) = row
    name=firstname + " " + lastname
    manager=mgr_firstname + " " + mgr_lastname
    print(username,":",name,"managed by",manager,"in",dept)
cursor.close()
conn.close()
```

当运行上述脚本时，将会看到类似下面的结果：

```
bunny : Bunny Wailer managed by Peter Tosh in qa
```

需要传递一个用户名以实现数据库中的查询。这个用户名在数据库中必须有效。在此例中，bunny 是之前插入数据库中的用户名。

上述脚本执行了一个连接，它位于所有三个示例表上，另外还通过表的别名创建了短查询。目的是，通过查找用户名，找出数据库中的给定用户。此脚本也显示了如何将经理的 ID 扩展为经理的姓名，以及如何将部门的 ID 扩展为部门的名称。所有这些都使输出的可读性变得更强。

这个示例也展示了如何从每行中提取出一些数据并放入 Python 变量。例如：

```
(username,firstname,lastname,mgr_firstname,mgr_lastname,dept) = row
```

请注意，这并不是什么新内容。请到第 3 章查看更多关于 Python 元组的信息，一行就是一个元组。

然而，此脚本的一个很重要的新特征是问号的使用，使得可以使用动态数据创建查询。当调用 Cursor 类的 execute()方法时，可以传递一个包含动态数据的元组，execute()方法将会对 SQL 语句中的那些问号进行填充(此例使用了只包含一个元素的元组)。使用元组中的每个元素按顺序代替问号。因此，动态数据的数量与 SQL 语句中问号的数量必须相同，这非常重要，如下所示：

```
query = """
select u.username,e.firstname,e.lastname,m.firstname,m.lastname, d.name
from user u, employee e, employee m, department d where username=?
and u.employeeid = e.empid
and e.manager = m.empid
and e.dept = d.departmentid
"""

cursor.execute(query, (username,))
```

当希望开始对各个表中的行进行更新时，此例中使用的查询非常有用，因为用户希望输入一些有意义的值。需要使用一些 SQL 语句将用户输入转换为必要的 ID。

例如，如下脚本能够对雇员的经理进行修改。

输入如下脚本，并将文件命名为 updatemgr.py：

```
import sqlite3
import sys
conn=sqlite3.connect('sample_database')
cursor = conn.cursor()
newmgr = sys.argv[2]
employee = sys.argv[1]
# Query to find the employee ID.
query = """
select e.empid
from user u, employee e
where username=? and u.employeeid = e.empid
"""
cursor.execute(query,(newmgr,));
for row in cursor.fetchone():
    if (row != None):
        mgrid = row
# Note how we use the same query, but with a different name
cursor.execute(query,(employee,));
for row in cursor.fetchone():
    if (row != None):
        empid = row
# Now, modify the employee
cursor.execute("update employee set manager=? where empid=?", (mgrid,empid))
conn.commit()
cursor.close()
conn.close()
```

当运行上述脚本时，需要传递用户的姓名及其经理的姓名以进行更新。这两个姓名都是用户表中的用户名。例如：

```
$ python finduser.py bunny
bunny : Bunny Wailer managed by Peter Tosh in qa
$ python updatemgr.py bunny ericfj
$ python finduser.py bunny
bunny : Bunny Wailer managed by Eric Foster-Johnson in qa
```

此例的输出分别显示了雇员行更新前后的情况，证实 updatemgr.py 脚本起了作用。

updatemgr.py 脚本需要用户提供两个值：将要更新的雇员和经理的用户名。这两个名称必须是已经存储在数据库中的用户名，它们通过使用一个简单的查询被转换为两个 ID。这种做法的效率不是很高，因为包括对数据库的两次额外访问。一种效率更高的做法是在 update 语句中执行内部 select 语句。然而，为简单起见，两个分开的查询更容易让人理解。

本例还显示了 Cursor 类的 fetchone()方法的用法。最后的 SQL 语句对给定用户的雇员行进行了更新，使其有了新的经理。

下一个示例使用一种类似的技术解雇一名雇员。

输入如下脚本，并将文件命名为 terminate.py：

```python
import sqlite3
import sys
conn=sqlite3.connect('sample_database')
cursor = conn.cursor()
employee=sys.argv[1]
# Query to find the employee ID
query = """
select e.empid
from user u, employee e
where username=? and u.employeeid = e.empid
"""
cursor.execute(query,(employee,));
for row in cursor.fetchone():
    if (row != None):
        empid = row
# Now, modify the employee.
cursor.execute("delete from employee where empid=?", (empid,))
conn.commit()
cursor.close()
conn.close()
```

当运行上述脚本时，需要传递要解雇的那个人的用户名。除非脚本产生错误，否则不会看到任何输出：

```
$ python finduser.py bunny
bunny : Bunny Wailer managed by Eric Foster-Johnson in qa
$ python terminate.py bunny
$ python finduser.py bunny
```

此脚本使用与 updatemgr.py 脚本相同的技术，通过执行一个最初的查询得到给定用户名的雇员 ID，然后在后面的 SQL 语句中使用此雇员 ID。在最后的 SQL 语句中，此脚本从雇员表中删除该雇员。

12.3.4　使用事务并提交结果

对于每个连接对象，当它正在进行某项活动时，会同时管理一个事务。使用 SQL 时，只有在提交了事务时，数据才被更改。数据库保证要么执行所有的修改，要么不做任何修改。因此，数据库不会处于一种不确定的或可能不正确的状态。

调用连接对象的 commit()方法以提交事务：

```
conn.commit()
```

注意，有关事务的各个方法是 Connection 类的一部分，而不是 Cursor 类的一部分。

如果有错误发生，比如抛出可以处理的异常，那么应该调用 rollback()方法以回滚不完全事务的效果，此操作将保证使数据库恢复到启动该事务之前的状态：

```
conn.rollback()
```

可以对事务进行回滚的能力是非常重要的，因为可以在保证数据库不被改变的情况下处理一些错误。另外，回滚对于测试也是非常有用的。可以将对大量行执行的插入、修改和删除操作作为单元测试的一部分，然后回滚事务以撤销所有更改的效果。这使得单元测试的运行不会对数据库产生任何永久更改。另外，还允许重复运行单元测试，因为每次运行都会重置数据。

12.3.5　检查模块的功能和元数据

DB API 定义了几个需要在模块级别定义的全局变量。可以使用这些全局变量确定关于数据库模块的信息及其支持的一些特征。表 12-7 列出了这些全局变量。

表 12-7　需要在模块级别定义的全局变量

全局变量	保存值
apilevel	对于 DB API 2.0 应该保存"2.0"，对于 DB API 1.0 应该保存"1.0"
paramstyle	定义了在 SQL 语句中如何显示动态数据的占位符，包括的值如下： "qmark"——使用问号，如本章中的示例所示 "numeric"——使用一种位置数字的方式，带有":1"":2"等 "named"——使用冒号和每个参数的名称，如:name "format"——使用 ANSI C Sprintf 格式代码，例如，对于字符串使用%s，对于整数使用%d "pyformat"——使用 Python 的扩展格式代码，如%(name)s

注意:

另外，切记 pydoc 是非常有益的。可以使用 pydoc 显示关于模块(例如数据库模块)的信息。

可以利用 cursor 对象的 definition 属性查看返回数据的信息。此信息应该是一个序列的集合，每个序列包含 7 个元素，对应于结果数据中的一列。这些序列包含如下各项：

```
(name, type_code, display_size, internal_size, precision, scale, null_ok)
```

除了前两项之外，其余各项都可以使用 None。

12.3.6 处理错误

错误总会发生。对于数据库，经常会发生很多错误。DB API 定义了大量存在于每个数据库模块中的错误。表 12-8 列出了这些异常。

表 12-8　DB API 定义的错误

错误	用法
Warning	用于非致命的问题，必须定义为 StandardError 的子类
Error	所有错误的基类，必须定义为 StandardError 的子类
InterfaceError	用于数据库模块中的错误，而不是数据库本身的错误，必须定义为 Error 的子类
DatabaseError	用于数据库中的错误，必须定义为 Error 的子类
DataError	DatabaseError 的子类，是指数据中的错误
OperationalError	DatabaseError 的子类，是指那些类似于丢失数据库连接的错误。这些错误一般在 Python 脚本设计者的控制之外
IntegrityError	DatabaseError 的子类，用于可能破坏关系完整性的情况，例如唯一性约束或外键约束
InternalError	DatabaseError 的子类，是指数据库模块内部的错误，例如游标未被激活
ProgrammingError	DatabaseError 的子类，是指那些类似于错误的表名等由程序员造成的问题
NotSupportedError	DatabaseError 的子类，是指试图调用不支持的功能

12.4　使用 mysql-connector

MySQL 是 Web 世界中使用最广泛的数据库。SQLite 的特点是轻量级、可嵌入，但不能承受高并发访问，适合桌面和移动应用。MySQL 是为服务器端设计的数据库，能承受高并发访问，同时占用的内存也远远大于 SQLite。

此外，MySQL 内部有多种数据库引擎，最常用的数据库引擎是支持数据库事务的 InnoDB。本节将向大家介绍使用 mysql-connector 来连接使用 MySQL，mysql-connector 是 MySQL 官方提供的驱动器。

可以使用 pip 命令来安装 mysql-connector：

```
python3 -m pip install mysql-connector
```

使用以下代码测试 mysql-connector 是否安装成功：

```
import mysql.connector
```

执行以上代码，如果没有产生错误，则表明安装成功。

12.4.1　连接 MySQL 数据库

通过 mysql-connector 连接 MySQL 数据库的语法格式如下：

```
mydb = mysql.connector.connect(host, user, passwd)
```

其中，host 代表数据库主机地址，user 代表数据库用户名，passwd 代表数据库密码。执行后会返回一个 mysql.connector 连接对象。示例如下：

```
import mysql.connector
mydb = mysql.connector.connect(
host="localhost",      # 数据库主机地址
user="root",           # 数据库用户名
passwd=" "             # 数据库密码
)
print(mydb)
```

执行以上程序，若成功，将输出以下结果：

```
<mysql.connector.connection.MySQL Connection object at 0x000001EBE12BAB70>
```

12.4.2　创建数据库

和 DB API 的方式一样，要操作数据库，首先要从 connect 对象获得游标对象，然后通过游标来创建数据库。示例程序如下：

```
import mysql.connector
mydb = mysql.connector.connect(
host="localhost",
user="root",
passwd=""
)
mycursor = mydb.cursor()
mycursor.execute("CREATE DATABASE test")
```

执行以上程序，将会在本地 MySQL 服务器中创建一个空的数据库 test。

要想验证数据库是否已经创建成功，可以使用 show databases 语句来查看数据库是否存在，示例程序如下：

```
import mysql.connector
mydb = mysql.connector.connect(
host="localhost",
user="root",
passwd=""
)
mycursor = mydb.cursor()
mycursor.execute("show databases")
```

```
for x in mycursor:
    print(x)
```

执行以上代码，输出结果如下：

```
============================= RESTART: D:/pyproject/showdb.py =============================
('information_schema',)
('examdb',)
('mysql',)
('performance_schema',)
('rws',)
('sys',)
('test',)
```

由此可以看到刚才创建的 test 数据库。

也可以直接连接数据库，如果数据库不存在，会输出错误信息。示例代码如下：

```
import mysql.connector
mydb = mysql.connector.connect(
host="localhost",
user="root",
passwd="",
database="test"
)
```

12.4.3　创建数据表

创建数据表需要使用 create table 语句，创建数据表前，需要确保数据库已存在。以下代码
创建一个名为 books 的数据表：

```
import mysql.connector
mydb = mysql.connector.connect(
host="localhost",
user="root",
passwd="",
database="test"
)
mycursor = mydb.cursor()
mycursor.execute("create table books(name VARCHAR(255), author VARCHAR(255))")
```

运行以上程序，将在 test 数据库中创建 books 数据表，如图 12-1 所示。

图 12-1　创建的 books 数据表

也可以使用 show tables 语句来查看数据表是否已存在，程序如下：

```
import mysql.connector
mydb = mysql.connector.connect(
host="localhost",
user="root",
passwd="",
database="test"
)
mycursor = mydb.cursor()
mycursor.execute("show tables")
for x in mycursor:
    print(x)
```

执行以上程序，输出结果如下：

```
================ RESTART: D:/pyproject/showdb1.py ================
('books',)
```

由此可见，已经在 test 数据库中创建了 books 数据表。

12.4.4　主键设置

创建数据表的时候，一般都会设置主键(Primary Key)，可以使用 int auto_increment primary key 语句来创建主键，主键的起始值为 1，逐步递增。

如果已经创建了数据表，需要使用 alter table 来给数据表添加主键，例如给 books 数据表添加主键，程序如下：

```
import mysql.connector
mydb = mysql.connector.connect(
host="localhost",
user="root",
passwd="",
database="test"
```

```
)
mycursor = mydb.cursor()
mycursor.execute("alter table books add column id int auto_increment primary key")
```

也可以在创建数据表的时候直接指定主键，代码如下：

```
mycursor.execute("create table sites (id int auto_increment primary key, name varchar(255), url varchar(255))")
```

12.4.5　插入数据

插入数据需要使用 insert into 语句。插入数据时，可以插入单条记录，也可以批量插入多条记录。

例如，向 books 数据表中插入一条记录，程序如下：

```
import mysql.connector
mydb = mysql.connector.connect(
host="localhost",
user="root",
passwd="",
database="test"
)
mycursor = mydb.cursor()
sql = "insert into books(name, author) values (%s, %s)"
val = ("a thand", "vvv")
mycursor.execute(sql, val)
mydb.commit()        # 数据表中的内容有更新时，必须使用这条语句
print(mycursor.rowcount, "记录插入成功")
```

执行以上程序，输出结果如下：

```
1 记录插入成功
```

批量插入需要使用 executemany()方法，该方法的第二个参数是一个元组列表，其中包含要插入的数据。示例程序如下：

```
import mysql.connector
mydb = mysql.connector.connect(
host="localhost",
user="root",
passwd="",
database="test"
)
mycursor = mydb.cursor()
sql = "insert into books (name, author) values (%s, %s)"
val = [
('mylove', 'ooo'),
('mydear', 'vvv'),
('激荡三十年', '吴晓波'),
```

```
('人工智能', '李开复')
]
mycursor.executemany(sql, val)
mydb.commit() # 数据表中的内容有更新时，必须使用这条语句
print(mycursor.rowcount, "记录插入成功。")
```

执行以上程序，输出结果如下：

4 记录插入成功

执行完以上代码后，可以看看数据表中的记录，插入的数据记录如图 12-2 所示。这里注意，如果写入的中文记录变成了问号，这是数据编码问题，实际开发中要留意，当字段为 char、varchar 等类型时，可设置为 utf-8 编码。

图 12-2　插入的数据记录

如果想在插入数据记录后，获取数据记录的 ID ，可以使用以下代码：

```
import mysql.connector
mydb = mysql.connector.connect(
host="localhost",
user="root",
passwd="",
database="test"
)
mycursor = mydb.cursor()
sql = "insert into books(name, author) values (%s, %s)"
val = ("Zhihu", "aaa")
mycursor.execute(sql, val)
mydb.commit()
print("1 条记录已插入，ID 为", mycursor.lastrowid)
```

执行以上代码，输出结果如下：

1 条记录已插入，ID 为 6

12.4.6 查询数据

查询数据需要使用 select 语句，示例程序如下：

```python
import mysql.connector
mydb = mysql.connector.connect(
host="localhost",
user="root",
passwd="",
database="test"
)
mycursor = mydb.cursor()
mycursor.execute("select * from books")
myresult = mycursor.fetchall()  # 使用 fetchall()获取所有记录
for x in myresult:
    print(x)
```

执行以上程序，运行结果如下：

```
===================== RESTART: D:/pyproject/select.py =====================
('a thand', 'vvv', 1)
('mylove', 'ooo', 2)
('mydear', 'vvv', 3)
('激荡三十年', '吴晓波', 4)
('人工智能', '李开复', 5)
('Zhihu', 'aaa', 6)
```

也可以读取指定的字段，程序如下：

```python
import mysql.connector
mydb = mysql.connector.connect(
host="localhost",
user="root",
passwd="",
database="test "
)
mycursor = mydb.cursor()
mycursor.execute("select name, author from books")
myresult = mycursor.fetchall()
for x in myresult:
print(x)
```

执行以上程序，输出结果如下：

```
('a thand', 'vvv')
('mylove', 'ooo')
('mydear', 'vvv')
('激荡三十年', '吴晓波')
('人工智能', '李开复')
```

('Zhihu', 'aaa')

如果只想读取一条数据记录，可以使用 fetchone()方法。程序代码如下：

```
import mysql.connector
mydb = mysql.connector.connect(
host="localhost",
user="root",
passwd="",
database="test"
)
mycursor = mydb.cursor()
mycursor.execute("select * from books")
myresult = mycursor.fetchone()
print(myresult)
```

执行以上程序，输出结果如下：

('a thand', 'vvv', 1)

12.4.7　where 条件语句

如果要读取指定条件的数据，可以使用 where 语句。例如，要找出作者为"李开复"的所有图书，代码如下：

```
import mysql.connector
mydb = mysql.connector.connect(
host="localhost",
user="root",
passwd="",
database="test"
)
mycursor = mydb.cursor()
sql = "select * from books where author ='李开复'"
mycursor.execute(sql)
myresult = mycursor.fetchall()
for x in myresult:
    print(x)
```

执行以上程序，输出结果如下：

('人工智能', '李开复', 5)

也可以使用通配符 %，示例如下：

```
import mysql.connector
mydb = mysql.connector.connect(
host="localhost",
user="root",
```

```
passwd="",
database="test"
)
mycursor = mydb.cursor()
sql = "select * from books where author like '%开%'"
mycursor.execute(sql)
myresult = mycursor.fetchall()
for x in myresult:
    print(x)
```

执行以上程序，输出结果和上面的例子相同。

为了防止数据库查询发生 SQL 注入攻击，可以使用%s 占位符来转义查询的条件：

```
import mysql.connector
mydb = mysql.connector.connect(
host="localhost",
user="root",
passwd="",
database="test"
)
mycursor = mydb.cursor()
sql = "select * from books where author = %s"
na = ("李开复", )
mycursor.execute(sql, na)
myresult = mycursor.fetchall()
for x in myresult:
    print(x)
```

12.4.8 排序

要对查询结果进行排序，可以使用 order by 语句，默认的排序方式为升序，关键字为 ASC。如果要设置降序排列，可以使用关键字 DESC。

例如，按 id 字段升序排列：

```
import mysql.connector
mydb = mysql.connector.connect(
host="localhost",
user="root",
passwd="",
database="test"
)
mycursor = mydb.cursor()
sql = "select * from books order by id"
mycursor.execute(sql)
myresult = mycursor.fetchall()
for x in myresult:
    print(x)
```

执行以上程序，输出结果如下：

```
================== RESTART: D:/pyproject/asc.py ==================
('a thand', 'vvv', 1)
('mylove', 'ooo', 2)
('mydear', 'vvv', 3)
('激荡三十年', '吴晓波', 4)
('人工智能', '李开复', 5)
('Zhihu', 'aaa', 6)
```

要按 id 字段降序排列，只需要把 SQL 语句修改成如下即可：

```
sql = "select * from books order by id desc"
```

12.4.9 limit 语句

如果要设置查询的数据量，可以通过 limit 语句来指定。例如，要读取数据表的前两条记录，示例程序如下：

```
import mysql.connector
mydb = mysql.connector.connect(
host="localhost",
user="root",
passwd="",
database="test"
)
mycursor = mydb.cursor()
mycursor.execute("select * from books limit 2")
myresult = mycursor.fetchall()
for x in myresult:
    print(x)
```

执行以上程序，输出结果如下：

```
================== RESTART: D:/pyproject/limit.py ==================
('a thand', 'vvv', 1)
('mylove', 'ooo', 2)
```

如果要从第二条记录开始读取前三条记录，可以使用 offset 来指定起始记录：

```
mycursor.execute("select * from sites limit 3 offset 1") # 0 为第一条，1 为第二条，以此类推
```

12.4.10 删除记录

删除记录需要使用 delete from 语句。例如，从数据表中删除作者为 vvv 的数据记录：

```
import mysql.connector
mydb = mysql.connector.connect(
host="localhost",
```

```
user="root",
passwd="",
database="test"
)
mycursor = mydb.cursor()
sql = "delete from books where author = 'vvv'"
mycursor.execute(sql)
mydb.commit()
print(mycursor.rowcount, " 条记录删除")
```

执行以上程序，输出结果如下：

```
============================ RESTART: D:/pyproject/del.py ============================
2 条记录被删除
```

以上程序从数据库中删除了两条记录。

需要注意的是，要慎用 delete 语句，delete 语句要确保指定了 where 条件语句，否则会导致整表数据被删除。

为了防止数据库查询发生 SQL 注入攻击，也可以使用%s 占位符来转义删除语句的条件。例如：

```
import mysql.connector
mydb = mysql.connector.connect(
host="localhost",
user="root",
passwd="",
database="test"
)
mycursor = mydb.cursor()
sql = "delete from books where author = %s"
na = ("ooo", )
mycursor.execute(sql, na)
mydb.commit()
print(mycursor.rowcount, " 条记录删除")
```

12.4.11　更新数据

要修改数据表中的记录，可使用 update 语句。例如，修改作者为 aaa 的记录，将作者改为 bbb，示例程序如下：

```
import mysql.connector
mydb = mysql.connector.connect(
host="localhost",
user="root",
passwd="",
database="test"
)
```

```
mycursor = mydb.cursor()
sql = "update books set author = 'bbb' where author = 'aaa'"
mycursor.execute(sql)
mydb.commit()
print(mycursor.rowcount, " 条记录被修改")
```

执行以上代码，输出结果如下：

1 条记录被修改

需要注意的是，update 语句要确保指定了 where 条件语句，否则会导致整表数据被更新。为了防止数据库查询发生 SQL 注入攻击，我们可以使用%s 占位符来转义更新语句的条件：

```
import mysql.connector
mydb = mysql.connector.connect(
host="localhost",
user="root",
passwd="",
database="test"
)
mycursor = mydb.cursor()
sql = "update books set author = %s where author = %s"
val = ("aaa", "bbb")
mycursor.execute(sql, val)
mydb.commit()
print(mycursor.rowcount, " 条记录被修改")
```

执行以上程序，输出结果如下：

================== RESTART: D:/pyproject/updatess.py ==================
1 条记录被修改

12.4.12 删除数据表

要删除数据表，可以使用 drop table 语句，if exists 关键字用于判断数据表是否存在，仅在存在的情况下才删除。例如，假设有 books_copy 表，要将该表删除，程序如下：

```
import mysql.connector
mydb = mysql.connector.connect(
host="localhost",
user="root",
passwd="",
database="test "
)
mycursor = mydb.cursor()
sql = "drop table if exists books_copy" # 删除数据表 books_copy
mycursor.execute(sql)
```

执行以上程序，如果删除成功，不会有任何输出。

12.5　本章小结

数据库为数据的存储提供了一种方便的手段。可以使用一些附加的模块编写能够访问所有主流数据库的 Python 脚本。本章提供了关于 SQL 的简短介绍，并讨论了 Python 的 DB API。

你还了解了各种 dbm 模块，它们允许使用各种 dbm 库持久化字典。这些模块使开发人员能够使用各个字典并透明地对数据进行持久化。

另外，本章介绍了 Python 的 DB API，它们定义了一些方法和函数的标准集合，所有的数据库模块都应该提供它们。要点如下：

- connection 对象封装了到数据库的一个连接。使用数据库模块的 connect()函数可以得到一个新的连接。传递给 connect()函数的各个参数可能会因各个模块的不同而不同。
- 游标提供了用于与数据库进行交互的主要对象。使用 connection 对象可以获得一个游标。游标使你可以执行一些 SQL 语句。
- 可以将动态数据作为包含若干值的元组传递给游标的 execute()方法。这些值被放置于各个 SQL 语句中，从而允许创建一些可重用的 SQL 语句。
- 在执行查询操作之后，cursor 对象对数据进行保存。使用 fetchone()或 fetchall()方法可以提取数据。
- 在对数据库进行修改之后，调用 connection 对象的 commit()方法以提交事务并保存更改。使用 rollback()方法可以撤销更改。
- 当操作完毕后，调用每个游标的 close()方法。当不需要连接时，调用 connection 对象的 close()方法。
- Python 的 DB API 定义了一个异常的集合。Python 脚本应该对这些异常进行检查，以处理可能出现的各种问题。

通过本章的学习，大家应熟练掌握 Python 编程中针对数据库、数据表、记录、字段的各种操作。

12.6　思考和练习

假设有一个数据库，包括四个表：学生表(Student)、课程表(Course)、成绩表(Score)以及教师信息表(Teacher)。四个表的结构分别如表 12-9~表 12-12 所示，用 SQL 语句创建这四个表并完成相关题目。

表 12-9　Student(学生表)

字段名	数据类型	可否为空	含　义
sno	char(3)	否	学号(主键)
sname	char(8)	否	学生姓名
ssex	char(2)	否	学生性别

(续表)

字段名	数据类型	可否为空	含 义
sbirthday	datetime	可	学生出生年月
class	char(5)	可	学生所在班级

表 12-10　Course(课程表)

字段名	数据类型	可否为空	含 义
cno	char(5)	否	课程号(主键)
cname	varchar(10)	否	课程名称
tno	char(3)	否	教工编号(外键)

表 12-11　Score(成绩表)

字段名	数据类型	可否为空	含 义
sno	char(3)	否	学号(外键)
cno	char(5)	否	课程号(外键)
degree	decimal(4,1)	可	成绩

联合主键 Sno+Cno

表 12-12　Teacher(教师表)

字段名	数据类型	可否为空	含 义
tno	char(3)	否	教工编号(主键)
tname	char(4)	否	教工姓名
tsex	char(2)	否	教工性别
tbirthday	datetime	可	教工出生年月
prof	char(6)	可	职称
depart	varchar(10)	否	教工所在部门

1. 查询 Student 表中所有记录的 sname、ssex 和 class 列。

2. 查询教师所在的部门，即不重复的 depart 列。

3. 查询 Student 表的所有记录。

4. 查询 Score 表中成绩在 60 和 80 之间的所有记录。

5. 查询 Score 表中成绩为 85、86 或 88 的记录。

6. 查询 Student 表中"95031"班或性别为"女"的学生记录。

7. 以 class 字段降序查询 Student 表的所有记录。

8. 以 cno 升序、degree 降序查询 Score 表的所有记录。

9. 查询"95031"班的学生人数。

10. 查询 Score 表中最高分的学生学号和课程号(使用子查询或排序)。

11. 查询每门课的平均成绩。

12. 查询 Score 表中至少有 5 名学生选修并以 3 开头的课程的平均分。

13. 查询分数大于 70 且小于 90 的 sno 列。

14. 查询所有学生的 sname、cno 和 degree 列。

15. 查询所有学生的 sno、cname 和 degree 列。

16. 查询所有学生的 sname、cname 和 degree 列。

17. 查询"95033"班学生的平均分。

18. 假设使用如下命令建立了 Grade 表：

```
create table grade(low int(3),upp int(3),rank char(1))
insert into grade values(90,100, 'A')
insert into grade values(80,89, 'B')
insert into grade values(70,79, 'C')
insert into grade values(60,69, 'D')
insert into grade values(0,59, 'E')
```

查询所有学生的 sno、cno 和 rank 列。

19. 查询选修"3-105"课程且成绩高于"109"号学生成绩的所有学生记录。

20. 查询 Score 表中选学多门课程的学生中分数为非最高分的记录。

第 13 章

网 络 编 程

自从网络诞生后，无论是软件开发还是 Web 开发，都离不了网络编程技术。这和互联网应用是相关的。互联网的所有应用中，有两类应用使用得最广：一类是 Web 应用，主要作为资源提供者，供浏览者访问；另一类是电子邮件，用来取代传统的邮件，成为商务办公交流的主要途径之一。

网络通信就是两个进程在通信。网络编程对所有开发语言都是一样的，Python 也不例外。用 Python 进行网络编程，就是在 Python 程序本身这个进程内，连接其他服务器进程的通信端口进行通信。

作为一门主流语言，Python 在网络编程方面有过人之处，是十分强大的网络编程工具。Python 提供了许多针对常见网络协议的库，这些库可以使开发人员集中精力于程序的逻辑处理，而不是停留在网络实现的细节中。使用 Python 很容易写出处理各种协议格式的代码，Python 在处理字节流的各种模式方面很擅长。本章主要介绍 Python 网络编程技术。

本章的学习目标：
- 网络编程概述；
- 如何使用 Python 标准库编写可以创建、发送以及接收电子邮件的应用程序；
- 如何使用 Python 编写接收 Internet 邮件的客户端；
- 套接字编程。

13.1　网络编程概述

自从互联网诞生以来，基本上所有程序都是网络程序，很少有单机版程序了。

计算机网络把各台计算机连接到一起，让网络中的计算机可以互相通信。网络编程在程序中实现了两台计算机的通信。比如，当用户使用浏览器访问淘宝网时，用户计算机和淘宝网的某台服务器通过互联网连接起来了，淘宝网的服务器就会把网页内容作为数据通过互联网传输到用户计算机上。

用户计算机上可能不止安装了浏览器，还有微信、办公软件、邮件客户端等，不同程序连接的服务器也会不同。因此，网络通信是两台计算机的两个进程之间的通信。例如，浏览器进程和淘宝网服务器上的某个 Web 服务进程通信，而微信进程和腾讯服务器上的某个进程通信。

网络编程用任何开发语言来实现都是一样的，Python 语言也不例外。用 Python 语言进行网络编程，就是在 Python 程序本身这个进程内，连接别的服务器进程的通信端口以进行通信。

13.2 TCP/IP 简介

互联网协议族(Internet Protocol Suite，IPS)是一种网络通信模型，是互联网的基础通信架构，常被称为 TCP/IP 协议族(TCP/IP Protocol Suite 或 TCP/IP Protocols)，简称 TCP/IP。

13.2.1 TCP/IP 协议族概述

TCP/IP 提供点对点的链接机制，将通信过程中数据应该如何封装、定址、传输、路由以及在目的地如何接收，都加以标准化。它通常将软件通信过程抽象为四个层次，如图 13-1 所示，TCP/IP 采取协议堆栈的方式，分别定义了不同的通信协议。

图 13-1 TCP/IP 协议族

13.2.2 应用层

1. Telnet

Telnet 常用于服务器远程控制，它使用虚拟终端机的形式，提供以字符串命令为主的双向交互功能。由于传统的 Telnet 会话数据没有加密，目前很多服务器都改用更安全的 SSH。需要注意的是，SSH(Secure Shell)是一种加密的网络传输协议，通过创建安全隧道来实现客户端与服务器的连接，常用于远程登录系统。

2. FTP

FTP(File Transfer Protocol，文件传输协议)是一种 8 位的客户端-服务器协议，FTP 服务一般运行在 20 与 21 端口。其中，20 端口用于传输数据流，21 端口用于传输控制流。FTP 的缺点是有极高的延时。

运行 FTP 服务的许多站点都开放匿名服务，在这种设置下，用户不需要账号就可以登录服务器，默认情况下，匿名用户的用户名是 anonymous。这个账号不需要密码，虽然通常要求输入用户的邮件地址作为认证密码，但这只是一些细节或者邮件地址根本不被确定，而是依赖于 FTP 服务的配置情况。

3. SMTP

SMTP(Simple Mail Transfer Protocol，简单邮件传输协议)指定消息的接收者(被确认存在)，传输消息文本。使用的 TCP 端口为 25。

SMTP 是一种"推"协议，不支持从远程服务器"拉取"数据，要拉取数据，需要使用 POP3 或 IMAP 协议。

4. HTTP

HTTP(HyperText Transfer Protocol，超文本传输协议)的当前标准版本为 HTTP/2。HTTP 协议在进行通信时涉及 URL(统一资源标识符)的概念，用于标识通过 HTTP、HTTPS 协议请求的资源。

在使用 HTTP 协议进行通信时，客户端(用户代理程序)的请求通常被发送到服务器(源服务器)的 80 端口，HTTP 可以在任何互联网上实现，它假定下层协议提供数据传输，因此在 TCP/IP 协议中，使用 TCP 作为传输层。

服务器收到 HTTP 请求后，会返回一个状态码，通常 200 代表"OK"。

1) HTTP 的请求方法

HTTP 的请求方法中至少需要实现 GET 与 HEAD(这两者都属于安全方法，因为它们只用于获取资源信息，而不做其他请求)，其他方法可选。HTTP 的所有请求方法如表 13-1 所示。

表 13-1　HTTP 的所有请求方法

请求方法	描述
GET	"显示"请求，只用于读取数据，GET 可被网络爬虫等随意访问
HEAD	请求资源，但不传回文本部分，用于在不获取资源全部内容的情况下提取元信息
POST	上传表单数据等，可以创建或修改资源
PUT	向指定位置传输最新内容
DELETE	请求删除资源
TRACE	显示服务器收到的请求，通常用于测试

这里简单介绍一下不同的请求方法发出的请求头。

例如，GET 是最常用的一种请求方法。当客户端要从服务器中读取文档时，往往单击网页上的链接或者通过在浏览器的地址栏输入网址来浏览网页，此时使用的都是 GET 方法。

GET 方法要求服务器将 URL 定位的资源放在响应报文的数据部分，回送给客户端。

使用 GET 方法时，请求参数和对应的值附加在 URL 后面，利用一个问号("?")代表 URL 的结尾与请求参数的开始，所传递参数的长度会受到限制。

例如，/index?id=100&op=bind，这样通过 GET 方法传递的参数直接显示在地址中。以使用 Google 搜索 domety 为例，Request 报文如下：

```
GET /search?hl=zh-CN&source=hp&q=domety&aq=f&oq= HTTP/1.1
Accept: image/gif, image/x-xbitmap, image/jpeg, image/pjpeg, application/vnd.ms-excel,
application/vnd.ms-powerpoint, application/msword, application/x-silverlight, application/x-shockwave-flash, */*
```

Referer: <a href="http://www.google.cn/">http://www.google.cn/</a>

Accept-Language: zh-cn

Accept-Encoding: gzip, deflate

User-Agent: Mozilla/4.0 (compatible; MSIE 6.0; Windows NT 5.1; SV1; .NET CLR 2.0.50727; TheWorld)

Host: <a href="http://www.google.cn">www.google.cn</a>

Connection: Keep-Alive

Cookie: PREF=ID=80a06da87be9ae3c:U=f7167333e2c3b714:NW=1:TM=1261551909:LM=1261551917:

S=ybYcq2wpfefs4V9g;

NID=31=ojj8d-IygaEtSxLgaJmqSjVhCspkviJrB6omjamNrSm8lZhKy_yMfO2M4QMRKcH1g0iQv9u2hfBW7bUFwV

h7pGaRUb0RnHcJU3

可以看到，使用 GET 方法的请求一般不包含"请求内容"部分，请求数据以地址的形式表现在请求行中。地址链接如下：

<a href="http://www.google.cn/search?hl=zh-CN&source=hp&q=domety&aq=f&oq=">

http://www.google.cn/search?hl=zh-CN&source=hp&q=domety&aq=f&oq=</a>

地址中"?"之后的部分就是通过 GET 发送的请求数据，在浏览器的地址栏中可以看到，各个数据之间用"&"符号隔开。显然，这种方式不适合传送私密数据。

另外，由于不同的浏览器对地址的字符限制也有所不同，一般最多只能识别 1024 个字符；因此，如果需要传送大量的数据时，不适合使用 GET 方法。

对于上面提到的不适合使用 GET 方法的情况，可以考虑使用 POST 方法，因为 POST 方法允许客户端给服务器提供更多的信息。POST 方法将请求参数封装在 HTTP 请求数据中，以名称/值的形式出现，可以传输大量数据，POST 方法对传送的数据大小没有限制，而且也不会显示在 URL 中。还以搜索 domety 为例，如果使用 POST 方法的话，格式如下：

POST /search HTTP/1.1

Accept: image/gif, image/x-xbitmap, image/jpeg, image/pjpeg, application/vnd.ms-excel, application/vnd.ms-powerpoint, application/msword, application/x-silverlight, application/x-shockwave-flash, */*

Referer: <a href="http://www.google.cn/">http://www.google.cn/</a>

Accept-Language: zh-cn

Accept-Encoding: gzip, deflate

User-Agent: Mozilla/4.0 (compatible; MSIE 6.0; Windows NT 5.1; SV1; .NET CLR 2.0.50727; TheWorld)

Host: <a href="http://www.google.cn">www.google.cn</a>

Connection: Keep-Alive

Cookie: PREF=ID=80a06da87be9ae3c:U=f7167333e2c3b714:NW=1:TM=1261551909:LM=1261551917:

S=ybYcq2wpfefs4V9g;

NID=31=ojj8d-IygaEtSxLgaJmqSjVhCspkviJrB6omjamNrSm8lZhKy_yMfO2M4QMRKcH1g0iQv9u2hfBW7bUFwV

h7pGaRUb0RnHcJU37y-FxlRugatx63JLv7CWMD6UB_O_r

hl=zh-CN&source=hp&q=domety

可以看到，POST 请求行中不包含数据字符串，这些数据保存在"请求内容"部分，各数据之间也使用"&"符号隔开。

POST 方法大多用于页面的表单。因为 POST 也能完成 GET 的功能，所以多数人在设计表单的时候一律都使用 POST 方法，其实这是误区。

GET 方法也有自己的特点和优势，应该根据不同的情况选择是使用 GET 还是使用 POST。

2) HTTP/1.0 与 HTTP/1.1 的区别

HTTP/1.0 在代理服务中仍被广泛使用。HTTP/1.1 引入了持续连接机制，此前 TCP 连接在每次请求/回应后关闭，多次运行 TCP 交握程序会延长等待时间。HTTP/1.1 支持在应答前持续发送请求(通常为两个)，称为"流线化"。

HTTP/1.1 与 HTTP/1.0 的区别在于：缓存处理；带宽优化以及网络连接的使用，默认使用持久连接，通过引入分块传输编码、管道等改进带宽、滞后感；错误通知的管理；消息在网络中的发送；互联网地址的维护；安全性与完整性。

3) 状态码

使用 HTTP 协议进行通信的过程中，不同的响应有不同的状态码，常见的状态码有：

● 1××，以 1 开头的状态码表示消息请求已被服务器接收，继续处理；

● 2××，以 2 开头的状态码表示请求成功，请求已被服务器成功接收、理解；

● 3××，以 3 开头的状态码表示重定向，请求仍需要后续操作；

● 4××，以 4 开头的状态码表示请求错误、词法错误或者无法执行；

● 5××，以 5 开头的状态码表示服务器错误，在处理某个正确请求时，服务器发生错误。

其中，404 表示请求的资源不存在；405 表示资源不支持请求方法；501 表示服务器不支持请求方法；505 表示服务器程序错误。

需要注意的是，请求行和标题必须以<CR><LF>结尾。空行内必须只有<CR><LF>而无其他空格。在 HTTP/1.1 协议中，所有的请求头，除 Host 外，都是可选的。

4) DNS

DNS 是提供域名与 IP 地址的相互映射的数据库。通常使用 TCP 与 UDP 的端口 53，域名的总长度不能超过 253 个字符，每一级域名的长度不能超过 63 个字符。

DNS 查询有两种方法：一种是递归，DNS 客户端常用的一般是递归查询方式；另一种是迭代，DNS 服务器间通常采用迭代查询方式。

13.2.3 传输层

1. TCP

TCP(Transmission Control Protocol，传输控制协议)是一种基于字节流的传输层通信协议。

应用层向 TCP 层发送用于网间传输的、用 8 位字节表示的数据流，然后 TCP 把数据流分成适当长度的报文段。报文长度通常受计算机所连接网络的数据链路层的最大传输单元的限制。之后 TCP 把结果包传给 IP 层。IP 层提供不可靠的包交换。

TCP 为了保证不发生丢包，就给每个包设定一个序号。序号保证了传送到接收端实体的包按序接收。接收端实体会对已成功收到的包发回相应的确认信号(ACK)；如果发送端实体在合理的往返时延(RTT)内未收到确认信号，那么对应的数据包就被假设为已丢失并重传。

2. TCP 创建连接的过程

TCP 创建连接(三次握手)的过程如图 13-2 所示。客户端通发送 SYN 包并且把这段连接的序号设定为随机数 A；服务器端为合理的 SYN 包返回 SYN/ACK 包，ACK 的确认码为 A+1，同时 SYN/ACK 包本身又带有随机产生的序号 B；客户端收到 SYN/ACK 包后再次发送 ACK，服务器收到该 ACK 后，连接就建立了。

此时，包的序号为 A+1，响应号为 B+1。

在 Linux 中，若没有收到最后的 ACK，服务器会重复发送 SYN/ACK 包(默认发送五次)。经过一定时间后若无回应，就会断开连接。

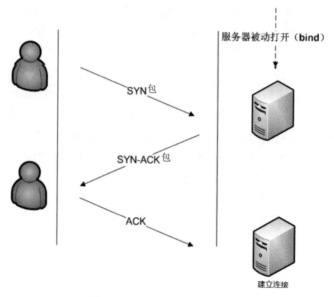

图 13-2　TCP 创建连接的过程

TCP 传输是可靠的，发送与接收时包都有序号，通过接收方返回的 ACK 可以确认对方已经接收的数据字节位置。发送方通过检测丢失的传输数据并且重新传输它们，确保了数据传输的可靠性。

另外，TCP 传输还有超时重传、校验和(16 位)机制。TCP 校验和包括 96 位的伪头部，其中有源地址、目的地址、协议以及 TCP 的长度。TCP 的实现包含 4 种相互影响的拥塞控制算法，分别是慢开始、拥塞避免、快重传、快恢复。

TCP 还允许接收方确认成功收到的分组的不连续块。当需要终止连接时，需要经过四次握手(这里不再对终止连接的四次握手进行介绍，感兴趣的读者可以阅读其他相关资料)。

3. UDP

UDP(User Datagram Protocol，用户数据报协议)是不可靠的数据传输协议，因为 UDP 不需要应答，所以来源端口可选。由于缺乏可靠性且属于非连接导向协议，UDP 应用一般必须允许一定量的丢包、出错和复制/粘贴。流媒体是典型的 UDP 应用。

13.2.4　网络层

1. IP

IP(Internet Protocol，网际协议)用于分组交换数据。IP 协议的第一个版本是 IPv4，目前仍在使用，尽管目前世界各地正在积极部署 IPv6。IPv4 有 32 位地址，IPv6 有 128 位地址。

数据在使用 IP 协议传送时，被封装为数据报文：数据包=头(控制信息)+负载(信息数据)。IP 协议是一种"尽最大努力交付"的数据包传输机制。

将 IP 地址解析为相应的数据链路地址的方法：IPv4(地址解析协议 ARP)、IPv6(邻居发现协议 NDP)。

IP 网际协议提供的唯一帮助是，IPv4 规定通过在路由节点计算校验和来确保 IP 数据报头是正确的，这带来的不良后果是当场丢弃报头错误的数据报文。这种情况下不需要发送通知给任何终端节点，但是互联网控制消息协议(ICMP)中存在一种机制可以做到这一点。IPv6 为了快速传输已经放弃计算校验和。

2. ICMP

互联网控制消息协议(ICMP)常用于在 TCP/IP 网络中发送控制消息。ICMP 是 IP 的主要部分，ICMP 属于不可靠协议。

3. ARP

ARP 通过解析网络层地址来寻找数据链路层地址，即通过网络地址(例如 IPv4)来定位 MAC 地址。

在以太网中使用 IP 协议时，因为在以太网与上层 IP 协议中，只含有 IP 地址信息，所以需要 ARP 协议根据主机的 IP 地址找到其 MAC 地址，这就是地址解析。

4. RARP

逆地址解析协议 RARP 用于将 MAC 地址转换为 IP 地址。

13.2.5　IP 地址与端口

这里介绍的 IP 地址并不等同于前面介绍的 IP 协议。

1. Internet 地址

Internet(或者私有的 TCP/IP 网络)上的每台计算机都有一个或多个 IP 地址，通常表示为一个用句点分开的含 4 个数值的序列，如"208.215.179.178"。同一台计算机也许有多个类似"wrox.com"这样的主机名。

为了连接到某台计算机上运行的服务，需要知道这台计算机的 IP 地址或主机名(主机名由 DNS 管理。DNS 是运行在 TCP/IP 协议之上的协议，它自动将主机名转换为 IP 地址)。例如以下发送电子邮件的脚本，当它尝试连接到邮件服务器时，用到了字符串 localhost：

```
>>> server = smtplib.SMTP("localhost", 25)
```

其中，localhost 是特殊的主机名，在引用它时，它指向用户正在使用的计算机(每台计算机都有一个特殊的 IP 地址指向自己：127.0.0.1)。主机名告诉 Python 在 Internet 上的什么位置寻找邮件服务器。

当然，如果计算机上没有运行邮件服务器，localhost 将不能工作。提供 Internet 访问的组织应该会允许用户使用它的邮件服务器，可能位于 mail.[你的 ISP].com 或 smtp.[你的 ISP].com。不论使用什么样的邮件客户端，配置中的某处会有邮件服务器的主机名，因此可以用它发送电子邮件。使用邮件服务器的主机名替换前面示例代码中的 localhost 后，应当可以在 Python 中发送电子邮件，示例如下：

```
>>> fromAddress = 'sender@example.com'
>>> toAddress = '[你的电子邮箱地址]'
>>> msg = "邮件正文内容"
>>> import smtplib
>>> server = smtplib.SMTP("mail.[your ISP].com", 25)
>>> server.sendmail(fromAddress, toAddress, msg)
```

2. 网络接口

字符串 localhost 被解释为掩盖 IP 地址的 DNS 主机名。现在只剩下神秘的数字 25。这意味着什么？考虑这样一个事实：一台计算机可能托管多个服务。拥有一个 IP 地址的计算机可能拥有 Web 服务器、邮件服务器、数据库服务器和其他一些服务器。客户端如何区分到不同服务器的连接？例如到 Web 服务器的连接和到数据库服务器的连接。

实现 Internet 协议的计算机有 65 536 个已编号的端口。当启动 Internet 服务器(比如 Web 服务器)时，服务器进程将自己"绑定"到计算机的一个或多个端口(例如端口 80，这是 Web 服务器的常规端口)，并且开始监听该端口的外部连接，比如 http://www. example.com:8000 这样的网络地址，数字 8000 是 Web 服务器的端口号。

SMTP 服务器的常规端口号为 25。所以，前例中 SMTP 对象的构造函数接收 25 作为第二个参数(如果没有指定任何端口号，SMTP 对象的构造函数将默认端口号为 25)：

```
>>> server = smtplib.SMTP("localhost", 25)
```

IANA 将端口划分为"公开端口"(端口号为 0～1023)、"注册端口"(端口号为 1024～49 151)和"动态端口"(端口号为 49 152～65 535)。在大多数操作系统上，必须有管理员权限才能将服务器绑定到公开端口，因为绑定到那些端口的进程通常有管理员权限。

13.3 发送电子邮件

SMTP 是邮件发送协议，Python 内置对 SMTP 的支持，可以发送纯文本邮件、HTML 邮件以及带附件的邮件。Python 通过 smtplib 和 email 两个模块来支持 SMTP。其中，email 模块负责构造邮件，smtplib 模块负责发送邮件。

13.3.1 Python 发送邮件

SMTP 是一组用于从源地址传送邮件到目的地址的规则，用来控制信件的中转方式。Python 的 smtplib 模块提供了方便的途径以发送电子邮件，该模块对 SMTP 协议进行了简单的封装。

Python 中创建 SMTP 对象的语法格式如下：

```
import smtplib
smtpObj = smtplib.SMTP( [host [, port [, local_hostname]]] )
```

其中各项参数的含义如下。

- host：可选参数，表示 SMTP 服务器主机。可以指定主机的 IP 地址或域名，比如 163.com。
- port：如果提供了 host 参数，需要指定 SMTP 服务器使用的端口号，默认为 25。
- local_hostname：如果 SMTP 服务器在本地计算机上，只需要指定服务器地址为 localhost 即可。

SMTP 对象使用 sendmail()方法发送邮件，语法格式如下：

```
SMTP.sendmail(from_addr, to_addrs, msg[, mail_options, rcpt_options])
```

其中，各项参数的含义如下。

- from_addr：邮件发送者的地址。
- to_addrs：字符串列表，邮件发送的目标地址。
- msg：邮件内容。

这里需要注意一下第三个参数，msg 是字符串，表示邮件内容。众所周知，邮件一般由标题、发信人、收件人、邮件内容、附件等构成，发送邮件的时候，要注意 msg 的格式，这就是 SMTP 协议中定义的格式。

以下是一个使用 Python 发送邮件的简单示例。

```
#!/usr/bin/python3

import smtplib
from email.mime.text import MIMEText
from email.header import Header

sender = 'buaalandy@163.com'
receivers = ['1005002008@qq.com']    # 接收邮件，可设置为 QQ 邮箱或其他邮箱

# 三个参数：第一个参数为文本内容，第二个参数设置文本格式，第三个参数设置编码方式
message = MIMEText('Python 邮件发送测试...', 'plain', 'utf-8')
message['From'] = Header("longleding", 'utf-8')          # 发送者
message['To'] =   Header("测试邮件", 'utf-8')            # 接收者

subject = 'SMTP 邮件测试'
message['Subject'] = Header(subject, 'utf-8')


try:
    smtpObj = smtplib.SMTP('localhost')
    smtpObj.sendmail(sender, receivers, message.as_string())
    print("邮件发送成功")
except smtplib.SMTPException:
    print("Error：无法发送邮件")
```

这里使用 3 对单引号来设置邮件信息，标准邮件需要三个头部信息：From、To 和 Subject，每部分使用空行分隔。

可通过实例化 smtplib 模块的 SMTP 对象 smtpObj 来连接到 SMTP 服务，并使用 sendmail() 方法发送信息。

执行以上程序，如果本机安装了 sendmail.py，就会输出如下信息：

```
$ python3 sendmail.py
邮件发送成功
```

打开收件箱，就可以查看接收到的邮件信息。

如果本地计算机没有提供 sendmail 访问，也可以使用其他服务商 (QQ、网易、Google 等) 的 SMTP 服务。示例程序如下：

```python
#!/usr/bin/python3

import smtplib
from email.mime.text import MIMEText
from email.header import Header

# 第三方 SMTP 服务
mail_host="smtp.XXX.com"      #设置服务器
mail_user="XXXX"              #用户名
mail_pass="XXXXXX"            #口令

sender = 'from@163.com'
receivers = ['1005002008@qq.com']   # 接收邮件，可设置为 QQ 邮箱或其他邮箱

message = MIMEText('邮件发送测试……', 'plain', 'utf-8')
message['From'] = Header("buaalandy", 'utf-8')
message['To'] = Header("测试邮件", 'utf-8')

subject = 'Python SMTP 邮件测试'
message['Subject'] = Header(subject, 'utf-8')

try:
    smtpObj = smtplib.SMTP()
    smtpObj.connect(mail_host, 25)        # 25 为 SMTP 端口号
    smtpObj.login(mail_user,mail_pass)
    smtpObj.sendmail(sender, receivers, message.as_string())
    print ("邮件发送成功")
except smtplib.SMTPException:
    print ("Error：无法发送邮件")
```

13.3.2 Python 发送 HTML 格式的邮件

Python 发送 HTML 格式的邮件与发送纯文本消息的邮件相比，不同之处在于将 MIMEText

中的_subtype 设置为'html'。具体代码如下：

```python
#!/usr/bin/python3

import smtplib
from email.mime.text import MIMEText
from email.header import Header

sender = 'buaalandy@163.com'
receivers = ['1005002008@qq.com']    # 接收邮件，可设置为 QQ 邮箱或其他邮箱

mail_msg = """
<p>Python 邮件发送测试……</p>
<p><a href="http://www.longleding.com">这是一个链接</a></p>
"""
message = MIMEText(mail_msg, 'html', 'utf-8')
message['From'] = Header("buaalandy", 'utf-8')
message['To'] = Header("测试邮件", 'utf-8')

subject = 'Python SMTP 邮件测试'
message['Subject'] = Header(subject, 'utf-8')

try:
    smtpObj = smtplib.SMTP('localhost')
    smtpObj.sendmail(sender, receivers, message.as_string())
    print ("邮件发送成功")
except smtplib.SMTPException:
    print ("Error：无法发送邮件")
```

执行以上程序，如果本机安装了 sendmail.py，输出结果如下：

```
$ python3 sendhtml.py
邮件发送成功
```

这时打开收件箱，就可以查看到邮件信息。

13.3.3　Python 发送带附件的邮件

为了发送带附件的邮件，首先要创建 MIMEMultipart()实例，然后构造附件，如果有多个附件，可依次构造，最后利用 smtplib.smtp 发送。示例程序如下：

```python
#!/usr/bin/python3

import smtplib
from email.mime.text import MIMEText
from email.mime.multipart import MIMEMultipart
from email.header import Header
```

```
sender = 'buaalandy@163.com'
receivers = ['1005002008@qq.com']    # 接收邮件，可设置为 QQ 邮箱或其他邮箱

#创建一个带附件的实例
message = MIMEMultipart()
message['From'] = Header("buaalandy", 'utf-8')
message['To'] =   Header("测试邮件", 'utf-8')
subject = 'Python SMTP 邮件测试'
message['Subject'] = Header(subject, 'utf-8')

#邮件正文内容
message.attach(MIMEText('这是一个 Python 邮件发送测试……', 'plain', 'utf-8'))

# 构造附件 1，传送当前目录下的 test.txt 文件
att1 = MIMEText(open('test.txt', 'rb').read(), 'base64', 'utf-8')
att1["Content-Type"] = 'application/octet-stream'
# 这里的 filename 可以任意写，写什么名字，邮件中就显示什么名字
att1["Content-Disposition"] = 'attachment; filename="test.txt"'
message.attach(att1)

# 构造附件 2，传送当前目录下的 runoob.txt 文件
att2 = MIMEText(open('runoob.txt', 'rb').read(), 'base64', 'utf-8')
att2["Content-Type"] = 'application/octet-stream'
att2["Content-Disposition"] = 'attachment; filename="demo.txt"'
message.attach(att2)

try:
    smtpObj = smtplib.SMTP('localhost')
    smtpObj.sendmail(sender, receivers, message.as_string())
    print ("邮件发送成功")
except smtplib.SMTPException:
    print ("Error：无法发送邮件")
```

执行程序，若邮件发送成功，则可以在收件箱中查看到邮件，邮件中附带有两个附件 test.txt 和 demo.txt。

13.3.4　在 HTML 文本中添加图片

在邮件的 HTML 文本中，一般添加外链是无效的，正确添加图片的示例程序如下：

```
#!/usr/bin/python3

import smtplib
from email.mime.image import MIMEImage
from email.mime.multipart import MIMEMultipart
from email.mime.text import MIMEText
from email.header import Header
```

```
sender = 'buaalandy@163.com'
receivers = ['1005002008@qq.com']    # 接收邮件，可设置为 QQ 邮箱或其他邮箱

msgRoot = MIMEMultipart('related')
msgRoot['From'] = Header("buaalandy", 'utf-8')
msgRoot['To'] = Header("测试邮件", 'utf-8')
subject = 'Python SMTP 邮件测试'
msgRoot['Subject'] = Header(subject, 'utf-8')

msgAlternative = MIMEMultipart('alternative')
msgRoot.attach(msgAlternative)


mail_msg = """
<p>Python 邮件发送测试……</p>
<p><a href="http://www.longleding.com">遥领医疗科技</a></p>
<p>图片演示：</p>
<p><img src="cid:image1"></p>
"""
msgAlternative.attach(MIMEText(mail_msg, 'html', 'utf-8'))

# 指定图片为当前目录
fp = open('test.png', 'rb')
msgImage = MIMEImage(fp.read())
fp.close()

# 定义图片 ID，在 HTML 文本中引用
msgImage.add_header('Content-ID', '<image1>')
msgRoot.attach(msgImage)

try:
    smtpObj = smtplib.SMTP('localhost')
    smtpObj.sendmail(sender, receivers, msgRoot.as_string())
    print ("邮件发送成功")
except smtplib.SMTPException:
    print ("Error：无法发送邮件")
```

执行以上程序，若邮件发送成功，在收件箱中就可以看到带图片的邮件。

13.3.5 使用第三方 SMTP 服务发送

这里使用 QQ 邮箱(也可以使用 163 邮箱、Gmail 邮箱)的 SMTP 服务，但需要做如图 13-3 所示的配置。

图 13-3　邮箱配置

QQ 邮箱通过生成授权码来设置密码，如图 13-4 所示。

图 13-4　QQ 邮箱生成授权码

QQ 邮箱的 SMTP 服务器地址为 smtp.qq.com，SSL 端口为 465。示例程序如下：

```
#!/usr/bin/python3

import smtplib
from email.mime.text import MIMEText
from email.utils import formataddr

my_sender='1005002008@qq.com'      # 发件人邮箱账号
my_pass = 'xxxxxxxxxx'             # 发件人邮箱密码
my_user='1005002008@qq.com'        # 收件人邮箱账号，此处发送给自己
def mail():
    ret=True
    try:
        msg=MIMEText('填写邮件内容','plain','utf-8')
        # 括号里对应的是发件人邮箱昵称、发件人邮箱账号
        msg['From']=formataddr(["Frombuaalandy",my_sender])
        # 括号里对应的是收件人邮箱昵称、收件人邮箱账号
        msg['To']=formataddr(["FK",my_user])
        msg['Subject']="邮件测试"   # 邮件的主题，也可以说是标题
        # 发件人邮箱的 SMTP 服务器，端口是 25
        server=smtplib.SMTP_SSL("smtp.qq.com", 465)
        server.login(my_sender, my_pass)   # 括号里对应的是发件人邮箱账号、邮箱密码
        # 括号里对应的是发件人邮箱账号、收件人邮箱账号、已发送邮件
```

```
        server.sendmail(my_sender,[my_user,],msg.as_string())
        server.quit()   # 关闭连接
    except Exception:   # 如果 try 中的语句没有执行，则执行下面的 ret=False
        ret=False
    return ret

ret=mail()
if ret:
    print("邮件发送成功")
else:
    print("邮件发送失败")
```

执行以上程序，若邮件发送成功，登录收件人邮箱即可查看收到的邮件。

13.4 接收 Internet 邮件

SMTP 用于发送邮件，如果要收取邮件呢？

收取邮件就是编写客户端，从邮件服务器把邮件下载到用户的计算机或手机上。收取邮件最常用的协议是 POP3 协议。

Python 内置的 poplib 模块实现了 POP3 协议，可以直接用来收取邮件。

注意，POP3 协议收取的不是已经可以阅读的邮件本身，而是邮件的原始文本，这和 SMTP 协议很像，SMTP 发送的也是经过编码后的一大段文本。

要把 POP3 收取的文本变成可以阅读的邮件，还需要用 email 模块提供的各种类来解析原始文本，使之变成可阅读的邮件对象。所以，收取邮件分以下两步：

第一步：用 poplib 把邮件的原始文本下载到本地。

第二步：用 email 模块解析原始文本，还原为邮件对象。

13.4.1 通过 POP3 下载邮件

POP3 协议本身很简单。下面的程序获取最新的一封邮件的内容。

```
import poplib

# 输入邮件地址、口令和 POP3 服务器地址
email = input('Email: ')
password = input('Password: ')
pop3_server = input('POP3 server: ')

# 连接到 POP3 服务器
server = poplib.POP3(pop3_server)
# 可以打开或关闭调试信息
server.set_debuglevel(1)
# 可选：打印 POP3 服务器的欢迎文字
print(server.getwelcome().decode('utf-8'))
```

```
# 身份认证
server.user(email)
server.pass_(password)

# stat()返回邮件数量和占用空间
print('Messages: %s. Size: %s' % server.stat())
# list()返回所有邮件的编号
resp, mails, octets = server.list()
# 可以查看返回的列表[b'1 82923', b'2 2184', ...]
print(mails)

# 获取最新的一封邮件, 注意索引号从 1 开始
index = len(mails)
resp, lines, octets = server.retr(index)

# lines 用于存储邮件的原始文本的每一行
# 可以获得整个邮件的原始文本
msg_content = b'\r\n'.join(lines).decode('utf-8')
# 稍后解析出邮件
msg = Parser().parsestr(msg_content)

# 可以根据邮件索引号直接从服务器删除邮件
# server.dele(index)
# 关闭连接
server.quit()
```

用 POP3 获取邮件其实很简单, 要获取所有邮件, 只需要循环使用 retr()把每一封邮件的内容拿到即可。真正麻烦的是把邮件的原始内容解析为可以阅读的邮件对象。

13.4.2　解析邮件

解析邮件的过程和构造邮件正好相反, 因此, 需要先导入必要的模块:

```
from email.parser import Parser
from email.header import decode_header
from email.utils import parseaddr

import poplib
```

只需要一行代码就可以把邮件内容解析为 Message 对象:

```
msg = Parser().parsestr(msg_content)
```

但是, Message 对象本身可能是 MIMEMultipart 对象, 也就是可以嵌套其他 MIMEBase 对象, 甚至嵌套的可能还不止一层, 所以要递归地打印出 Message 对象的层次结构。示例如下:

```
# indent 用于缩进显示
```

```
def print_info(msg, indent=0):
    if indent == 0:
        for header in ['From', 'To', 'Subject']:
            value = msg.get(header, '')
            if value:
                if header=='Subject':
                    value = decode_str(value)
                else:
                    hdr, addr = parseaddr(value)
                    name = decode_str(hdr)
                    value = u'%s <%s>' % (name, addr)
            print('%s%s: %s' % ('  ' * indent, header, value))
    if (msg.is_multipart()):
        parts = msg.get_payload()
        for n, part in enumerate(parts):
            print('%spart %s' % ('  ' * indent, n))
            print('%s--------------------' % ('  ' * indent))
            print_info(part, indent + 1)
    else:
        content_type = msg.get_content_type()
        if content_type=='text/plain' or content_type=='text/html':
            content = msg.get_payload(decode=True)
            charset = guess_charset(msg)
            if charset:
                content = content.decode(charset)
            print('%sText: %s' % ('  ' * indent, content + '...'))
        else:
            print('%sAttachment: %s' % ('  ' * indent, content_type))
```

　　邮件的 Subject 或 Email 中包含的名字都是经过编码后的字符串，要正常显示，就必须进行解码：

```
def decode_str(s):
    value, charset = decode_header(s)[0]
    if charset:
        value = value.decode(charset)
    return value
```

　　decode_header()返回一个列表，因为像 Cc、Bcc 这样的字段可能包含多个邮件地址，所以解析出来的元素会有多个。上面的代码只取了第一个元素。

　　文本邮件的内容也是字符串，还需要检测编码，否则非 utf-8 编码的邮件将无法正常显示：

```
def guess_charset(msg):
    charset = msg.get_charset()
    if charset is None:
        content_type = msg.get('Content-Type', '').lower()
        pos = content_type.find('charset=')
```

```
            if pos >= 0:
                  charset = content_type[pos + 8:].strip()
      return charset
```

把上面的代码整理好，就可以试着收取一封邮件。首先往自己的邮箱发一封邮件，然后用浏览器登录邮箱，看看邮件收到没有，如果收到了，就用 Python 程序把它收到本地。

运行程序，结果如下：

```
+OK Welcome to coremail Mail POP3 Server (163coms[...])
Messages: 126. Size: 27228317

From: Test <xxxxxx@qq.com>
To: Python 爱好者<xxxxxx@163.com>
Subject: 用 POP3 收取邮件
part 0
-------------------
   part 0
   -------------------
      Text: Python 可以使用 POP3 收取邮件……
   part 1
   -------------------
      Text: Python 可以<a href="...">使用 POP3</a>收取邮件……
part 1
-------------------
   Attachment: application/octet-stream
```

从输出结果可以看出，这封邮件是一个 MIMEMultipart，它包含两部分：第一部分是一个 MIMEMultipart，第二部分是一个附件。内嵌的 MIMEMultipart 是 alternative 类型，里面分别包含纯文本格式和 HTML 格式的 MIMEText。

这里小结一下，用 Python 的 poplib 模块收取邮件分两步：第一步是用 POP3 协议把邮件获取到本地，第二步是用 email 模块把原始邮件解析为 Message 对象。最后，用适当的形式把邮件内容展示给用户即可。

13.5 套接字编程

到目前为止，已经介绍了与一种 Internet 应用程序(E-mail)相关的协议和文件格式。E-mail 当然是一种通用且有用的应用程序，但是 E-mail 相关的协议只是在 Internet 协议上实现的众多协议中的极少数几个。Python 通过提供包装库使得使用 E-mail 相关的协议变得容易，但是 Python 并没有为每个网络协议提供一个库。对于为 Internet 应用程序创建的新协议，肯定没有对应的库。

为了编写自己的协议，或者实现与 imaplib 或 poplib 相似的 Python 库，需要向下走一层，并且学习基于 IP 协议的编程接口的工作方式。幸好编写这样的代码并不困难：利用 smtplib、poplib 和其他一些模块可以较为容易地实现。秘诀在于套接字库，它使得读写网络接口就如同读写磁盘上的文件一样。

13.5.1　TCP 编程

Socket(套接字)是网络编程中的一个抽象概念。通常我们用 Socket 表示"打开了一个网络连接",而打开 Socket 需要知道目标计算机的 IP 地址和端口号,再指定协议类型即可。

1. 客户端编程

大多数连接都是可靠的 TCP 连接。创建 TCP 连接时,主动发起连接的叫客户端,被动响应连接的叫服务器。

举个例子,当在浏览器中访问新浪网时,浏览器就是客户端,浏览器会主动向新浪网的服务器发起连接。如果一切顺利,新浪网的服务器接受连接,一个 TCP 连接就会建立起来,后面的通信就是发送网页内容了。

所以,要创建基于 TCP 连接的 Socket,可以这样做:

```
# 导入 socket 库
import socket

# 创建一个 Socket
s = socket.socket(socket.AF_INET, socket.SOCK_STREAM)
# 建立连接
s.connect(('www.sina.com.cn', 80))
```

创建 Socket 时,AF_INET 指定使用 IPv4 协议,如果要用更先进的 IPv6 协议,就指定为 AF_INET6。SOCK_STREAM 指定使用面向流的 TCP 协议,这样,Socket 对象就创建成功了,但是还没有建立连接。

客户端要主动发起 TCP 连接,必须知道服务器的 IP 地址和端口号。新浪网的 IP 地址可以用域名 www.sina.com.cn 自动转换得到,但是怎么知道服务器的端口号呢?

答案是作为服务器,提供什么样的服务,端口号就必须固定下来。由于想要访问网页,因此提供网页服务的服务器必须把端口号固定为 80 端口,因为 80 端口是 Web 服务的标准端口。其他服务都有对应的标准端口号,例如 SMTP 服务是 25 端口,FTP 服务是 21 端口,等等。端口号小于 1024 的是 Internet 标准服务的端口,端口号大于 1024 的可以任意使用。

因此,连接服务器的代码如下:

```
s.connect(('www.sina.com.cn', 80))
```

注意参数是一个元组,包含地址和端口号。

建立 TCP 连接后,就可以向服务器发送请求,要求返回首页的内容了:

```
# 发送数据
s.send(b'GET / HTTP/1.1\r\nHost: www.sina.com.cn\r\nConnection: close\r\n\r\n')
```

TCP 连接创建的是双向通道,双方都可以同时给对方发数据。但是谁先发谁后发,怎么协调,要根据具体的协议来决定。例如,HTTP 协议规定客户端必须先发请求给服务器,服务器收到后才发数据给客户端。

发送的文本格式必须符合 HTTP 标准，如果格式没问题，接下来就可以接收服务器返回的数据了：

```
# 接收数据
buffer = []
while True:
    # 每次最多接收 1KB
    d = s.recv(1024)
    if d:
        buffer.append(d)
    else:
        break
data = b''.join(buffer)
```

接收数据时，调用 recv(max)方法，一次最多接收指定的字节数。因此，在一个 while 循环中反复接收，直到 recv()返回空数据，表示接收完毕，退出循环。

接收完数据后，调用 close()方法以关闭 Socket，这样，一次完整的网络通信就结束了：

```
# 关闭连接
s.close()
```

接收到的数据包括 HTTP 头和网页本身，只需要把 HTTP 头和网页分离一下，把 HTTP 头打印出来，将网页内容保存到文件中：

```
header, html = data.split(b'\r\n\r\n', 1)
print(header.decode('utf-8'))
# 把接收的数据写入文件
with open('sina.html', 'wb') as f:
    f.write(html)
```

现在，只需要在浏览器中打开 sina.html 文件，就可以看到新浪网的首页了。

2. 服务器编程

和客户端编程相比，服务器编程就要复杂一些。服务器进程首先要绑定一个端口并监听来自其他客户端的连接。如果某个客户端连接过来了，服务器就与该客户端建立 Socket 连接，随后的通信就靠这个 Socket 连接了。

所以，服务器会打开固定端口(比如端口 80)，监听传过来的每一个客户端连接，建立起 Socket 连接。由于服务器会有大量来自客户端的连接，因此服务器需要能够区分一个 Socket 连接是和哪个客户端绑定的。可通过服务器地址、服务器端口、客户端地址、客户端端口来唯一确定一个 Socket。

但是服务器还需要同时响应多个客户端的请求，所以，每个连接都需要有新的进程或线程来处理，否则，服务器一次就只能服务一个客户端了。

下面编写一个简单的服务器程序，它接收客户端连接，把客户端发过来的字符串加上 Hello

后发回去。

首先，创建一个基于 IPv4 和 TCP 协议的 Socket：

```
s = socket.socket(socket.AF_INET, socket.SOCK_STREAM)
```

然后，要绑定监听的地址和端口。服务器可能有多块网卡，可以绑定到某块网卡的 IP 地址，也可以用 0.0.0.0 绑定到所有的网络地址，还可以用 127.0.0.1 绑定到本机地址。127.0.0.1 是一个特殊的 IP 地址，表示本机地址，如果绑定到这个地址，客户端就必须同时在本机运行才能连接，也就是说，外部的计算机无法连接进来。

端口号需要预先指定。因为这个服务不是标准服务，所以使用 9999 这个端口号。请注意，小于 1024 的端口号必须有管理员权限才能绑定：

```
# 监听端口
s.bind(('127.0.0.1', 9999))
```

紧接着调用 listen()方法，开始监听端口，传入的参数指定了等待连接的最大数量：

```
s.listen(5)
print('Waiting for connection...')
```

接下来，服务器通过一个永久循环来接收来自客户端的连接，accept()会等待并返回一个客户端的连接：

```
while True:
    # 接收一个新连接
    sock, addr = s.accept()
    # 创建新线程来处理 TCP 连接
    t = threading.Thread(target=tcplink, args=(sock, addr))
    t.start()
```

每个连接都必须创建新线程(或进程)来处理，否则，单线程在处理连接的过程中，无法接收其他客户端的连接：

```
def tcplink(sock, addr):
    print('Accept new connection from %s:%s...' % addr)
    sock.send(b'Welcome!')
    while True:
        data = sock.recv(1024)
        time.sleep(1)
        if not data or data.decode('utf-8') == 'exit':
            break
        sock.send(('Hello, %s!' % data.decode('utf-8')).encode('utf-8'))
    sock.close()
    print('Connection from %s:%s closed.' % addr)
```

连接建立后，服务器首先发一条欢迎消息，然后等待客户端数据，并加上 Hello 后发送给客户端。如果客户端发送了 exit 字符串，就直接关闭连接。

要测试这个服务器程序，还需要编写如下客户端程序：

```
s = socket.socket(socket.AF_INET, socket.SOCK_STREAM)
# 建立连接
s.connect(('127.0.0.1', 9999))
# 接收欢迎消息
print(s.recv(1024).decode('utf-8'))
for data in [b'Michael', b'Tracy', b'Sarah']:
    # 发送数据
    s.send(data)
    print(s.recv(1024).decode('utf-8'))
s.send(b'exit')
s.close()
```

需要打开两个命令行窗口，一个运行服务器程序，另一个运行客户端程序，就可以看到效果了，如图 13-5 所示。

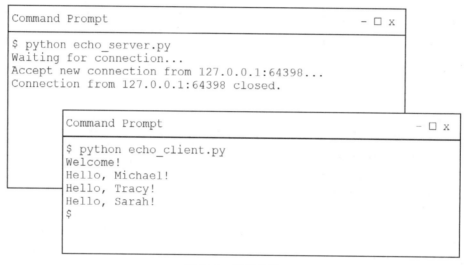

图 13-5 运行效果

需要注意的是，客户端程序运行完毕就退出了，而服务器程序会永远运行下去，必须按 Ctrl+C 组合键才能退出程序。

这里小结一下，用 TCP 协议进行 Socket 编程在 Python 中十分简单，对于客户端，要主动连接服务器的 IP 地址和指定端口；对于服务器，首先要监听指定的端口，然后，对每一个新的连接，创建线程或进程来处理。通常，服务器程序会无限运行下去。

同一个端口，被一个 Socket 绑定以后，就不能被别的 Socket 绑定了。

13.5.2　UDP 编程

TCP 用于建立可靠连接，并且通信双方都可以以流的形式发送数据。相对 TCP，UDP 则是面向无连接的协议。

使用 UDP 协议时，不需要建立连接，只需要知道对方的 IP 地址和端口号，就可以直接发数据包。但是，能不能到达就不知道了。

虽然用 UDP 传输数据不可靠，但优点是，速度比 TCP 快，对于不要求可靠到达的数据，就可以使用 UDP 协议。

下面来看看如何通过 UDP 协议传输数据。和 TCP 类似，使用 UDP 的通信双方也分为客户端和服务器。服务器首先需要绑定端口：

```python
s = socket.socket(socket.AF_INET, socket.SOCK_DGRAM)
# 绑定端口
s.bind(('127.0.0.1', 9999))
```

创建 Socket 时，SOCK_DGRAM 指定了 Socket 的类型是 UDP。绑定端口时和 TCP 一样，但是不需要调用 listen()方法，而是直接接收来自任何客户端的数据：

```python
print('Bind UDP on 9999...')
while True:
    # 接收数据
    data, addr = s.recvfrom(1024)
    print('Received from %s:%s.' % addr)
    s.sendto(b'Hello, %s!' % data, addr)
```

recvfrom()方法返回数据和客户端的 IP 地址与端口，这样，服务器收到数据后，直接调用 sendto()就可以把数据用 UDP 发给客户端。

注意这里省掉了多线程，因为这个例子很简单。

客户端使用 UDP 时，首先仍然创建基于 UDP 的 Socket，然后，不需要调用 connect()，直接通过 sendto()给服务器发数据：

```python
s = socket.socket(socket.AF_INET, socket.SOCK_DGRAM)
for data in [b'Michael', b'Tracy', b'Sarah']:
    # 发送数据
    s.sendto(data, ('127.0.0.1', 9999))
    # 接收数据
    print(s.recv(1024).decode('utf-8'))
s.close()
```

从服务器接收数据时仍然调用 recv()方法。

我们仍然用两个命令行分别进行服务器和客户端测试，结果如下：

```
#服务器
c:\Users\Landy\Desktop\projects>python udp_server.py
Bind UDP on 9999…
Received from 127.0.0.1:63823…
Received from 127.0.0.1:63823…
Received from 127.0.0.1:63823…
#客户端
C:\Users\Landy\Desktop\projects>python udp_client.py
Welcome!
```

Hello,Michael!
Hello,Tracy!
Hello,Sarah!

UDP 的使用与 TCP 类似，但是不需要建立连接。此外，服务器绑定的 UDP 端口和 TCP 端口互不冲突，也就是说，UDP 的 9999 端口与 TCP 的 9999 端口可以各自绑定。

13.6 本章小结

Python 提供了可以使用现有的基于 TCP/IP 的协议的高层工具，使得编写自定义客户端变得容易，另外还打包了可以帮助设计自己的网络应用程序的工具。不论是希望从脚本发送邮件，还是想实现 Internet 的下一个关键应用程序，Python 都可以满足任何需要。本章首先介绍了网络编程的基础知识和 TCP/IP 协议，然后介绍了如何发送和接收邮件，最后介绍的是套接字编程。通过本章的学习，大家应能了解网络通信的基本原理，知道如何使用 Python 语言来实现网络编程、收发邮件和套接字编程。

13.7 思考和练习

1. 简单描述 TCP/IP 协议体系？分别介绍五层协议中每一层的功能。
2. 基于 TCP 协议通信，为何建立连接需要三次握手，而断开连接却需要四次握手？
3. 为何基于 TCP 协议的通信比基于 UDP 协议的通信更可靠？
4. 流式协议指的是什么协议，数据报协议指的是什么协议？
5. 什么是 Socket？简述基于 TCP 协议的套接字通信流程。
6. 基于 HTTP 开发一个程序，可以访问百度首页，并将访问内容下载保存。
7. 编写收发邮件的客户端。
8. 基于 Socket 开发一个聊天程序，实现两端互相发送和接收消息。

第 14 章

Django与投票管理系统

本章将基于 Django 框架创建一个投票管理系统。

Web 应用开发是目前的主流开发方向之一。Web 应用要运行起来，需要很多技术的支撑，但开发人员不能都一一编写代码，最好的方式是找一个成熟的 Web 框架，然后基于 Web 框架进行开发。

几乎每一种开发语言都有至少一种(经常有好几种)Web 框架，Python 也不例外。Django 就是基于 Python 构建的标准 Web 框架，很多 Python 开发人员通过 Django 来快速开发 Web 应用。

阅读本章之前，你需要了解一些 Web 开发的基本知识，以及 Web 管理系统如何开发，这样可以更好地理解本章的内容。通过本章的学习，大家应能够使用 Django 框架开发 Web 应用。

本章的学习目标：

- 了解 Web 框架的功能以及使用理由；
- 熟悉 Django 框架的安装操作；
- 掌握使用 Django 框架创建项目和创建投票应用的方法，并熟悉生成的目录；
- 掌握为投票管理系统配置数据库连接的方法；
- 掌握为投票管理系统创建模型、视图的方法；
- 掌握为投票管理系统配置 URL、使用模板的方法；
- 掌握 Django 框架中静态资源的管理方式。
- 了解 Web 应用的打包和发布。

14.1 Web 框架的功能

14.1.1 Web 框架的基础功能

前面简单提到了"Web 框架"这个词，但是没有解释这个词到底是什么意思。要想完全理解什么是 Web 框架，以及为什么要使用 Web 框架，就必须理解几乎所有 Web 应用和使用数据库的 Web 站点的核心基础。

首先是数据库连接。这是几乎所有 Web 应用的关键部分。数据库包含很多甚至多到无法想象的记录。诸如用户名、用户权限、设置、评论和个人资料等许多的信息都存储在数据库中。Django 支持好几种数据库，有些需要使用 SQL，而另一些不需要。

然后是管理面板。通过管理面板，管理员和其他人可以使用存储在数据库中的所有数据。例如，如果需要将用户的权限从注册用户提升到超级管理员，就需要使用管理面板。

最后是留言。尽管看上去大量无用的用户留言正在侵蚀 Web 站点的领地，但是留言功能仍然是任何设计良好的 Web 站点的重要功能。留言功能使用户觉得他们是社区的一部分，而不是自说自话。

这类 Web 站点的另一项重要功能是用户身份验证。这种功能控制用户登录的方式，确保登录安全，并决定用户对 Web 站点拥有的权限等。

这些只是设计良好的 Web 应用的一小部分功能而已。可以看出，设计 Web 应用需要考虑很多方面，而且需要做很多编程工作。而且，事实上这些工作并没有什么意思。我们甚至还没有开始考虑用户界面和设计的问题，而它们才应该是设计 Web 站点时需要主要关注的方面。

在没有框架的时候，程序员必须手工编写上面列出的所有功能和其他功能的代码，这会耗费大量时间，从而增加产品的成本。幸运的是，框架可以帮我们完成那些无聊的工作。使用 Django 时，以上那些功能，甚至更多的功能，都可以迅速实现。

14.1.2　Web 框架的其他通用功能

除了 14.1.1 节列出的功能之外，Web 框架还需要提供以下通用功能。

- URL 映射和一些框架(特别是 Django)可以解释 URL，这样 URL 将对用户更加友好且直观，更重要的是，方便搜索引擎进行索引。例如，有一个 URL 为/mypage.cgi?cat=comic&topic=superman。URL 映射功能可以将这个 URL 转换为更简单的地址，如/mypage/comic/superman。如果 Web 站点的访问者还想访问这个页面，他们更有可能记住这个 URL，而且搜索引擎也能更好地理解 Web 站点的底层结构。

- Web 缓存——Web 缓存指的是保存文档副本的过程。当重新访问一个页面的时候，如果满足某种条件，这个页面可以直接从内存中加载，而不用请求新页面。因此，Web 缓存可以提高页面加载的速度，提高 Web 站点的整体可用性。

- 模板——通过模板可以使整个 Web 站点的风格统一，还能达到其他很多目的。首先，Web 站点看上去很专业。其次，可以确保用户不会感到疑惑，误认为他们已经离开 Web 站点。最后，模板可以创造出良好的体验，这样 Web 站点的每一部分行为都符合预期。例如，如果在一个页面上单击"打印"按钮可以打印文档，那么在其他所有页面上单击"打印"按钮都应该有一致的功能，而且"打印"按钮应该在同一个位置。模板更重要的功能是可以减少 Web 站点内页面的数目。通过使用"平页面"(flat page)，站点可以访问数据库并获取特定数据，将这些数据显示在页面上。假设 Web 站点的功能是列出作者的简历，而这个 Web 站点可以列出 10 000 个作者的简历。如果采用老办法，可能必须编写 10 000 个页面，而每一个作者一个页面。而使用模板功能，只要创建一个平页面即可，这个平页面可以读取数据库，并且填入每个作者的信息。因此，实质上只有一个页面，但是这个页面可以动态变化为很多页面。

对 Web 框架及其功能的完整介绍超出了本书的讨论范围，但是有了上面的介绍，你应该已经理解 Web 框架能够实现多种可能性。

14.2　**Django 框架的安装**

Python 有许多款不同的 Web 框架。Django 是重量级选手中最有代表性的一位。Django 遵守 BSD 版权，初次发布于 2005 年 7 月，并于 2008 年 9 月发布了第一个正式版本 1.0。

14.2.1　Django 框架的特点

Django 是用 Python 开发的一个免费、开源的 Web 框架，可以用于快速搭建高性能、优雅的网站。

Django 具有如下特点。

- 强大的数据库功能：拥有强大的数据库操作接口(QuerySet API)，也能执行原生 SQL。
- 自带强大后台：拥有强大的后台，可轻松管理内容。
- 优雅的网址：用正则匹配网址，传递到对应函数，随意定义。
- 模板系统：易扩展的模板系统，设计简易，代码、样式分开设计，更容易管理。
- 缓存系统：与 Memcached、Redis 等缓存系统联用，具有更出色的表现、更快的加载速度。
- 国际化：完全支持多国语言应用，允许定义翻译的字符，从而轻松翻译成不同国家的语言。

14.2.2　Django 框架的版本

截至目前，Django 的最新版本为 2.0。Django 框架用 Python 语言编写，不同的 Django 版本对应不同版本的 Python 语言，如表 14-1 所示。

表 14-1　Django 版本与对应的 Python 版本

Django 版本	Python 版本
1.8	2.7、3.2、3.3、3.4、3.5
1.9、1.10	2.7、3.4、3.5
1.11	2.7、3.4、3.5、3.6
2.0	3.5+

许多成功的网站和 APP 都基于 Django。Django 最初被设计用于具有快速开发需求的新闻类站点，目的是实现简单、快捷的网站开发。Django 采用 MVC 软件设计模式，M 代表模型，V 代表视图、C 代表控制器。

14.2.3　在 Windows 下安装 Django

首先安装 Python，由于前面已经安装了 Python，这里不再赘述。

接着安装 Django。下载 Django 压缩包，解压并和 Python 安装目录放在同一个根目录下，进入 Django 目录，执行 python setup.py install，然后开始安装，Django 将被安装到 Python 的 Lib/site-packages 下。

也可以在命令提示符窗口中运行 pip install django 命令，如图 14-1 所示，安装最新的 Django

版本。截至本书写作时，Django 的最新版本为 2.1.5。

如果要安装指定版本的 Django，如 1.11 版本，安装命令如下：

pip install django==1.11

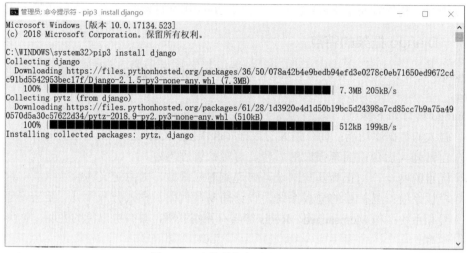

图 14-1　安装最新版本的 Django

最后配置环境变量，将以下几个目录添加到系统环境变量中，如图 14-2 所示。

C:\Program Files\Python37\Lib\site-packages\django
C:\Program Files\Python37\Scripts

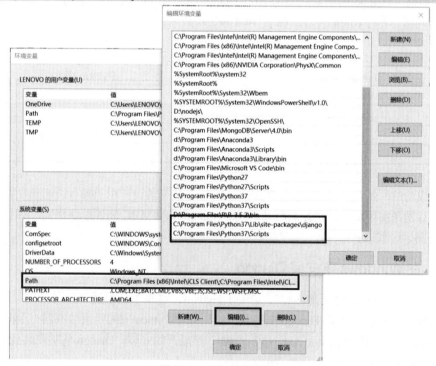

图 14-2　添加环境变量

添加完毕后，就可以使用 Django 的 django-admin.py 命令新建工程了。

下面检查 Django 是否安装成功。输入以下命令进行检查，如图 14-3 所示。

```
>>> import django
>>> django.get_version()
```

```
管理员: 命令提示符 - python3                                    —    □    ×

C:\WINDOWS\system32>python
'python' 不是内部或外部命令，也不是可运行的程序
或批处理文件。

C:\WINDOWS\system32>python3
  Python 3.7.1 (v3.7.1:260ec2c36a, Oct 20 2018, 14:57:15) [MSC v.1915 64 bit (AMD64)] on win32
Type "help", "copyright", "credits" or "license" for more information.
>>> import django
>>> django.get_version()
'2.1.5'
>>>
```

图 14-3　测试 Django 是否安装成功

如果输出 Django 的版本号，就说明安装正确。

14.3　使用 Django 框架

正确安装 Django 框架后，就可以开始使用 Django 框架了。

14.3.1　创建 pyqi 项目

使用 Django 框架创建的项目，可以看作专有名词，因为后面还有与之有关的名词——应用。所谓项目，可以理解为网站；而应用则是具有相对独立功能的频道、模块或子系统。

项目和应用有啥区别？应用是专门做某件事的网络应用程序，比如博客系统、公共记录的数据库或是简单的投票程序。项目则是网站使用的配置和应用的集合。项目可以包含多个应用。应用可以被多个项目使用。

新建 Django 项目的语法格式如下：

```
django-admin startproject 项目名称
```

例如，以下命令在当前目录下创建了项目 pyqi：

```
django-admin startproject pyqi
```

使用 tree 命令查看生成的目录树结果：

```
C:\Users\Landy\Desktop>tree pyqi /F
卷 BOOTCAMP 的文件夹 PATH 列表
卷序列号为 7416-BA3E
C:\USERS\LANDY\DESKTOP\PYQI
│   manage.py
```

```
|
└──pyqi
        settings.py
        urls.py
        wsgi.py
        __init__.py
```

以上是创建项目的一种方法。pyqi 子目录的内容，就是所创建项目的内容。

可以把刚才创建的项目删除，即删除/pyqi/pyqi 目录，然后尝试另外一种创建项目的方法，请注意观察两种方法的命令形式和结果。创建项目的第二种方法如下：

```
C:\Users\Landy\Desktop\pyqi>django-admin startproject pyqi .
```

这次在项目名称 pyqi 的后面有一个空格，然后还有一个句号(英文半角句号)，如此也可以创建项目。创建之后，仔细观察目录结构，如下所示：

```
|    manage.py
|
└──pyqi
        settings.py
        urls.py
        wsgi.py
        __init__.py
```

至此，已经创建了一个项目，也意味着已经有网站的基本框架了。执行以下操作：

```
python manage.py runserver
```

在本书中，为了明确说明目录或文件的位置，以 "./" 表示项目的根目录，比如上面指令中的 manage.py 文件，在项目中的位置就是./manage.py；在子目录 pyqi 中看到的 urls.py 文件，则用路径./pyqi/urls.py 表示。

执行上述指令后，如果一切正常，最终将会看到下面的提示信息：

```
Starting development server at http://127.0.0.1:8000/
Quit the server with Ctrl+C
```

提示信息的第一行说明已经启动了一个服务，可以通过 http:// 127.0.0.1:8000/访问；提示信息的第二行说明了结束当前服务的方法——按 Ctrl+C 组合键。

打开浏览器，在地址栏中输入 http://127.0.0.1:8000/或 http://localhost:8000/，就会看到如图 14-4 所示的结果。

网站的成长方式就是不断增加功能。在 Django 中，人们将完成某个或多个功能的集合称为"应用"，所以功能比较多的网站常常是由多个"应用"组成的，后面可以把注意力集中于"应用"上。

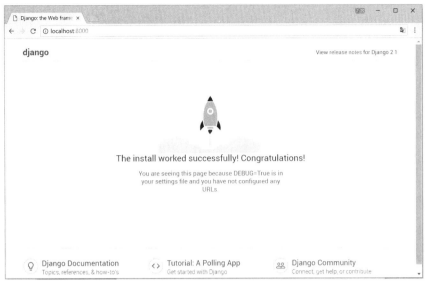

图 14-4　运行中的网站

14.3.2　创建投票应用 polls

项目已经创建好，网站也有了，接下来实现网站的具体功能。在 Django 中，人们把这些具体的功能称为"应用"。

进入刚才创建好的项目目录，即 manage.py 文件所在的目录，然后执行下面的代码：

```
python manage.py startapp polls
```

或者执行：

```
django-admin.py startapp polls
```

从上述代码中可以看出，执行上面的语句之后，目录中多了子目录 polls。如果看看这时候的目录结构，就会看到 polls 子目录里面已经有默认的文件和目录了，如下所示：

```
|
└──pyqi
    |    settings.py
    |    urls.py
    |    wsgi.py
    |    __init__.py
    |
    └── __pycache__
            settings.cpython-37.pyc
            urls.cpython-37.pyc
            wsgi.cpython-37.pyc
            __init__.cpython-37.pyc
```

polls 就是项目 pyqi 中新建的一个应用。当新的应用创建后，Django 就会自动在这个应用中增加一些文件。

以上已经是相对完善的网站结构，下面依次对各个部分进行简要说明。

14.3.3 项目的目录结构

创建项目之后，项目的目录结构中各个文件的作用如下。

- manage.py：一个命令行实用程序，可让你以各种方式与 Django 项目进行交互。
- pyqi：项目的实际 Python 包，是需要用来导入任何内容的 Python 包名。
- __init__.py：一个空文件，告诉 Python 这个目录应该被视为一个 Python 包。
- settings.py：里面 Django 项目的设置与配置，Django 设置会告诉开发人员有关设置如何工作的所有信息。
- urls.py：这是 Django 项目的 URL 声明。
- wsqi.py：WSGI 兼容的 Web 服务器为项目提供服务的入口点。

14.3.4 初步配置视图和 urls

下面开始编写第一个视图。打开 polls/views.py，输入以下代码：

```
from django.http import HttpResponse

def index(request):
    return HttpResponse("Hello, world. You're at the polls index.")
```

这是 Django 中最简单的视图。如果想看效果，需要将一个 URL 映射到它——这就是需要 URLconf 的原因。为了创建 URLconf，需要在 polls 目录里新建 urls.py 文件(polls/urls.py)，输入如下代码：

```
from django.urls import path
from . import views

urlpatterns = [
    path('', views.index, name='index'),
```

```
]
```

接下来要在根 URLconf 文件中指定创建的 polls.urls 模块。在 pyqi/urls.py 文件的 urlpatterns 列表里插入 include()，代码如下：

```
from django.contrib import admin
from django.urls import include, path

urlpatterns = [
    path('polls/', include('polls.urls')),
    path('admin/', admin.site.urls),
]
```

include()允许引用其他 URLconf。每当 Django 遇到 include()时，就会截断与此项匹配的 URL 部分，并将剩余的字符串发送到 URLconf 以做进一步处理。

设计 include()的理念是希望可以即插即用，因为投票应用有自己的 URLconf(polls/urls.py)，可以放在/polls/、/fun_polls/、/content/polls/或其他任何路径下，应用都能够正常工作。

注意：

何时使用 include()？当包括其他 URL 模式时，应该总是使用 include()，admin.site.urls 例外。

把 index 视图添加到 URLconf，运行下面的命令以验证是否正常工作：

```
python manage.py runserver
```

用浏览器访问 http://localhost:8000/polls/，应该能够看见 "Hello,world. You're at the polls index."，这是在 index 视图中定义的。

函数 path()有四个参数，两个必需参数 route 和 view，以及两个可选参数 kwargs 和 name。

- route：用于匹配 URL 的准则(类似正则表达式)。当 Django 响应一个请求时，它会从 urlpatterns 的第一项开始，按顺序依次匹配列表中的项，直到找到匹配的项。这些准则不会匹配 GET 和 POST 参数或域名。例如，URLconf 在处理请求 https://www.example.com/myapp/ 时，会尝试匹配 myapp/；处理请求 https://www.example.com/myapp/?page=3 时，也只会尝试匹配 myapp/。
- view：当 Django 找到匹配的准则时，就会调用这个特定的视图函数，并传入一个 HttpRequest 对象作为第一个参数，被"捕获"的参数以关键字参数的形式传入。
- kwargs：可以将任意个关键字参数作为一个字典传递给目标视图函数。
- name：为 URL 取名，能在 Django 的任意地方唯一地引用，尤其是在模板中。这个有用的特性允许只改一个文件就能全局地修改某个 URL 模式。

14.4　为 pyqi 项目创建数据库

要在网站开发中存储信息，数据库操作必不可少。本节将建立数据库，创建第一个模型，并使用 Django 提供的自动生成的管理页面。

14.4.1 为 pyqi 项目配置数据库

打开 pyqi/settings.py 配置文件，里面包含 Django 项目设置的 Python 模块，使用 SQLite 作为默认数据库。如果不熟悉数据库，或者只是想尝试 Django，这是最简单的选择。Python 内置了 SQLite，所以无须安装额外东西即可使用。当开始一个真正的项目时，开发人员可能更倾向使用一个更具扩展性的数据库，例如 PostgreSQL，以避免中途切换数据库这个令人头疼的问题。这种情况需要安装合适的数据库绑定，然后改变设置文件中 DATABASES 'default'项目中的一些键值，例如 ENGINE 和 NAME。

- ENGINE：可选值，可取值包括 django.db.backends.sqlite3、django.db.backends.postgresql、django.db.backends.mysql、django.db.backends.oracle 等。
- NAME：数据库的名称。如果使用的是 SQLite，数据库将是本地计算机上的一个文件，NAME 应该是这个文件的绝对路径，包括文件名。默认值 os.path.join(BASE_DIR,'db.sqlite3')将会把数据库文件存储在项目的根目录下。

如果不使用 SQLite，则必须添加一些额外设置，比如 USER、PASSWORD、HOST 等。

如果使用的是其他数据库，需要在使用前创建好数据库。可以通过在数据库的交互式命令行中使用 CREATE DATABASE database_name 命令来创建数据库。

另外，还要确保数据库用户中提供 pyqi/settings.py 的具有 CREATE DATABASE 权限。这使得自动创建的测试数据库能被以后的教程使用。

如果使用 SQLite，那么不需要在使用前做任何事——数据库会在需要的时候自动创建。

编辑 pyqi/settings.py 文件前，先设置时区 TIME_ZONE。

此外，关注一下文件头部的 INSTALLED_APPS 设置项，这里包括项目中启用的所有 Django 应用。应用能在多个项目中使用，也可以打包并发布，让别人使用。

通常，INSTALLED_APPS 默认包括 Django 自带的以下应用。

- django.contrib.admin：管理员站点。
- django.contrib.auth：认证授权系统。
- django.contrib.contenttypes：内容类型框架。
- django.contrib.sessions：会话框架。
- django.contrib.messages：消息框架。
- django.contrib.staticfiles：管理静态文件的框架。

这些应用被默认启用是为了给常规项目提供方便。

默认启用的某些应用需要至少一个数据表，所以，在使用它们之前需要在数据库中创建一些表。请执行以下命令：

```
python manage.py makemigrations
python manage.py migrate
```

第一条命令生成迁移文件；第二条命令检查 INSTALLED_APPS 设置，为其中的每个应用创建需要的数据表，至于具体会创建什么，取决于 pyqi/settings.py 设置文件和每个应用的数据库迁移文件(我们稍后会介绍)。第一个命令执行的每个迁移操作都会在终端显示出来。

注意:

就像之前说的,为了方便大多数项目,Django 默认激活了一些应用,但并不是任何情况下都需要它们。如果不需要某个或某些应用,可以在运行 migrate 命令前毫无顾虑地在 INSTALLED_APPS 中注释或删除它们。migrate 命令只会为 INSTALLED_APPS 中声明的应用进行数据库迁移。

14.4.2　为 polls 应用创建模型

在 Django 里写数据库驱动的 Web 应用的第一步是定义模型,也就是数据库结构设计和附加的其他元数据。

模型是真实数据的简单、明确的描述,包含为存储数据所需要的字段和行为。目标是只需要定义数据模型,然后自动从模型生成数据表。Django 的迁移代码是由模型文件自动生成的,本质上只是历史记录,Django 可以用来进行数据库的滚动更新,通过这种方式使得能够和当前的模型匹配。

使用 python manage.py startapp polls 创建投票应用。在投票应用中创建两个模型:Question 和 Choice。其中,Question 模型包括问题描述(question_text)和发布时间(pub_date)。Choice 模型包含选项描述(choice_text)和当前得票数(votes)。

打开 polls/models.py 文件,输入以下代码,创建 Question 和 Choice 模型:

```
polls/models.py
from django.db import models

class Question(models.Model):
    question_text = models.CharField(max_length=200)
    pub_date = models.DateTimeField('date published')

class Choice(models.Model):
    question = models.ForeignKey(Question, on_delete=models.CASCADE)
    choice_text = models.CharField(max_length=200)
    votes = models.IntegerField(default=0)
```

以上代码中,定义模型时,每个模型继承于 django.db.models.Model,其中有一些类变量,它们都表示模型里的数据库字段。

每个字段都是 Field 类的实例。比如,字符字段被表示为 CharField,日期时间字段被表示为 DateTimeField。这将告诉 Django 每个字段要处理的数据类型。

每个 Field 实例变量的名字(例如,question_text 或 pub_date)也是字段名,所以最好使用友好的格式。开发人员将会在 Python 代码里使用它们,而数据库会将它们作为列名。

可以使用可选的选项来为 Field 实例变量定义人类可读的名字。如果某个字段没有提供名字,Django 将会使用对机器友好的名字,也就是变量名。上面的例子只为 Question.pub_date 定义了对人类友好的名字。对于其他字段,机器友好名也会被作为人类友好名使用。

定义某些 Field 实例需要参数。例如 CharField 需要 max_length 参数,这个参数不仅用来定义数据库结构,也用于验证数据,稍后将会看到这方面的内容。

Field 实例也能够接收多个可选参数；在上面的例子中，将 votes 的 default(也就是默认值)设为 0。

注意，上面的代码使用 ForeignKey 定义了一个关系。这将告诉 Django，将每个 Choice 对象都关联到一 Question 对象。Django 支持所有常用的数据库关系：多对一、多对多和一对一。

14.4.3 为 polls 应用激活模型

前面创建模型的代码给了 Django 很多信息，通过这些信息，Django 可以为这个应用创建数据库模式(生成 create table 语句)；创建可以与 Question 和 Choice 对象进行交互的 Python DB API。

创建模型后，得把 polls 应用安装到项目里。在配置文件 settings.py 的 INSTALLED_APPS 中添加设置。因为 PollsConfig 类写在文件 polls/apps.py 中，所以它的点式路径是 polls.apps.PollsConfig。因此，在文件 pyqi/settings.py 中，为 INSTALLED_APPS 子项添加点式路径：

```
pyqi/settings.py
INSTALLED_APPS = [
    'polls.apps.PollsConfig',
    'django.contrib.admin',
    'django.contrib.auth',
    'django.contrib.contenttypes',
    'django.contrib.sessions',
    'django.contrib.messages',
    'django.contrib.staticfiles',
]
```

添加后，项目就将 polls 应用包含进去了。接着运行如下命令：

```
python manage.py makemigrations polls
```

将会有类似于下面的输出：

```
Migrations for 'polls':
  polls\migrations\0001_initial.py
    - Create model Choice
    - Create model Question
    - Add field question to choice
```

然后执行以下命令，更新到数据表中：

```
python manage.py migrate 0001
```

输出如下：

```
Operations to perform:
  Apply all migrations: polls
Running migrations:
  Applying polls.0001_initial... OK
```

通过运行 make migrations 命令，Django 会检测到模型文件发生修改，并且把修改的部分存储为一次迁移。

迁移是 Django 对于模型定义(也就是数据库结构)所发生变化的存储形式，它们其实也只是磁盘上的一些文件。模型的迁移数据被存储在 polls/migrations/0001_initial.py 里。

Django 中自动执行数据库迁移并同步管理数据库结构的命令是 migrate。首先看看迁移命令会执行哪些 SQL 语句。sqlmigrate 命令接收迁移的名称，然后返回对应的 SQL：

```
python manage.py sqlmigrate polls 0001
```

输出结果如下：

```
BEGIN;
--
-- 创建 Choice 模型
--
create table "polls_choice" ("id" integer NOT NULL PRIMARY KEY AUTOINCREMENT, "choice_text"
varchar(200) NOT NULL, "votes" integer NOT NULL);
--
-- 创建 Question 模型
--
create table "polls_question" ("id" integer NOT NULL PRIMARY KEY AUTOINCREMENT, "question_text"
varchar(200) NOT NULL, "pub_date" datetime NOT NULL);
--
-- Add field question to choice
--
alter table "polls_choice" RENAME TO "polls_choice__old";
create table "polls_choice" ("id" integer NOT NULL PRIMARY KEY AUTOINCREMENT, "choice_text"
varchar(200) NOT NULL, "votes" integer NOT NULL, "question_id" integer NOT NULL REFERENCES
"polls_question" ("id") DEFERRABLE INITIALLY DEFERRED);
insert into "polls_choice" ("id", "choice_text", "votes", "question_id") select "id", "choice_text", "votes", NULL
from "polls_choice__old";
drop table "polls_choice__old";
create index "polls_choice_question_id_c5b4b260" on "polls_choice" ("question_id");
commit;
```

此处输出的内容和使用的数据库有关，上面的输出示例使用的是 SQLite。

数据库的表名是由应用名(polls)和模型名的小写形式(question 和 choice)连接而来的。如果需要，可以自定义此行为。当模型没有指定主键时，系统会自动创建。

默认情况下，Django 会在外键字段名后追加字符串"_id"，也可以自定义。外键关系由FOREIGN KEY 生成。

生成的 SQL 语句是为所用的数据库定制的，所以那些和数据库有关的字段类型，比如auto_increment(MySQL)、serial(PostgreSQL)和 integer primary key autoincrement(SQLite)，Django会自动处理。那些和引号相关的事情，例如，是使用单引号还是双引号，也一样会被自动处理。

这个 sqlmigrate 命令并没有真正在数据库中执行迁移，而只是把命令输出到屏幕上，让开发人员看看 Django 认为需要执行哪些 SQL 语句。这在开发人员或 DBA 想看 Django 到底准备做什么时会很有用。可以运行 python manage.py check 命令来检查项目中的问题，在检查过程中不会对数据库进行任何操作。

再次运行 migrate 命令，在数据库里创建新定义的模型的数据表：

```
python manage.py migrate
Operations to perform:
    Apply all migrations: admin, auth, contenttypes, polls, sessions
Running migrations:
    Rendering model states... DONE
    Applying polls.0001_initial... OK
```

migrate 命令选中所有还没有执行过的迁移(Django 通过在数据库中创建特殊的表 django_migrations 来跟踪执行过哪些迁移)并应用到数据库上，也就是将对模型的更改同步到数据库结构上。

迁移是非常强大的功能，可以在开发过程中持续地改变数据库结构而不需要重新删除和创建表，专注于使数据库平滑升级而不会丢失数据。

总结一下，改变模型需要三步：

(1) 编辑 models.py 文件，改变模型。

(2) 运行 python manage.py makemigrations，为模型的改变生成迁移文件。

(3) 运行 python manage.py migrate 来应用数据库迁移。

数据库迁移被分解成生成和应用两个命令，这是为了能够在代码控制系统中提交迁移数据并使之能在多个应用中使用。这不仅会让开发更加简单，也会给别的开发人员和生产环境中的使用带来方便。

14.4.4　测试生成的模型 API

现在进入交互式 Python 命令行，尝试 Django 通过模型创建的各种 API。通过以下命令打开 Python 命令行：

```
python manage.py shell
```

当成功进入命令行后，下面来试试 DB API：

```
>>> from polls.models import Choice, Question   # 导入创建的模型
>>> Question.objects.all()
<QuerySet []>
# 创建问题
>>> from django.utils import timezone
>>> q = Question(question_text="What's new?", pub_date=timezone.now())
# 保存模型对象到数据库
>>> q.save()
# 查看对象 id
>>> q.id
1
# 访问值
```

```
>>> q.question_text
"What's new?"
>>> q.pub_date
datetime.datetime(2012, 2, 26, 13, 0, 0, 775217, tzinfo=<UTC>)
# 修改对象的属性值
>>> q.question_text = "What's up?"
>>> q.save()
# 使用 objects.all()显示所有的问题
>>> Question.objects.all()
<QuerySet [<Question: Question object (1)>]>
```

从输出结果可以看出，<Question: Question object (1)>对于了解这个对象的细节没什么帮助。下面通过编辑 Question 模型的代码(位于 polls/models.py 中)来修复这个问题。给 Question 和 Choice 模型增加__str__()方法。

```
from django.db import models

class Question(models.Model):
    # ...
    def __str__(self):
        return self.question_text

class Choice(models.Model):
    # ...
    def __str__(self):
        return self.choice_text
```

给模型增加__str__()方法是很重要的，这不仅能为在命令行中使用带来方便，Django 自动生成的 admin 里也使用这个方法来表示对象。

注意，这些都是常规的 Python 方法。下面添加自定义方法：

```
polls/models.py
import datetime

from django.db import models
from django.utils import timezone

class Question(models.Model):
    # ...
    def was_published_recently(self):
        return self.pub_date >= timezone.now() - datetime.timedelta(days=1)
```

新加入的 import datetime 和 from django.utils import timezone，分别导入了 Python 的标准模块 datetime 和 Django 中与时区相关的 django.utils.timezone 工具模块。

保存文件，然后通过 python manage.py shell 命令，再次打开 Python 交互式命令行：

```
>>> from polls.models import Choice, Question
```

```
>>> Question.objects.all()
<QuerySet [<Question: What's up?>]>
>>> Question.objects.filter(id=1)
<QuerySet [<Question: What's up?>]>
>>> Question.objects.filter(question_text__startswith='What')
<QuerySet [<Question: What's up?>]>
>>> from django.utils import timezone
>>> current_year = timezone.now().year
>>> Question.objects.get(pub_date__year=current_year)
<Question: What's up?>
# 访问不存在的 id 将报错
>>> Question.objects.get(id=2)
Traceback (most recent call last):
    ...
DoesNotExist: Question matching query does not exist.
# 通过主键访问记录
>>> Question.objects.get(pk=1)
<Question: What's up?>

# 确保我们的自定义方法工作正常
>>> q = Question.objects.get(pk=1)
>>> q.was_published_recently()
True
>>> q = Question.objects.get(pk=1)
>>> q.choice_set.all()
<QuerySet []>
# 创建三个选项
>>> q.choice_set.create(choice_text='Not much', votes=0)
<Choice: Not much>
>>> q.choice_set.create(choice_text='The sky', votes=0)
<Choice: The sky>
>>> c = q.choice_set.create(choice_text='Just hacking again', votes=0)
>>> c.question
<Question: What's up?>
>>> q.choice_set.all()
<QuerySet [<Choice: Not much>, <Choice: The sky>, <Choice: Just hacking again>]>
>>> q.choice_set.count()
3
>>> Choice.objects.filter(question__pub_date__year=current_year)
<QuerySet [<Choice: Not much>, <Choice: The sky>, <Choice: Just hacking again>]>

>>> c = q.choice_set.filter(choice_text__startswith='Just hacking')
>>> c.delete()
```

14.4.5　使用 Django 管理界面

为员工或客户生成用于添加、修改和删除内容的后台是一项缺乏创造性且乏味的工作。因此，Django 全自动地根据模型创建后台界面。

Django 产生于公众页面和内容发布者页面完全分离的新闻类站点的开发过程中。站点管理人员使用管理系统来添加新闻、事件和体育资讯等，添加的这些内容显示在公众页面上。Django 通过为站点管理人员创建统一的内容编辑界面解决了这个问题。

管理界面不是为网站的访问者，而是为管理者准备的。

1. 创建管理员账号

首先，创建能登录管理界面的用户，命令如下：

```
python manage.py createsuperuser
```

输入想要使用的用户名，然后按下回车键：

```
Username: admin
```

然后提示输入想要使用的邮件地址：

```
Email address: admin@example.com
```

最后是输入密码。这里会被要求输入两次密码，输入第二次的目的是确认第一次输入的确实是想要的密码。

```
Password: **********
Password (again): *********
Superuser created successfully.
```

2. 启动服务器

Django 管理界面默认就是启用的。下面启动服务器，看看它到底是什么样的：

```
python manage.py runserver
```

打开浏览器，转到本地域名的"/admin/"目录，比如 http://127.0.0.1:8000/admin/，应该会看见如图 14-5 所示的管理员登录界面。

图 14-5　管理员登录界面

3. 站点管理界面

使用前面创建的超级用户登录管理员界面，单击 Log in 按钮后，将会看到站点管理界面的索引页，如图 14-6 所示。

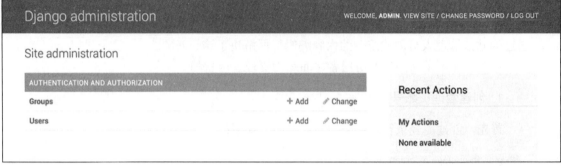

图 14-6　索引页

在这里可以看到几种可编辑的内容：组和用户。它们是由 django.contrib.auth 提供的，这是 Django 开发的认证框架。

4. 向站点管理界面中加入 Question 和 Choice 模型

在索引页中，我们只看到 Django 框架本身自带的用户组 Group 和用户表 Users。那么，可以把创建的模型添加到站点管理界面中进行管理吗？当然可以。

只需要做一件事：告诉站点管理界面，Question 对象需要被管理。打开 polls/admin.py 文件，如下编辑：

```
polls/admin.py
from django.contrib import admin
from .models import Question
admin.site.register(Question)
```

在确保服务开启的情况下，刷新站点管理界面，如图 14-7 所示。

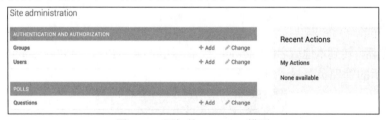

图 14-7　添加的 Question 模型

单击 Questions，将会看到 Question 对象的变化列表。这个界面会显示所有数据库里的 Question 对象，可以对它们进行修改，如图 14-8 所示。

图 14-8　Question 对象

单击"What's up?"即可编辑这个 Question 对象，如图 14-9 所示。

图 14-9　编辑 Question 对象

图 14-9 中的表单是从 Question 模型自动生成的。不同的字段类型(日期时间字段 DateTimeField、字符字段 CharField)会生成对应的 HTML 输入控件。每个类型的字段都知道该如何在管理界面中显示自己。

每个日期时间字段 DateTimeField 都有用 JavaScript 编写的快捷按钮。日期有转到今天 (Today)的快捷按钮和弹出式日历界面。时间有设为现在(Now)的快捷按钮和用于列出常用时间的弹出式列表。

图 14-9 的底部提供了以下几个选项。

- 保存(SAVE)：保存所做的修改，然后返回对象列表。
- 保存并继续编辑(Save and continue editing)：保存所做的修改，然后重新载入当前对象的修改界面。
- 保存并新增(Save and add another)：保存所做的修改，然后添加一个新的空对象并载入修改界面。
- 删除(Delete)：显示确认删除界面。

如果这里显示的"发布日期"(Date published)和前面创建它们的时间不一致，那么意味着可能没有正确设置 TIME_ZONE。改变设置，然后重新载入界面看看是否显示了正确的值。

可通过单击"今天"(Today)和"现在"(Now)按钮改变"发布日期"(Date published)，然后单击"保存并继续编辑"(Save and add another)按钮，接着点击右上角的"历史"(HISTORY)按钮，将看到一个列出了所有通过 Django 管理界面对当前对象进行改变的界面，其中列出了时间戳和进行修改操作的用户名，如图 14-10 所示。

Home › Polls › Questions › What's new?Ah? › History		

Change history: What's new?Ah?

DATE/TIME	USER	ACTION
Feb. 16, 2019, 3:40 p.m.	admin	Changed question_text.

图 14-10　修改历史记录

接着使用同样的方法将 Choice 模型也添加到站点管理界面中。

熟悉了 DB API 之后，下面为投票应用添加更多视图。

14.5　完善投票应用的视图

本节将继续以投票应用 polls 为例，并且专注于如何创建公用界面——又称为"视图"。

Django 中的视图是一类具有相同功能和模板的网页的集合。比如，在博客应用中，可能会创建如下几个视图。

博客首页——展示最近的几项内容。

- 内容"详情"页——详细展示某项内容。
- 以年为单位的归档页——展示选中的年份里各个月份创建的内容。
- 以月为单位的归档页——展示选中的月份里每天创建的内容。
- 以天为单位的归档页——展示选中日子里创建的所有内容。
- 评论处理器——用于响应为一项内容添加评论的操作。

而在投票应用中，需要下列几个视图。

- 问题索引页——展示最近的几个投票问题。
- 问题详情页——展示某个投票问题和不带结果的选项列表。
- 问题结果页——展示某个投票问题的结果。
- 投票处理器——用于响应用户为某个问题的特定选项投票的操作。

在 Django 中，网页和其他内容都从视图派生而来。视图表现为简单的 Python 函数。Django 将会根据用户请求的 URL 来选择使用哪个视图(更准确地说，是根据 URL 中域名之后的部分)。

在上网时，我们经常看到这样的 URL：

ME2/Sites/dirmod.asp?sid=&type=gen&mod=Core+Pages&gid=A6CD4967199A42D9B65B1B

Django 里的 URL 规则要比这优雅很多。URL 模式定义了某种 URL 的基本格式，例如，/newsarchive/<year>/<month>/。

为了将 URL 和视图关联起来，Django 使用 URLconf 来配置。URLconf 将 URL 模式映射到视图。

14.5.1　编写视图

前面编写了一个视图，这里编写查看问题详情视图 detail、结果视图 results 以及投票视图 vote。首先向 polls/views.py 里添加这些视图，这些视图有一些不同，因为它们接收参数。程序如下：

```
def detail(request, question_id):
    return HttpResponse("You're looking at question %s." % question_id)

def results(request, question_id):
    response = "You're looking at the results of question %s."
    return HttpResponse(response % question_id)

def vote(request, question_id):
    return HttpResponse("You're voting on question %s." % question_id)
```

把这些新视图添加到 polls.urls 模块里，只需要添加几个 url()函数调用就行：

```
from django.urls import path

from . import views

urlpatterns = [
    # ex: /polls/
    path('', views.index, name='index'),
    # ex: /polls/5/
    path('<int:question_id>/', views.detail, name='detail'),
    # ex: /polls/5/results/
    path('<int:question_id>/results/', views.results, name='results'),
    # ex: /polls/5/vote/
    path('<int:question_id>/vote/', views.vote, name='vote'),
]
```

然后刷新浏览器，如果转到"/polls/34/"，Django 将会运行 detail()方法并且展示 URL 里提供的问题 ID。再试试"/polls/34/vote/"和"/polls/34/vote/"，将会看到暂时用于占位的结果视图和投票视图。

当用户请求网站的某一页面时，比如"/polls/34/"，Django 将会载入 pyqi.urls 模块，因为这在配置项 ROOT_URLCONF 中设置过了。然后 Django 寻找名为 urlpatterns 的变量并且按序匹配正则表达式。在找到匹配项'polls/'后，切掉匹配的文本("polls/")，将剩余文本——"34/"发送至'polls.urls' URLconf 做进一步处理。在这里，剩余文本匹配'<int:question_id>/'，使得 Django 以如下形式调用 detail()：

```
detail(request=<HttpRequest object>, question_id=34)
```

question_id=34 由<int:question_id>匹配生成。使用尖括号"捕获"这部分 URL，并且以关键字参数的形式发送给视图函数。上述字符串的 question_id 部分定义了将被用于区分匹配模式的变量名，而 int:则是 URL 路径，转换器决定了应该以什么变量类型匹配这部分 URL 路径。

14.5.2　为视图添加模板

每个视图必须要做的只有两件事：返回包含被请求页面内容的 HttpResponse 对象；或者抛出异常，比如 Http404。

视图可以从数据库里读取记录、使用模板引擎(可以是 Django 自带的，也可以是其他第三方的)、生成 PDF 文件、输出 XML、创建 ZIP 文件，等等。

Django 只要求返回的是 HttpResponse 对象或者抛出异常。

因为 Django 自带的 DB API 很方便，下面尝试在视图里使用它。在 index()函数里插入一些新内容，让它能展示数据库里以发布日期排序的最近 5 个投票问题，以空格分隔。在 polls/views.py 文件中修改 index()函数(其他函数不变)：

```python
from django.http import HttpResponse
from .models import Question

def index(request):
    latest_question_list = Question.objects.order_by('-pub_date')[:5]
    output = ', '.join([q.question_text for q in latest_question_list])
    return HttpResponse(output)
```

这里有个问题：页面的设计写死在视图函数的代码里。如果想改变页面的外观，需要编辑 Python 代码。我们需要使用 Django 的模板系统，只要创建一个视图，就可以将页面的设计从代码中分离出来。

首先，在 polls 目录里创建 templates 子目录。Django 将会在这个子目录里查找模板文件。

项目的 TEMPLATES 配置项描述了 Django 如何载入和渲染模板。默认的设置文件设置了 DjangoTemplates 后端，并将 APP_DIRS 设置成了 True。这一选项将会让 DjangoTemplates 在每个 INSTALLED_APPS 文件夹中寻找 templates 子目录。这就是为什么尽管没有修改 DIRS 设置，Django 也能正确找到 polls 的模板位置的原因。

在刚刚创建的 templates 子目录里，再创建目录 polls，然后在其中新建文件 index.html。换句话说，模板文件的路径应该是 polls/templates/polls/index.html。因为 Django 会寻找对应的 app_directories，所以只需要使用 polls/index.html 就可以引用这一模板了。

注意，虽然可以将模板文件直接放在 polls/templates 文件夹中(而不是再建立 polls 子文件夹)，但是这样做不太好。Django 将会选择第一个匹配的模板文件，如果有一个模板文件正好和另一个应用中的某个模板文件重名，Django 将没有办法区分它们。我们需要帮助 Django 选择正确的模板，最简单的方法就是将其放入各自的名称空间中，也就是把这些模板放入一个和自身应用重名的子文件夹里。

将下面的代码输入刚刚创建的模板文件 polls/templates/polls/index.html 中：

```html
{% if latest_question_list %}
    <ul>
    {% for question in latest_question_list %}
        <li><a href="/polls/{{ question.id }}/">{{ question.question_text }}</a></li>
```

```
    {% endfor %}
    </ul>
{% else %}
    <p>No polls are available.</p>
{% endif %}
```

然后，更新一下 polls/views.py 里的 index 视图来使用模板：

```
from django.http import HttpResponse
from django.template import loader

from .models import Question

def index(request):
    latest_question_list = Question.objects.order_by('-pub_date')[:5]
    template = loader.get_template('polls/index.html')
    context = {
        'latest_question_list': latest_question_list,
    }
    return HttpResponse(template.render(context, request))
```

上述代码的作用是，载入 polls/index.html 模板文件，并且向它传递一个上下文(context)。这个上下文是一个字典，它将模板内的变量映射为 Python 对象。

用浏览器访问"/polls/"，将会看见一个无序列表，里面列出了前面添加的"What's up"投票问题，链接指向这个投票问题的详情页。

14.5.3　渲染模板

载入模板，填充上下文，再返回由它生成的 HttpResponse 对象是一个非常常用的操作流程。于是 Django 提供了快捷函数 render()，用它来重写 index()函数：

```
from django.shortcuts import render

from .models import Question

def index(request):
    latest_question_list = Question.objects.order_by('-pub_date')[:5]
    context = {'latest_question_list': latest_question_list}
    return render(request, 'polls/index.html', context)
```

注意，这里不再需要导入 loader 和 HttpResponse。如果还有其他函数，而 detail、results 和 vote 视图需要用到，就需要保持导入 HttpResponse。

14.5.4　抛出 Http404 异常

在访问某个问题时，需要传入 question_id，如果传入的 question_id 不存在，系统将会抛出异常。Django 此时会输出一堆默认的报错信息，这些信息的体验非常不友好。实际项目中良好的处理方法是，抛出 404 异常，并渲染定制好的 404 异常提示页面。这里来介绍如何抛出 404 异常。

现在处理投票详情视图——它会显示指定的投票问题的标题。下面是 polls/views.py 视图的代码：

```
from django.http import Http404
from django.shortcuts import render

from .models import Question
# ...
def detail(request, question_id):
    try:
        question = Question.objects.get(pk=question_id)
    except Question.DoesNotExist:
        raise Http404("Question does not exist")
    return render(request, 'polls/detail.html', {'question': question})
```

重新运行程序，访问 detail 视图时，如果与指定问题 ID 对应的问题不存在，这个视图就会抛出 Http404 异常。

14.5.5　get_object_or_404()

尝试用 get() 函数获取一个对象，如果这个对象不存在，就抛出 Http404 异常，这也是一个普遍的流程。Django 为此提供了一个快捷函数，下面是修改后的 polls/views.py 视图的代码：

```
from django.shortcuts import get_object_or_404, render

from .models import Question
# ...
def detail(request, question_id):
    question = get_object_or_404(Question, pk=question_id)
    return render(request, 'polls/detail.html', {'question': question})
```

为什么这里使用辅助函数 get_object_or_404() 而不是自己捕获 ObjectDoesNotExist 异常呢？还有，为什么模型 API 不直接抛出 ObjectDoesNotExist 异常而是抛出 Http404 异常呢？

因为这样做会增加模型层和视图层的耦合性。指导 Django 设计的最重要思想之一就是保证松散耦合。一些受控的耦合将会被包含在 django.shortcuts 模块中。

还有 get_list_or_404() 函数，工作原理和 get_object_or_404() 函数一样，除了 get() 函数被换成 filter() 函数，如果列表为空的话，会抛出 Http404 异常。

14.5.6　为投票应用使用模板

回过头看看 detail 视图，它向模板传递了上下文变量 question。下面是 polls/templates/polls/detail.html 模板里正式的代码：

```
<h1>{{ question.question_text }}</h1>
```

```
<ul>
{% for choice in question.choice_set.all %}
    <li>{{ choice.choice_text }}</li>
{% endfor %}
</ul>
```

模板系统统一使用点符号来访问变量的属性。在示例{{question.question_text}}中，首先 Django 尝试对 Question 对象使用字典查找，也就是使用 obj.get(str)操作，如果失败了，就尝试属性查找(也就是 obj.str 操作)，但结果成功了。如果这一操作也失败，将会尝试列表查找(也就是 obj[int]操作)。

在{% for %}循环中发生的函数调用如下：question.choice_set.all 被解释为 Python 代码 question.choice_set.all()，这将会返回一个可迭代的 Choice 对象，这个 Choice 对象可以在{% for %}标签内部使用。

前面在 polls/index.html 里编写投票链接时，链接是硬编码的：

```
<li><a href="/polls/{{ question.id }}/">{{ question.question_text }}</a></li>
```

这种方式对于包含很多应用的项目来说,修改起来十分困难。然而,因为在 polls.urls 的 url() 函数中通过 name 参数为 URL 定义了名字，所以可以使用{% url %}标签代替它：

```
<li><a href="{% url 'detail' question.id %}">{{ question.question_text }}</a></li>
```

{% url %}标签的工作方式是：在 polls.urls 模块的 URL 定义中寻找具有指定名字的条目。可以回忆一下，具有名字 'detail' 的 URL 是在如下语句中定义的：

```
...
path('<int:question_id>/', views.detail, name='detail'),
...
```

如果想改变投票详情视图的 URL，比如想改成 polls/specifics/12/，不用在模板里修改任何东西(包括其他模板)，只要在 polls/urls.py 里稍微修改一下就行：

```
...
path('specifics/<int:question_id>/', views.detail, name='detail'),
...
```

14.5.7　为 URL 名称添加名称空间

在真实的项目中，可能会有 5 个、10 个、20 个甚至更多个应用。Django 如何分辨重名的 URL 呢？举个例子，polls 应用有 detail 视图，可能另一个博客应用也有同名的视图。Django 如何知道{% url %}标签到底对应哪个应用的 URL 呢？

答案是：在根 URLconf 中添加名称空间。在 polls/urls.py 文件中稍作修改，加上 app_name 以设置名称空间：

```
from django.urls import path
```

```
from . import views

app_name = 'polls'
urlpatterns = [
    path('', views.index, name='index'),
    path('<int:question_id>/', views.detail, name='detail'),
    path('<int:question_id>/results/', views.results, name='results'),
    path('<int:question_id>/vote/', views.vote, name='vote'),
]
```

现在，编辑 polls/index.html 文件，将

```
<li><a href="{% url 'detail' question.id %}">{{ question.question_text }}</a></li>
```

修改为指向具有名称空间的详细视图：

```
<li><a href="{% url 'polls:detail' question.id %}">{{ question.question_text }}</a></li>
```

14.6 为投票应用定制表单

本节将继续编写投票应用，在投票应用中引入表单技术，介绍简单的表单处理并且精简代码。表单在 Web 应用中主要用来收集资料，如用户注册功能。

14.6.1 编写表单

下面更新一下前面编写的投票详情页面的模板 polls/templates/polls/detail.html，让它包含一个 HTML \<form\>元素：

```
<h1>{{ question.question_text }}</h1>

{% if error_message %}<p><strong>{{ error_message }}</strong></p>{% endif %}

<form action="{% url 'polls:vote' question.id %}" method="post">
{% csrf_token %}
{% for choice in question.choice_set.all %}
    <input type="radio" name="choice" id="choice{{ forloop.counter }}" value="{{ choice.id }}" />
    <label for="choice{{ forloop.counter }}">{{ choice.choice_text }}</label><br />
{% endfor %}
<input type="submit" value="Vote" />
</form>
```

上面的模板在问题的每个选项前添加一个单选按钮。每个单选按钮的 value 属性是对应的各个选项的 ID；每个单选按钮的 name 是"choice"。这意味着，当选中一个单选按钮并提交表单时，将发送 POST 数据 choice=#，其中#为所选中选项的 ID。这是 HTML 表单的基本概念。

表单的 action="{% url 'polls:vote' question.id %}"，method="post"。使用 method="post"是非

常重要的，因为提交表单的行为会改变服务器端的数据。无论何时，当需要创建改变服务器端数据的表单时，使用 method="post"。

forloop.counter 指示 for 标签已经循环了多少次。

由于创建了一个 POST 表单(它具有修改数据的作用)，因此需要小心跨站请求伪造。Django拥有一项用来防御系统的功能，所有针对内部 URL 的 POST 表单都应该使用{% csrf_token %}模板标签。

现在创建一个 Django 视图来处理提交的数据。记住，要在投票应用中创建一个 URLconf：

```
path('<int:question_id>/vote/', views.vote, name='vote'),
```

另外还要创建 vote()函数的虚拟实现。下面创建一个真实的版本。将下面的代码添加到 polls/views.py 中：

```
from django.http import HttpResponse, HttpResponseRedirect
from django.shortcuts import get_object_or_404, render
from django.urls import reverse

from .models import Choice, Question
# ...
def vote(request, question_id):
    question = get_object_or_404(Question, pk=question_id)
    try:
        selected_choice = question.choice_set.get(pk=request.POST['choice'])
    except (KeyError, Choice.DoesNotExist):
        # 返回该问题并显示详情页
        return render(request, 'polls/detail.html', {
            'question': question,
            'error_message': "You didn't select a choice.",
        })
    else:
        selected_choice.votes += 1
        selected_choice.save()
        # 处理完毕后返回一个 HttpResponseRedirect，避免重复提交表单
        return HttpResponseRedirect(reverse('polls:results', args=(question.id,)))
```

request.POST 是一个字典对象，可以通过关键字的名字获取提交的数据。这个例子中，request.POST['choice']以字符串形式返回所选中选项的 ID。request.POST 的值永远是字符串。

注意，Django 还以同样方式提供了 request.GET 用于访问 GET 数据，但在代码中显式地使用 request.POST，以保证数据只能通过 POST 调用改动。

如果在 request.POST['choice']数据中没有提供选项，POST 将引发 KeyError 错误。上面的代码检查 KeyError 错误，如果没有给出选项，将重新显示问题表单和错误信息。

在增加选项的得票数之后，代码返回 HttpResponseRedirect 而不是常用的 HttpResponse。HttpResponseRedirect 只接收一个参数：用户将要被重定向的 URL。

这个例子中，在 HttpResponseRedirect 的构造函数中使用了 reverse()函数。这个函数避免了

在视图函数中硬编码 URL，但需要提供想要跳转的视图的名字，以及对应的 URL 模式中需要为视图提供的参数。在本例中，使用设定的 URLconf，reverse()调用将返回下面这样的字符串：

```
'/polls/3/results/'
```

其中 3 是 question.id 的值。重定向的 URL 将调用 results 视图来显示最终的页面。

正如前面提到的，使用 HttpRequest 对象，当有人对问题进行投票后，vote 视图将请求重定向到问题的结果界面。下面来编写这个视图：

```
#polls/views.py
from django.shortcuts import get_object_or_404, render


def results(request, question_id):
    question = get_object_or_404(Question, pk=question_id)
    return render(request, 'polls/results.html', {'question': question})
```

这和 detail 视图几乎一模一样。唯一不同的是模板的名字。现在，创建 polls/results.html 模板：

```
#polls/templates/polls/results.html
<h1>{{ question.question_text }}</h1>

<ul>
{% for choice in question.choice_set.all %}
    <li>{{ choice.choice_text }} -- {{ choice.votes }} vote{{ choice.votes|pluralize }}</li>
{% endfor %}
</ul>

<a href="{% url 'polls:detail' question.id %}">Vote again?</a>
```

现在，在浏览器中访问/polls/1/后为问题投票。应该可以看到投票结果页面，并且在每次投票之后都会更新。如果提交时没有选中任何选项，将会看到错误信息。

14.6.2　通用视图

detail 和 results 视图都很简单——并且，正像上面提到的那样，存在冗余问题。用来显示投票列表的 index 视图和它们类似。

这些视图反映了基本的 Web 开发中的以下常见情况：根据 URL 中的参数从数据库中获取数据、载入模板文件，然后返回渲染后的模板。Django 提供了一种快捷方式，叫作"通用视图"。

通用视图将常见的模式抽象化，可以在编写应用时甚至不需要编写 Python 代码。

下面将投票应用转换成使用通用视图，这样可以精简许多代码。这里仅仅需要执行以下几步来完成转换，这些步骤如下：

(1) 转换 URLconf。

(2) 删除一些旧的、不再需要的视图。

(3) 基于 Django 的通用视图引入新的视图。

为什么要重构代码？一般来说，当编写 Django 应用时，应该先评估一下通用视图是否可以解决所面临的问题，应该在一开始使用，而不是进行到一半时重构代码。

1. 转换 URLconf

首先，打开 polls/urls.py，修改成如下：

```
from django.urls import path

from . import views

app_name = 'polls'
urlpatterns = [
    path('', views.IndexView.as_view(), name='index'),
    path('<int:pk>/', views.DetailView.as_view(), name='detail'),
    path('<int:pk>/results/', views.ResultsView.as_view(), name='results'),
    path('<int:question_id>/vote/', views.vote, name='vote'),
]
```

注意，在第二个和第三个匹配准则中，路径字符串中匹配模式的名称由<question_id>改为<pk>。

2. 改良视图和使用通用视图

下一步，将删除旧的 index、detail 和 results 视图，并用 Django 的通用视图代替。打开 polls/views.py 文件，修改成如下：

```
from django.http import HttpResponseRedirect
from django.shortcuts import get_object_or_404, render
from django.urls import reverse
from django.views import generic

from .models import Choice, Question

class IndexView(generic.ListView):
    template_name = 'polls/index.html'
    context_object_name = 'latest_question_list'

    def get_queryset(self):
        """返回最近的 5 个问题"""
        return Question.objects.order_by('-pub_date')[:5]

class DetailView(generic.DetailView):
    model = Question
    template_name = 'polls/detail.html'

class ResultsView(generic.DetailView):
```

```
        model = Question
        template_name = 'polls/results.html'

    def vote(request, question_id):
        pass
        # 没有任何修改时调用
```

这里使用两个通用视图：ListView 和 DetailView。这两个视图分别抽象了两个概念："显示对象列表"和"显示特定类型对象的详细信息页面"。

每个通用视图需要知道自己将作用于哪个模型，这由 model 属性提供。

DetailView 需要从 URL 中捕获名为 pk 的主键值，所以，为通用视图把 question_id 改成 pk。

默认情况下，通用视图 DetailView 使用名为<app name>/<model name>_detail.html 的模板。在上述示例中，它将使用 polls/question_detail.html 模板。template_name 属性用来告诉 Django 使用指定的模板名字，而不是使用自动生成的默认名字。这里也为 results 视图指定了 template_name——这确保 results 和 detail 视图在渲染时具有不同的外观，即使它们在后台都是同一个 DetailView。

类似地，ListView 使用名为<app name>/<model name>_list.html 的默认模板，使用 template_name 来告诉 ListView 使用已经存在的 polls/index.html 模板。

在之前的介绍中，提供模板文件时都带有包含 question 和 latest_question_list 变量的 context 变量。对于 DetailView，question 变量会自动提供——因为使用了 Django 的 Question 模型，Django 能够为 context 变量决定合适的名字。然而对于 ListView，自动生成的 context 变量是 question_list。为了覆盖这个行为，这里提供了 context_object_name 属性，表示想使用 latest_question_list。作为一种替换方案，可以改变模板来匹配新的 context 变量——这是一种更便捷的方法，通知 Django 使用期望的变量名。

14.7 管理投票应用的静态资源

本书继续为投票应用编写测试，现在需要加上样式和图片。

除了服务器端生成的 HTML 以外，投票应用通常需要一些额外的文件——比如图片、脚本和样式表——以帮助渲染 Web 页面。在 Django 中，这些文件统称为"静态文件"。

对于小项目来说，这个问题没什么大不了，因为可以把这些静态文件随便放在哪里，只要服务器程序能够找到它们就行。然而在大项目——特别是由好几个应用组成的大项目中，处理不同应用所需的静态文件就显得有点麻烦了。

这就是 django.contrib.staticfiles 存在的意义：将各个应用的静态文件(和一些指定目录中的文件)统一收集起来，这样在生产环境中，这些文件就会集中于一个便于分发的地方。

14.7.1 自定义应用界面和风格

首先，在 polls 目录下创建一个名为 static 的子目录。Django 将在该子目录下查找静态文件，这种方式和 Diango 在 polls/templates/目录下查找模板的方式类似。

Django 的 STATICFILES_FINDERS 设置包含一系列的查找器，它们知道去哪里找到静态文件。AppDirectoriesFinder 是默认查找器中的一个，它会在 INSTALLED_APPS 中指定的每个应用的子文件中寻找名为 static 的文件夹，就像在 polls 目录中刚刚创建的那个一样。管理后台采用相同的目录结构管理静态文件。

在创建的 static 文件夹中创建一个名为 polls 的子文件夹，再在 polls 子文件夹中创建一个名为 style.css 的文件。换句话说，样式表路径应是 polls/static/polls/style.css。因为 AppDirectoriesFinder 的存在，可以在 Django 中简单以 polls/style.css 的形式引用此文件，类似引用模板路径的方式。

14.7.2　管理静态资源

虽然可以像管理模板文件一样，把静态文件直接放入 polls/static 中——而不是创建另一个名为 polls 的子文件夹，不过这种方式不太恰当。Django 只会使用第一个找到的静态文件。如果在其他应用中有相同名字的静态文件，Django 将无法区分它们。需要指引 Django 选择正确的静态文件，而最简单的方式就是把它们放入各自的名称空间中，也就是把这些静态文件放入另一个与应用名相同的目录中。

将以下代码放入样式表(polls/static/polls/style.css)：

```
li a {
    color: green;
}
```

下一步，在 polls/templates/polls/index.html 的文件头添加以下内容：

```
{% load static %}
<link rel="stylesheet" type="text/css" href="{% static 'polls/style.css' %}" />
```

{% static %}模板标签会生成静态文件的绝对路径。

以上就是需要做的全部事情。浏览器重载 http://localhost:8000/polls/，然后可以看到投票链接是绿色的(Django 样式)，这意味着样式表被正确加载了。

接着，创建用于存放图像的目录。在 polls/static/polls 目录下创建一个名为 images 的子目录。在这个子目录中，放一张名为 background.gif 的图片。换言之，在目录 polls/static/polls/images/background.gif 中放一张图片。

随后，在样式表(polls/static/polls/style.css)中添加以下代码：

```
body {
    background: white url("images/background.gif") no-repeat;
}
```

浏览器重载 http://localhost:8000/polls/，可在屏幕的左上角见到这张背景图片。

14.8 完善投票管理后台

本节将综合使用前面介绍的知识，使用 Django 自动生成的管理后台来为投票应用创建后台管理程序。

14.8.1 改变后台表单

由前面的介绍可知，通过 admin.site.register(Question)注册 Question 模型，Django 能够构建一个默认的表单用于展示。通常来说，实际项目中，比较倾向于自定义表单的外观和工作方式。开发人员可以在注册模型时将这些设置告诉 Django。

下面通过重排表单上的字段来看看表单是怎么工作的。首先，用以下内容替换 admin.site.register(Question)：

```
#polls/admin.py
from django.contrib import admin
from .models import Question

class QuestionAdmin(admin.ModelAdmin):
    fields = ['pub_date', 'question_text']


admin.site.register(Question, QuestionAdmin)
```

在需要修改模型的后台管理选项时，开发人员可按照以下步骤来实现：首先创建一个模型后台类，然后将其作为第二个参数传给 admin.site.register()。

这样修改后，Date published 字段显示在 Question text 字段之前，如图 14-11 所示。

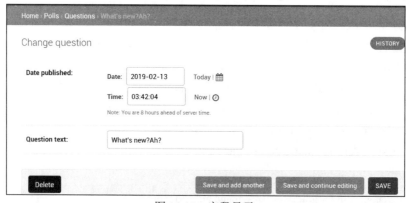

图 14-11 字段显示

这在只有两个字段时显得没什么用，但对于拥有数十个字段的表单来说，根据字段使用频次来安排显示顺序，对提升工作效率显得尤为重要。

显示大量字段时，除了显示顺序之外，显示布局也尤为重要。用户可能更期望将表单分为几个字段集，以便于管理操作：

```
#polls/admin.py
```

```
from django.contrib import admin
from .models import Question

class QuestionAdmin(admin.ModelAdmin):
    fieldsets = [
        (None, {'fields': ['question_text']}),
        ('Date information', {'fields': ['pub_date']}),
    ]

admin.site.register(Question, QuestionAdmin)
```

fieldsets 元组中的第一个元素是字段集的标题。运行管理后台，看到的表单如图 14-12 所示。

图 14-12　表单布局的调整效果

问题和选项数据通过外键关联。但在上面的管理界面中，两者没有任何映射，这样的显示方式，在管理员管理信息时，是很容易填错的，也很不方便。下面为 Question 和 Choice 对象添加关联。

有两种方法可以解决这个问题。第一种就是仿照向后台注册 Question 对象一样注册 Choice 对象。这种方法很简单，程序如下：

```
#polls/admin.py
from django.contrib import admin

from .models import Choice, Question
# ...
admin.site.register(Choice)
```

此时 Choice 对象在 Django 后台界面中就是可用的选项了。"添加选项" 表单如图 14-13 所示。

图 14-13　"添加选项"表单

在这个表单中，Question 字段是一个包含数据库中所有投票的选择框。Django 知道要将外键在后台中以选择框的形式展示。此时只有一个投票。

同时，注意 Question 旁边的"添加"按钮(+)，每个使用外键关联到另一个对象的对象会自动获得这个功能。当单击"添加"(+)按钮时，可以看到一个包含"添加投票"功能的表单。如果在这个选择框中添加一个投票，并单击 SAVE 按钮，Django 会将其保存至数据库，并动态地在当前的"添加选项"表单中选中它。

不过，这是一种很低效的添加"选项"的方法。更好的方法是在创建"投票"对象时直接添加几个选项。下面来实现。

移除通过调用 register()来注册 Choice 模型的代码。随后，如下修改 Question 模型的注册代码：

```
#polls/admin.py
from django.contrib import admin
from .models import Choice, Question

class ChoiceInline(admin.StackedInline):
    model = Choice
    extra = 3

class QuestionAdmin(admin.ModelAdmin):
    fieldsets = [
        (None, {'fields': ['question_text']}),
        ('Date information', {'fields': ['pub_date'], 'classes': ['collapse']}),
    ]
    inlines = [ChoiceInline]


admin.site.register(Question, QuestionAdmin)
```

以上程序告诉 Django：Choice 对象要在 Question 后台界面编辑，默认提供 3 个足够的选项字段。

运行程序，在后台管理界面中，打开"添加投票"页面，如图 14-14 所示。

图 14-14　"添加投票"页面

此时"添加投票"页面有三个关联的插槽——由 extra 定义，且每次返回已创建的任意对象的"修改"页面时，可以看到 3 个新的插槽。

在 3 个插槽的下面，可以看到"添加新选项"(Add another Choice)按钮。单击后，将添加一个新的插槽。如果要移除已有的插槽，可以单击插槽右上角的 ⊗ 按钮，但是不能移除原始的 3 个插槽。

前面的"添加选项"表单(参见图 14-15)仍然有点小问题，它需要占据大量的屏幕区域来显示所有关联的 Choice 对象的字段。对于这个问题，Django 提供了一种表格式的单行显示关联对象的方法。只需要按如下形式修改 ChoiceInline 声明即可：

```
#polls/admin.py
class ChoiceInline(admin.TabularInline):
    #...
```

通过用 TabularInline 替代 StackedInline，关联对象以一种表格形式展示，显得更加紧凑，效果如图 14-15 所示。

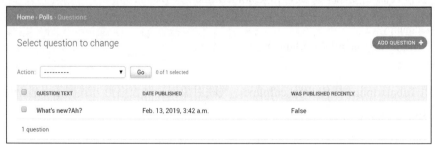

图14-15　修改后的"添加选项"表单

注意，这里有额外的"DELETE?"列，这允许移除通过"添加新选项"(Add another Choice)按钮添加的或是已保存的数据记录。

14.8.2　改变字段列表

现在投票应用的后台界面看起来很不错，下面再对"更改列表"页面进行一些调整——改成一个能展示系统中所有投票的页面。

默认情况下，管理后台的"更改列表"页面只显示一个字段，也就是每个对象的 str()方法返回的值。但有时如果能够显示多个字段，它会更有帮助。为此，使用 list_display 选项，指定一个包含要显示的字段名的元组，在"更改列表"页面中以列的形式展示这个对象，这非常有用。示例代码如下：

```
#polls/admin.py
class QuestionAdmin(admin.ModelAdmin):
    # ...
    list_display = ('question_text', 'pub_date')
```

为了更好用，下面再使用前面介绍过的 was_published_recently()方法：

```
#polls/admin.py
class QuestionAdmin(admin.ModelAdmin):
    # ...
    list_display = ('question_text', 'pub_date', 'was_published_recently')
```

运行程序，现在投票应用的"更改列表"页面如图 14-16 所示。

图 14-16　显示多个字段

这时可以单击列标题来对这些行进行排序——除了 was_published_recently 列，因为没有实现排序方法。顺便看下该列的标题 was_published_recently，默认就是方法名(用空格替换下画线)，该列的每行都以字符串形式展示出处。

可以通过给这个方法(polls/models.py)添加一些属性来达到优化页面的目的，代码如下：

```
#polls/models.py
class Question(models.Model):
    # ...
    def was_published_recently(self):
        now = timezone.now()
        return now - datetime.timedelta(days=1) <= self.pub_date <= now
    was_published_recently.admin_order_field = 'pub_date'
    was_published_recently.boolean = True
    was_published_recently.short_description = 'Published recently?'
```

下面再来编辑文件 polls/admin.py，优化"问题编辑"页面中的过滤器，可通过使用 list_filter 来实现。将以下代码添加至 QuestionAdmin 类：

```
list_filter = ['pub_date']
```

上面添加了"过滤器"(FILTER)侧边栏，允许管理员以 pub_date 字段过滤列表，如图 14-17 所示。

图 14-17　添加过滤器

图 14-17 中展示的过滤器类型取决于要过滤的字段类型。因为 pub_date 是 DateTimeField 类的实例，Django 知道要提供哪个过滤器："任意时间"(Any date)、"今天"(Today)、"过去 7 天"(Past 7 days)、"这个月"(This month)和"今年"(This year)。

现在管理界面的体验已经足够好了。下面再来扩充搜索框，以免数据量大时查找数据记录不方便。扩充搜索框可通过 search_fields 实现：

```
search_fields = ['question_text']
```

在列表的顶部增加一个搜索框。当输入待搜项时，Django 将搜索 question_text 字段。可以使用任意多个字段——由于后台使用 LIKE 查询数据，对待搜索的字段数进行限制为，以便于对数据库进行查询操作。

除了以上功能外，还可以给"问题编辑页面"增加分页功能，指定每页默认显示的记录条数、默认的变更页分页行为，等等。感兴趣的同学可以多加思考，阅读相关资料并动手练习。

14.8.3　改变后台界面和风格

在前面的管理界面中可以看到，在每个后台页面的顶部显示"Django 管理员"显得很滑稽。这只是一串占位符。

不过，这可以通过 Django 的模板系统方便地进行修改。Django 的后台由自己驱动，且交互接口采用 Django 自己的模板系统。

1. 自定义项目模板

在项目目录(包含 manage.py 的那个文件夹)内创建一个名为 templates 的子目录。模板可放在系统中 Django 能找到的任何位置。谁启动了 Django，Django 就以其用户身份运行。不过，建议把模板放在项目中，这可以带来很大便利。

打开设置文件 pyqi/settings.py，在 TEMPLATES 设置中添加 DIRS 选项：

```
#pyqi/settings.py
TEMPLATES = [
    {
        'BACKEND': 'django.template.backends.django.DjangoTemplates',
        'DIRS': [os.path.join(BASE_DIR, 'templates')],
        'APP_DIRS': True,
        'OPTIONS': {
            'context_processors': [
                'django.template.context_processors.debug',
                'django.template.context_processors.request',
                'django.contrib.auth.context_processors.auth',
                'django.contrib.messages.context_processors.messages',
            ],
        },
    },
]
```

DIRS 是一个包含多个系统目录的文件列表，用于在载入 Django 模板时使用，是待搜索路径。

2. 组织模板

就像静态文件一样，可以把所有的模板文件放在一个大的模板目录内，这样也能工作得很好。但是，属于特定应用的模板文件最好放在应用所属的模板目录(例如 polls/templates)内，而不是放在项目的模板目录(templates)内。

现在，在 templates 目录内创建名为 admin 的子目录，随后，将存放 Django 默认模板的目录(django/contrib/admin/templates)内的模板文件 admin/base_site.html 复制到这个子目录内。

Django 的源文件在哪里？如果不知道 Django 的源文件在系统的哪个位置，可以运行以下命令：

```
$ python -c "import django; print(django.__path__)"
```

接着，用站点的名字替换文件内的{{ site_header|default:_('Django administration') }}(包含花括号)。完成后，应该可以看到如下代码：

```
{% block branding %}
<h1 id="site-name"><a href="{% url 'admin:index' %}">Polls Administration</a></h1>
{% endblock %}
```

在真实项目中，可能更期望修改现有的 django.contrib.admin.AdminSite.site_header 来进行简单定制，降低成本。

这个模板文件包含很多类似{% block branding %}和{{ title }}的文本。{% 和{{标签是 Django 模板语言的一部分。当 Django 渲染 admin/base_site.html 时，这种模板语言会被求值，生成最终的网页。

注意，所有的 Django 默认后台模板均可修改。要复写模板，像修改 base_site.html 一样修改其他文件——可先将其从默认目录拷贝到自定义目录，再做修改。

14.9   打包和发布投票系统

可重用性很重要。设计、构建、测试以及维护一个 Web 应用要做很多工作。很多 Python 和 Django 项目都有一些常见问题。如果能保存并利用这些重复的工作，岂不更好？

14.9.1   复用的重要性

一个项目开发完毕后，为了最大程度上提升应用价值，往往将应用安装到不同的项目中，供不同的项目使用。本节将会把投票应用 polls 放进一个独立的 Python 包，以便在新的项目中重用或与他人分享。

可重用性是 Python 的生存方式。Python 软件包索引(PyPI)有很多可以在 Python 程序中使用的软件包。查看 Django Packages 以了解可以整合到项目中的现有可重用应用。Django 本身也只是一个 Python 包。这意味着可以将现有的 Python 包或 Django 应用组合到自己的 Web 项目中。只需要编写项目中独一无二的部分即可。

14.9.2   打包项目和应用

假设创建了一个新的项目，并且需要一个类似之前做的投票应用。该如何复用这个应用呢？庆幸的是，其实同学们已经知道了一些。在前面的学习中，我们使用 include 从项目级别的 URLconf 分隔出 polls。下面将进一步使这个应用更容易用于新的项目中，并发布给其他人安装使用。

Django 中，包提供了一组关联的 Python 代码的简单复用方式。包("模块")包含一个或多个 Python 代码文件。

包通过 import foo.bar 或 from foo import bar 的形式导入。目录(例如 polls)要成为包，就必须包含特定的文件__init__.py，即便这个文件是空的。

Django 应用仅仅是专用于 Django 项目的 Python 包。应用会按照 Django 约定，创建好 models、tests、urls、views 等子模块。

通过前面投票系统的开发过程，此时项目目录看起来应该像下面这样：

```
pyqi/
    manage.py
    pyqi/
        __init__.py
        settings.py
        urls.py
        wsgi.py
    polls/
        __init__.py
        admin.py
        migrations/
            __init__.py
            0001_initial.py
        models.py
        static/
            polls/
                images/
                    background.gif
                style.css
        templates/
            polls/
                detail.html
                index.html
                results.html
        tests.py
        urls.py
        views.py
    templates/
        admin/
            base_site.html
1
```

目录 polls 现在可以被拷贝至一个新的 Django 项目，且立刻被复用。不过现在还不是发布它的时候。为了这样做，需要打包这个应用，以便于其他人安装。

首先搭建必需的环境。目前，打包 Python 程序需要的工具中，有许多工具可以完成此项工作。本节将使用 setuptools 来打包程序。这是推荐的打包工具。可以使用 pip 来安装和卸载这个工具。

安装打包工具后，就可以开始打包应用了。Python 中的打包将以一种特殊的格式组织应用，意在方便安装和使用应用。Django 本身就被打包成类似的形式。对于小的应用，例如 polls，这不会太难。

首先在项目目录外创建一个名为 django-polls 的文件夹，用于存放 polls 应用。

　　然后为应用选择名字。当为包选择名字时，避免使用 PyPI 这样已存在的包名，否则会导致冲突。当创建发布包时，可以在模块名前增加 django- 前缀，这是一种很常用也十分有用的避免包名冲突的方法，同时也有助于他人在寻找 Django 应用时确认应用是 Django 独有的。

　　应用标签(用点分隔的包名的最后一部分)在 INSTALLED_APPS 中必须是独一无二的。避免使用任何与 Django contrib packages 文档中相同的标签名，比如 auth、admin、messages。

　　接下来将 polls 目录移入 django-polls 目录，创建一个名为 django-polls/README.rst 的文件，内容如下：

```
django-polls/README.rst
=====
Polls
=====

Polls is a simple Django app to conduct Web-based polls. For each
question, visitors can choose between a fixed number of answers.

Detailed documentation is in the "docs" directory.

Quick start
-----------

1. Add "polls" to your INSTALLED_APPS setting like this::

    INSTALLED_APPS = [
        ...
        'polls',
    ]

2. Include the polls URLconf in your project urls.py like this::

    path('polls/', include('polls.urls')),

3. Run `python manage.py migrate` to create the polls models.

4. Start the development server and visit http://127.0.0.1:8000/admin/
   to create a poll (you'll need the Admin app enabled).

5. Visit http://127.0.0.1:8000/polls/ to participate in the poll.
```

　　创建 django-polls/LICENSE 文件。选择非本书使用的授权协议，但需要足以说明发布代码没有授权证书是不可能的。Django 和很多兼容 Django 的应用是以 BSD 授权协议发布的；不过，可以自己选择授权协议。

　　创建 setup.py 用于说明构建和安装应用的细节。对该文件的完整介绍超出了本书的讨论范围，但是 setuptools 文档中有详细的介绍。创建文件 django-polls/setup.py，使之包含以下内容：

```
import os
from setuptools import find_packages, setup

with open(os.path.join(os.path.dirname(__file__), 'README.rst')) as readme:
    README = readme.read()

# allow setup.py to be run from any path
os.chdir(os.path.normpath(os.path.join(os.path.abspath(__file__), os.pardir)))

setup(
    name='django-polls',
    version='0.1',
    packages=find_packages(),
    include_package_data=True,
    license='BSD License',   # example license
    description='A simple Django app to conduct Web-based polls.',
    long_description=README,
    url='https://www.example.com/',
    author='Your Name',
    author_email='yourname@example.com',
    classifiers=[
        'Environment :: Web Environment',
        'Framework :: Django',
        'Framework :: Django :: X.Y',   # replace "X.Y" as appropriate
        'Intended Audience :: Developers',
        'License :: OSI Approved :: BSD License',   # example license
        'Operating System :: OS Independent',
        'Programming Language :: Python',
        'Programming Language :: Python :: 3.5',
        'Programming Language :: Python :: 3.6',
        'Topic :: Internet :: WWW/HTTP',
        'Topic :: Internet :: WWW/HTTP :: Dynamic Content',
    ],
)
```

默认包中只包含 Python 模块和包。为了包含额外文件，需要创建一个名为 MANIFEST.in 的文件。刚才关于 setuptools 的文档详细介绍了这个文件。为了包含模板、README.rst 和 LICENSE 文件，创建文件 django-polls/MANIFEST.in，内容如下：

```
django-polls/MANIFEST.in
include LICENSE
include README.rst
recursive-include polls/static *
recursive-include polls/templates *
```

在应用中包含详细文档是可选的，但建议这样做。创建空目录 django-polls/docs 用于未来编写文档。额外添加一行至 django-polls/MANIFEST.in：

```
recursive-include docs *
```

注意，现在 docs 目录不会被加入应用包，除非往这个目录中添加几个文件。许多 Django 应用也通过类似 readthedocs.org 这样的网站提供在线文档。

试着通过 ptyhon setup.py sdist(在 django-polls 目录内)构建应用包，这将创建一个名为 dist 的目录并构建应用包 django-polls-0.1.tar.gz。

14.9.3　安装和卸载自定义包

前面由于把 polls 目录移出了项目，因此项目无法工作。现在需要通过安装新的 django-polls 应用来修复这个问题。有以下两种安装方式。

以下步骤将 django-polls 以用户库的形式安装。与安装整个系统的软件包相比，这种安装具有许多优点，例如可在没有管理员访问权的系统中使用，以及防止应用包影响系统服务和其他用户。

注意，这种安装仍然会影响以用户身份运行的系统工具，所以 virtualenv 是一种更强大的解决方案。

为了安装 django-polls，可使用 pip 进行安装：

```
pip install --user django-polls/dist/django-polls-0.1.tar.gz
```

幸运的话，Django 项目应该再一次正确运行。可启动服务器确认这一点。

如果不需要了，可以通过 pip 卸载 django-polls。命令如下：

```
pip uninstall django-polls
```

以用户库的形式安装投票应用有以下缺点：修改用户库会影响系统中的其他 Python 软件，用户将不能运行此包的多个版本(或者其他用有相同包名的包)。一般来说，这些状况只在同时运行多个 Django 项目时出现。当这个问题出现时，最好的解决办法是使用虚拟环境工具 virtualenv。这个工具允许同时运行多个相互独立的 Python 环境，每个环境都有各自库和应用包所在名称空间的副本。

14.9.4　发布包

现在，大家已经对 django-polls 完成了打包和测试，接下来可以向他人分享自己的包了。大家可以通过邮件将包发送给朋友；可以将包上传至自己的网站；还可以将包发布至公共仓库，比如 Python Package Index (PyPI)，可参考 packaging.python.org 来学习如何发布包至公共仓库。

14.10　本章小结

Django 是使用 Python 开发 Web 应用时用得最多的 Web 框架，也是 Python 中的重量级 Web 框架。本章结合一个投票管理系统的创建过程，详细讲解了 Django 框架的使用。

首先介绍的是 Web 框架和 Django 框架。接着使用 Django 框架创建了项目 pyqi，并在 pyqi 项目下创建投票管理系统 polls 另外简单介绍了所生成项目和应用的目录结构。

接着，为 pyqi 项目配置数据库连接信息，为投票管理系统创建模型、激活模型、生成需要的数据库表，并将用到的模型添加到管理界面以方便管理。

然后，完善投票应用的视图，内容包括为投票管理系统编写视图、为视图添加模板、渲染模板、妥当处理 404 错误、为应用使用模板、为 URL 添加名称空间，等等。

紧接着为投票应用定制表单，管理用到的静态资源，定义和完善投票管理系统。

最后简单介绍了如何打包和发布投票管理系统。

14.11 思考与练习

1. 反复练习本章内容，熟练掌握使用 Django 创建 Web 应用的几个关键点：创建项目、创建应用、配置数据库、配置 URL、模型、视图、模板、表单、管理后台、打包和发布等。

2. 尝试用 Django 框架开发一个 Web 项目。

参考文献

[1] 董付国. Python 程序设计[M]. 2 版. 北京：清华大学出版社，2016

[2] 董付国. Python 可以这样学[M]. 北京：清华大学出版社，2017

[3] 明日科技. 零基础学 Python(全彩版)[M]. 吉林：吉林大学出版社，2018

[4] (美)Eric Matthes 著；袁国忠 译. Python 编程从入门到实践[M]. 北京：人民邮电出版社，2016

[5] 江红，余青松. Python 程序设计与算法基础教程. 北京：清华大学出版社，2017

[6] 严蔚敏，吴伟民. 数据结构(C 语言版) [M]. 北京：清华大学出版社，2018

[7] 谢希仁. 计算机网络[M]. 7 版. 北京：电子工业出版社，2017

[8] 张尧学，宋虹，张高. 计算机操作系统教程[M]. 4 版. 北京：清华大学出版社，2013

[9] (美)Abraham Silberschatz，Henry F.Korth，S.Sudarshan 著；杨冬青，李红燕，唐世渭 译. 数据库系统概念[M]. 6 版. 北京：机械工业出版社，2012

[10] 齐伟. 跟老齐学 Python：Django 实战[M]. 北京：电子工业出版社，2017

[11] 胡阳. Django 企业开发实战[M]. 北京：人民邮电出版社，2019

[12] 董伟明. Python Web 开发实战[M]. 北京：电子工业出版社，2016

[13] (美)Ryan Mitchell 著；陶俊杰，陈小莉 译. Python 网络数据采集[M]. 北京：人民邮电出版社，2016

[14] (美)Wesley Chun 著；孙波翔，李斌，李晗 译. Python 核心编程[M]. 3 版. 北京：人民邮电出版社，2016

[15] https://www.python.org/

[16] http://www.runoob.com/python3/python3-class.html

[17] https://www.liaoxuefeng.com/wiki/

[18] https://docs.djangoproject.com/zh-hans/2.0/intro/tutorial03/

[19] http://www.opython.com/category/django-course